教育部高等学校材料类专业教学指导委员会规划教材

国家级一流本科专业建设成果教材

材料物理性能

胡正飞　主编

PHYSICAL PROPERTIES OF MATERIALS

U0244140

化学工业出版社

·北　京·

内 容 简 介

《材料物理性能》以物理基础理论为主线，突出材料物理性能主要分支的重要现象及其物理基础，内容涵盖固体材料的热、电、磁、光等最重要的物理性能分支，充分展示材料物理性能的经典内容和工程应用及其发展，包括信息和能源等新材料领域的发展和典型应用。本书理论内容叙述清晰明了，各章节内容相对独立，方便不同专业方向教学需要和自学。

本书适合作为高等学校材料类相关专业的教材使用，也可供材料领域的研究生、工程技术人员和科技工作者参考。

图书在版编目（CIP）数据

材料物理性能/胡正飞主编. —北京：化学工业
出版社，2022.12（2024.5重印）
ISBN 978-7-122-42272-9

Ⅰ.①材⋯ Ⅱ.①胡⋯ Ⅲ.①工程材料-物理
性能-高等学校-教材 Ⅳ.①TB303

中国版本图书馆 CIP 数据核字（2022）第 180423 号

责任编辑：陶艳玲　　　　　　　　装帧设计：史利平
责任校对：田睿涵

出版发行：化学工业出版社（北京市东城区青年湖南街 13 号　邮政编码 100011）
印　　装：北京科印技术咨询服务有限公司数码印刷分部
787mm×1092mm　1/16　印张 14¾　字数 342 千字　2024 年 5 月北京第 1 版第 2 次印刷

购书咨询：010-64518888　　　　　　售后服务：010-64518899
网　　址：http://www.cip.com.cn
凡购买本书，如有缺损质量问题，本社销售中心负责调换。

定　　价：49.00 元　　　　　　　　　　　　　　版权所有　违者必究

20 世纪以来，物理、化学、数学和计算机等学科的快速发展大大地推动了人们对物质结构、材料的物理和化学性能本质的认识，人们对物质世界的认知已经深入到原子结构层面。现代材料学科的发展过程是不断地揭示材料结构与性能的本质和演化规律的过程，这为新材料的开发和应用提供了充分的理论依据，同时也推进和影响着材料工程、材料加工制造的技术进步。材料学人掌握材料的结构与物理性能的关系，理解材料不同物理性能之间的交叉和耦合作用十分重要，这是成为具有扎实的理论基础和良好创新能力的新一代材料人必备的科学素养。

进入 21 世纪以来，为推进创新型和复合型人才培养，围绕"双一流"建设工作及一流本科人才培养目标，高等教育普遍采用通识教育、分流培养的"通才教育"改革方向，在专业人才培养模式向"宽口径、重交叉、厚基础"转变过程中，强调立德树人和课程思政，专业课程的教学目标、教学理念、教学方法等均在持续进行调整和更新。掌握必要的专业基本理论和专业知识、了解本专业的前沿科学技术和发展趋势、形成专业知识体系和培养专业素养成为专业课程教学的主要目标。为满足时代对材料类专业教学、专业课教改和实践的需要，提高教材与学科发展的适应性，教育部高等学校材料类专业教学指导委员会在"十四五"期间组织规划教材编写，本教材有幸成为规划教材之一。

介绍材料物理性能的基础物理理论、阐述材料不同物理性能和材料结构之间的关系构成了本书的基础，即在材料科学基础及材料研究方法等专业知识基础之上，通过材料物理性能知识的学习，准确理解材料科学的基本理论在不同材料领域的发展及其工程应用。作者多年的教学实践表明，教学中传授准确恰当的专业知识，充分了解知识的基础理论，了解专业知识在工程应用和科学研究中的实际状态，不仅有利于学生深入理解课程内容，准确把握知识的内涵，了解知识的运用，而且有利于激发学生对课程学习内容的进一步思考，提高其运用知识去分析问题和解决问题的能力。为此，编者在充分了解国内外相近教材的基础上，结合大材料专业发展和教学实践的需要组织教材内容。新编教材具有以下特点。

(1)依据教育部高等学校材料类专业教学指导委员会规划教材编写与审查指导意见，从以学生成长为中心的教学理念出发，强调专业理论的系统性，把握知识概念的准确性和基础性，突出教材的时代性和教学适应性。

(2)教材结构上，以系统的物理基础理论为主线编排教材内容，强化材料物理性能的共性知识，理顺逻辑关系，平衡教材内容的权重分配。理论知识的叙述清晰明了，系统化"材料物理性能"课程内容的理论体系。

(3)内容上，在物理基础的深度和材料物理性能的广度上都有所拓展，准确表述基础物理理论的本源，更新和充实材料物理性能教学内容，注重介绍材料科学领域的新发展和重要应用。教材中的引证或示例体现材料领域的研究成果与发展趋势，尤其是补充了近二三十年材料科学领域的重大成就或对科学技术具有重大影响的相关内容，以充分贴合学科发展方向和学科建设需要。

(4)内容编排相对精简，全书共分五章，内容分别为热、电、磁、光和力学等最为重要的物理性能，其中力学性能放在最后一章，作为没有独立开设"材料力学性能"课程内容的补充，亦可作为"材料物理性能"课程的第一章使用。

为降低不同课程教材内容的重复性，本教材没有涉及材料结构和性能测量等内容。材料物理性能测量相关内容有其他配套课程，也可通过实验课程去掌握基本技能，更有严格的各类标准规范，读者可拓展阅读。本书各章节内容相对独立，方便不同读者自学。

本书可作为材料类专业及相关专业本科生教材，也可作为读者理解材料物理性能理论、了解材料领域物理性能基础知识及其应用的读物。

本书第1、2、3章和第5章由胡正飞编写并撰写绪论部分，冯聪参与了第1章的编写，第4章由叶松(第4.2、4.3、4.4节)、胡正飞(第4.1、4.5、4.6节)编写，全书由胡正飞统稿。本书编写过程中参考了一批国内外书刊文献和国际上一些著名高校的公开课内容，作者对相关著作者表示感谢，对教材试用过程中学生们提出的意见和建议表示感谢。

由于编者知识水平有限，难免存在不妥之处，欢迎广大读者批评指正！

编者

2022 年 9 月于同济大学

目录

第2章　材料的电学性质

第 3 章 材料的磁学特性

第4章　材料的光学性能

第5章　材料的力学性能

绪论

现代材料科学与技术不断得到突破和应用，不仅出现纳米材料、能源材料、轻量化复合材料等新型材料，传统材料也在研究中被赋予更高的期待，性能得到不断提高，技术得到不断创新。诸如通过净化和合金化，钢材的强度成倍提高，工程应用的环境温度不断拓宽；开发更好的导体、耐热耐电性能好的绝缘体应用于微电子、超高压输变电工程；生产出化学成分纯净、晶体结构完整的半导体材料，为更高集成度的芯片制造提供可靠基础。现代材料的开发和研究也不再只是传统的冶金、加工等经验实验方法，而是数学、物理、化学和工程等多学科交叉，由此诞生了材料学科多个新的领域。仅以轻量化结构材料所关注的强度/质量比为参数，新型碳纤维复合材料、炭纳米管材料比传统金属材料提高了 $1\sim 2$ 个数量级。以热、电、磁、光、声等物理性能为关键特性并用来制造特殊性能元器件的功能材料已经延伸到几乎所有科学与工程领域。

什么是材料？一般认为，材料是有确定成分与组织结构的凝聚态物质，具有一定的特性与使用性，可用来制造结构件、零部件、器件以及其他生产或生活用具的特定物质。材料的可用性及其应用领域取决于材料内在的物理化学性能，其中力、热、电、磁、光等物理性能中的一个或多个性能在材料实际应用中具有关键性作用。材料所具有的物理性能是将其放置到一定物理环境或物理场下所表现出来的某种属性。这里所述的物理场具有十分广泛的意义，包括受力、温度变化，以及电场、磁场、光照等物理环境。例如在拉伸、扭转、冲击等不同力场作用下，不同材料表现出不同应力场下的抗变形能力，由此可评价材料不同的力学性能，并根据材料在交变应力、长期应力作用下评价其抗疲劳和持久服役行为；材料处于一定的温度场中，在温度变化或存在温度梯度时，会产生热的扩散和传导，出现热胀冷缩现象。这些现象和材料中的原子或分子在平衡位置的热振动相关，温度越高，振动的激烈程度越高，能量也越大。在电场中，材料中大量的自由电子因受电场力作用定向运动而产生电流。近代物理更准确地告诉我们，电子受电场力作用发生运动状态的改变是产生电流的根本原因。能带理论展示了材料导电性能的差异，由此将材料分为导体、半导体和绝缘体，人们利用这种差异和特性制备不同的电子和电工器件。特别是半导体材料及其结构组成了不同的器件，构建成了大规模集成电路，成为现代电子、通信和人类进入信息时代的物质基础。在磁场中，材料中的电子也会发生运动方式及排列方式的改变而显现出磁性特征，表现出不同的磁性能。特别是部分具有强磁性能的铁磁性材料，根据磁性来源及其影响因素，开发出不同特性和类型的磁性材料，满足了不同领域技术进步的需要。材料在一定激发条件下可产生光辐射，相继开发出不同颜色的发光材料、发光二极管等，制造出新型光源以及显示器、探测器、激光器等。

众所周知，材料的性能是由组织结构决定的。材料具有不同的力学、热学、电学、磁学、光学等特性是由其自身的组织结构特征所决定的。金属材料具有良好的强度和韧性以及导热、导电性能，陶瓷材料具有高强度、高硬度和绝缘特性，玻璃具有透光性等，这些都与它们具体的化学成分、价键结构和晶体结构等密切相关，这是材料特征属性的物理基础。材料中晶界、位错、空位等结构缺陷会明显影响材料的性能特征，如缺陷会显著影响金属材料的导电性能、点缺陷往往是无机发光材料的发光中心、人为引入的杂质是半导体器件性能的关键因素等。可以说，材料性能与组织结构关系的认知水平不断提高是材料科学发展与工程技术进步的基础。

材料的不同物理性能之间并不是孤立的，而是相互关联的。这种不同物理性能的相关性甚至需要深入到原子尺寸去认识，比如材料的导热性能和导电性能关系密切，导热性能好的材料往往导电性能也好，这是因为材料中存在自由电子。自由电子运动是导电的主因，同时也是导热的载体。材料的电学性能、磁学性能和光学性能无不与核外电子运动相关。如果说电学性能和磁性能是由于核外电子在电场或磁场作用下产生状态变化而引起的宏观现象，那么光学性能则是电子在外场激发下所表现出来的能量吸收与辐射现象。所以，对材料物理性能的深入了解，还应从产生这些性能的物理本质去认识。

材料物理性能课程就是利用物理理论和方法诠释材料的特性和现象，是材料科学与物理和数学等基础课程的交叉综合。材料物理性能是现代材料科学重要的研究内容和应用基础，一方面，全面了解材料的物理性能是材料应用的需要，如复杂的电子产品往往是多种材料的集成，材料和器件之间的性能匹配及其连接的可靠性是制造成熟产品的基础。电子材料的应用需要掌握材料的电导率、热导率、热稳定性、热膨胀系数、强度、抗疲劳特性、可燃性等；另一方面，深入了解材料的各项物理化学性能是材料研究的重点，通过材料的性能和组织结构关系的研究，可以明确材料特定的性能和组织结构之间的本质联系，这样就可以有意识地改变材料成分，利用加工、热处理等手段去调控材料的组织结构，从而有目的地改善材料的特性，这是发展新材料的有效途径。

第 1 章

材料的热学性质和晶格振动

本章导读：本章论述材料的热学性能，从原子热振动角度解释热物理本质，由此阐述材料的热容、热膨胀和热传导现象及其本质。

通过本章学习，应理解原子热振动的经典理论和量子理论及其数学处理过程，将晶格振动看成是能量分立或量子化的相互独立的振子或声子，作为多粒子体系遵循统计分布规律，根据统计理论处理获得固体的热容表达式；掌握热容表达式近似处理的爱因斯坦模型和德拜模型的前提条件和结论，对比经典统计理论得到的热容是常数这一理论的局限性，理解爱因斯坦模型或德拜模型能够准确表达固体热容随温度变化规律的物理本质。

掌握固体热膨胀来源于晶格振动的非谐振效应的理论基础，原子热振动并不完全是简单的简谐振动模式，非谐效应导致原子热振动的平衡位置随温度变化而变化；理解不同材料因原子间作用大小不同而具有不同的热膨胀系数的原因。

掌握材料的热传导有电子、声子和光子等不同导热机制，理解材料热传导中占据主导作用的导热机制和材料本身及其所处的热力学环境相关。

了解材料热稳定性的两个不同基础理论，即应力-强度理论和能量理论，理解由此给出不同判据的矛盾性及其根源。

几乎所有材料的性能都受到温度的影响，或者说材料性能一般会随温度而变化，并且直接或间接影响到其实际应用。如材料的强度会随温度的升高而下降，所以材料的使用温度会有上限。根据用途的不同，工程上往往会对材料热学性能提出特殊的要求，如机械行业标准件使用的材料，要求其热膨胀系数低以利于装配；电子行业的封装材料则要求热膨胀系数匹配以降低热失配引起的失效；热敏传感器却要求材料有尽可能高的热膨胀系数以提高器件的灵敏度；保温材料则要求具有优良的隔热性能；耐热材料则要求有优异的导热性能等。因此，材料的热学性能是材料物理性能的重要方面，主要包括材料的热容、热膨胀、热传导、热辐射、热稳定性等。材料的热性能分析不仅用来测量材料的热性能，而且是材料科学研究中的重要手段。

众所周知，任何物质都是由大量的原子或分子等微观粒子构成的，物质中大量粒子集体运动的宏观现象直接反映为材料的物理性能。温度的高低决定了这些微观粒子的活跃程度，所以物质的热学性质本质上源于原子的热振动，热学性质的研究从晶体热振动的理论解释开始。晶体中处于平衡位置上的原子或离子以格点作为平衡位置进行微振动，称为晶格振动。晶格振动理论不仅可以用来解释固体的热学性质、相变等问题，也是研究固体材料物理性质、解释许多物理特性的基础。针对大量的微观粒子运动系统，经典牛顿定律显然无法处理如此复杂的多粒子体系问题，所以发展了热力学统计规律去处理固体中微观粒子的运动规律，结合现代物理的量子理论，建立发展了系统的晶格振动理论，成为最早发展的固体物理理论。

1.1 原子的运动与能量

材料储存能量的能力与材料本身的成分和结构相关。从原子或分子角度来看，材料的能量与它们的个体能量相关。从单个原子来说，我们可以用坐标 (x, y, z) 表达某一个原子的位置并描述其运动。直角坐标系中一个独立的原子可以在三个方向自由运动，我们说这个原子有 3 个自由度。而由大量原子构成的物质，可简单地看成是多原子体系，由 N 个原子组成的多原子体系的自由度有 $3N$ 个。原子或分子的运动可以分为平移、旋转和振动三类，后两个运动方式是指原子之间或分子内原子之间的运动。单原子只有平移运动，有 3 个自由度；双原子构成的分子则有 3 个整体平移自由度、2 个转动自由度（不改变原子位置的轴向转动除外）和 1 个轴向原子间距离变化的振动自由度，所以双原子分子共有 6 个自由度。进一步考虑由 N 个原子构成的一维原子链，则这个原子链有 3 个平移自由度，2 个转动自由度和 $N-1$ 个振动自由度，共有 $N+4$ 个自由度。在 N 很大的条件下，可简单地认为一维原子链的自由度为 N 个。如考虑由 N 个原子构成三维网状结构的材料，由于构成材料的原子数目 N 很大（大多数材料原子密度为 10^{21} 个/cm^3 数量级），其自由度主要是 $3N$ 个振动自由度，所以说，原子振动是内能的主要形式。

分子运动论的经典统计物理理论指出，在温度足够高的条件下，原子运动每一个自由度对内能的贡献为 $k_B T/2$，其中 k_B 是玻尔兹曼常数，这就是能量均分原理（principle of equipartition）。考虑到振动包括动能和势能两部分，它们对内能的贡献都是 $k_B T/2$。

1.2 热容及其经典理论

1.2.1 热容的概念

物体受热温度会升高，相同质量的不同物体升高相同的温度所需的热量往往是不同的。不同物体升温的难易程度不同，这取决于物质的性质。一般将单位物体升高 1K 所需的热量称为热容，用 C 表示，简单定义为

$$C = \frac{\Delta Q}{\Delta T}$$ (1-1)

式中，Q 为热量，是物体中所有质点（原子）振动动能的总和；T 为温度，表示物体中质点振动剧烈程度的指标，温度越高，原子振动越剧烈。

热力学定律指出，一个具体物体温度升高所需的热量是不确定的，它和升温过程或路径相关。根据热力学第一定律，如果加热过程物体的体积 V 不变，即外界提供热量 ΔQ 都用于内能的增加而不对外做功，这时的热容称为定容热容，用 C_V 表示。

$$C_V = \left(\frac{\Delta Q}{\Delta T}\right)_V = \left(\frac{\Delta U + p\,\Delta V}{\Delta T}\right)_V = \frac{\Delta U}{\Delta T} \tag{1-2}$$

式中，p 为外部压强；U 为内能。

如物体处于一确定的压强条件下被加热，升温过程自由膨胀，外界提供的热量不仅要满足内能的增加还要提供给体积膨胀对外做功，这时的热容称为定压热容，用 C_p 表示。

$$C_p = \left(\frac{\Delta Q}{\Delta T}\right)_p = \left(\frac{\Delta U + p\,\Delta V}{\Delta T}\right)_p = \frac{\Delta U}{\Delta T} + p\,\frac{\Delta V}{\Delta T} \tag{1-3}$$

显然，物体的定压热容要高于定容热容，因为定压热容多了热膨胀做功项。对于大多数固体材料来说，材料升温过程的热膨胀量很小，所以以上定义的两个热容概念数值上的差异可以忽略不计。

单位质量的物体升高 1K 所需的热量称为热容（specific heat capacity），物理量单位是 J/(kg·K)。固体材料往往也以单位物质的量升高 1K 所需的热量来衡量热容大小，称为摩尔热容（molar heat capacity），用 C_m 表示，其单位是 J/(mol·K)。显然，定压热容 C_p 和定压摩尔热容 C_{mp} 之间相差一个摩尔常数 M，故

$$C_{mp} = MC_p \tag{1-4}$$

材料的定压热容是容易测量的，而定容热容是不能直接测量的。实际材料的热容并不是常数，一般会随温度变化而有所变化。因此，在某一具体温度 T 下，材料的定压热容表达为

$$C_p = \left(\frac{\mathrm{d}Q}{\mathrm{d}T}\right)_p \tag{1-5}$$

固体物理学中的热容一般指定容热容，其定义为

$$C_V(T) = \left[\frac{\partial \bar{U}(T)}{\partial T}\right]_V \tag{1-6}$$

式中，$\bar{U}(T)$ 为固体在温度 T 时的热力学平均内能。测量固体材料的热容或热容变化是研究材料相变、组织结构变化机理的重要手段之一。

固体是由大量原子或分子组成的，原子又由离子和价电子组成，所以固体可看成由大量的离子和电子组成的双粒子体系。可近似地把离子运动和电子运动看成是同一个体系中的两个系统而分别进行考虑，即将固体中微观粒子的运动变成原子实围绕平衡位置运动和晶格周期势场中多电子运动的两个问题，这种近似称为绝热近似。因此，固体的内能包括晶格振动能量和电子运动能量，这样，$C_V(T)$ 主要由两部分组成，即

$$C_V(T) = C_V^l(T) + C_V^e(T) \tag{1-7}$$

式中，$C_V^l(T)$ 为晶格（离子或原子实）热运动的结果，称晶格热容；$C_V^e(T)$ 为电子热运动的结果，称为电子热容。

一般条件下，因电子对内能的贡献很小，所以固体的热容一般指的是晶格热容。电子热容只有在极低温下，在晶格振动很微弱时，才凸显电子运动对内能的贡献。

1.2.2 热容的经典理论及其问题

统计物理经典理论认为，大量自由粒子在每一个自由度上的平均能量为 $k_B T$，其中一半

是动能，另一半是势能，这就是所谓的能量均分定理。如固体中有 N 个原子，则平均总能量为 $\bar{E}=3Nk_BT$，所以

$$C_V=\frac{\partial E}{\partial T}=3Nk_B=24.9\,\text{J}/(\text{K}\cdot\text{mol}) \tag{1-8}$$

式中，R 为气体常数，$R=8.314\,\text{J}/(\text{K}\cdot\text{mol})$。

式（1-8）表明，经典理论近似下，材料的热容是一个与温度无关的常数，这个由经典理论给出的结果称为杜隆-珀蒂（Dulong-Petit）定律。

固体的热容在高温条件下，基本上是一个与材料性质和温度无关的常数，满足杜隆-珀蒂定律。实际上，大多数单质元素的摩尔热容在高温下接近这一数值，只是原子序数较小的元素摩尔热容偏离这一数据。如表 1-1 给出的部分元素和水在常温下的热容数据。由多原子组成的固态化合物，其摩尔比热容接近 $C_V=25\,\text{J}/(\text{mol}\cdot\text{K})$ 的倍数，即化合物分子热容等于构成化合物各元素原子热容之和，这就是所谓的诺伊曼-柯普（Neumann-Kopp）化合物热容定律。

表 1-1 一些元素和水的热容和摩尔热容数值

元素	C_p/[J/(g·K)]	C_{mp}/[J/(mol·K)]
Al	0.899	24.3
Fe	0.460	25.7
Ni	0.456	26.8
Cu	0.385	24.4
Pb	0.130	26.9
Ag	0.236	25.5
C	0.904	10.9
H_2O	4.184	75.3

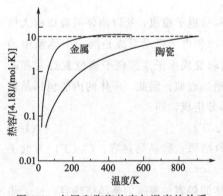

图 1-1 金属和陶瓷热容与温度的关系

实际材料的热容和温度相关，温度越低，热容越小。如图 1-1 所示，金属的热容在达到常温条件下时趋于常数，而陶瓷材料往往需要达到 1000℃ 以上才接近常数。实验研究显示，实际材料的热容明显偏离杜隆-珀蒂定律，且所有物质在低温下这一定律并不成立。温度很低时，C_V 下降很快。在温度接近 0 时，C_V 和温度呈 $C_V\propto T^3$ 的相关性迅速趋于零。显然，晶格热容在低温下趋于零的特征是经典理论无法解释的。可见，利用能量均分定理计算材料的热容存在明显的困难，原因在于能量均分定理的前提条件过于简单，或者说将能量均分定理用来描述晶格振动的模型过于简单，这是经典理论遇到的困难。从原子振动是物质能量存储方式的原理出发，利用量子理论得到的结果和实验数据十分吻合，量子理论可完美地解决这个问题。

1.3 晶格振动

固体物质被看作由大量的离子和电子组成的双粒子体系，存在离子之间、电子之间以及电子与离子之间复杂的相互作用，理论上无法严格求解这种复杂的多粒子体系问题。考虑到电子与离子存在质量和运动状态显著差异，可以近似地把离子运动与电子运动看成同一个体系中的两个系统。实验表明，晶格振动是物质内能的主要形式，电子体系对内能的贡献很小（低两个数量级）。这样，热容的问题就可以看作原子振动的问题，晶格振动理论就是在这个近似的基础上建立的。本节将探讨晶格振动的数学处理过程。

为简化问题，从一维原子链出发研究原子的振动性质，然后推广到三维结构的晶体振动。

1.3.1 一维单原子链

由 N 个相同的原子组成的一维单原子链或一维晶格如图 1-2 所示，相邻原子间的平衡距离为 a_0，第 j 个原子所处的平衡位置用 x_j^0 表示，它偏离平衡位置的位移为 $\mathrm{d}x_j$，则第 j 个原子的某一时刻的实际位置可以表示为

$$x_j = x_j^0 + \mathrm{d}x_j \tag{1-9}$$

图 1-2　一维原子链模型

原子间的相互作用势能设为 $u(x_{ij})$，如果只考虑晶体中原子间的二体相互作用，则晶体总的相互作用构成体系的内能 U 可表示为

$$U = \frac{1}{2} \sum_{i \neq j}^{N} u(x_{ij}) \tag{1-10}$$

其中，$x_{ij} = x_j - x_i = x_{ij}^0 + \mathrm{d}x_{ij}$，是序号为 i、j 两个原子的间距；$x_{ij}^0 = (j-i)a_0$，是两原子的平衡间距；$\mathrm{d}x_{ij} = \mathrm{d}x_j - \mathrm{d}x_i$，是 i 和 j 两原子的相对位移。原子在平衡位置附近作微振动，相邻原子的相对位移要比其平衡距离小得多，所以可将 u 展开为

$$u(x_{ij}) = u(x_{ij}^0 + \mathrm{d}x_{ij}) = u(x_{ij}^0) + \frac{\partial u}{\partial x}\mathrm{d}x_{ij} + \frac{1}{2}\frac{\partial^2 u}{\partial x_{ij}^2}\mathrm{d}x_{ij}^2 + \cdots \tag{1-11}$$

所以

$$U = \frac{1}{2}\sum_{i \neq j} u(x_{ij}) = \frac{1}{2}\sum_{i \neq j} u(x_{ij}^0) + \frac{1}{2}\sum_{i \neq j}\frac{\partial u}{\partial x}\bigg|_{x=x_{ij}^0}\mathrm{d}x_{ij} + \frac{1}{4}\sum_{i \approx j}\frac{\partial^2 u}{\partial x^2}\bigg|_{x=x_{ij}^0}\mathrm{d}x_{ij}^2 + \cdots$$

$$\tag{1-12}$$

式中第一项是所有原子处于平衡位置时的总相互作用能，用 U_0 来表示，是 U 的极小值。

$$U_0 = \frac{1}{2} \sum_{i \neq j} u(x_{ij}^0) \tag{1-13}$$

第二项是 $\mathrm{d}x_{ij}$ 的线性项，系数 $\sum_{i \neq j} \left. \dfrac{\partial u}{\partial x_{ij}} \right|_{x=x_{ij}^0}$ 是平衡位置势能的一次导数或所有其他原子作用在第 i 原子上的合力。因平衡状态下的势能为极值或合力为零，此系数为零。这样，式（1-12）可表达为

$$U = U_0 + \frac{1}{4} \sum_{i \neq j} \left. \frac{\partial^2 u}{\partial x_{ij}^2} \right|_{x=x_{ij}^0} \mathrm{d}x_{ij}^2 + \cdots = U_0 + \frac{1}{2} \sum_{i \neq j} \beta_{ij} \mathrm{d}x_{ij}^2 \tag{1-14}$$

式中，

$$\beta_{ij} = \frac{1}{2} \left. \frac{\partial^2 u}{\partial x_{ij}^2} \right|_{x=x_{ij}^0} \tag{1-15}$$

β_{ij} 称为回复力常数。

若式（1-12）展开仅保留到平方项，忽略 x 的高次项，则

$$U = U_0 + \frac{1}{2} \sum_{i \neq j} \beta_{ij} \mathrm{d}x_{ij}^2 \tag{1-16}$$

式（1-16）类似于经典的简谐振动方程，所以这种近似称为简谐近似。根据牛顿第二定律，第 n 个原子的运动方程式可表达为

$$m \frac{\mathrm{d}^2 x_n}{\mathrm{d}t^2} = \sum_i \beta_{in} (x_i - x_n) \tag{1-17}$$

式中，m 为原子的质量。

如果只考虑最近邻原子间的相互作用，即式（1-17）中只保留 $i = n+1$ 和 $n-1$ 两项。考虑相邻原子间回复力系数 β 相同，则运动方程式（1-17）可简单表达为

$$m \frac{\mathrm{d}^2 x_n}{\mathrm{d}t^2} = \beta (x_{n+1} + x_{n-1} - 2x_n) \tag{1-18}$$

1.3.2　周期性边界条件

晶体中每个原子都有形如式（1-18）的运动方程。因实际晶体是有限大的，处在晶体表面（或一维晶格两端）的原子所受到的作用与内部原子不同，使运动方程问题复杂化。为简化问题，引入边界条件，即所谓的周期性边界条件，又称为玻恩-卡曼边界条件。

考虑晶体空间结构的周期性，晶体结构中格点上的原子所处的环境相同，这样总会有运动情况相同的原子。设想由 N 个原子组成的有限晶体之外还有许多个完全相同的晶体，互相平移堆积充满整个空间，各有限晶体块中相同位置原子的运动情况视为相同。对于一维晶格，这个条件可简单表示为

$$u_n = u_{N+n} \quad \text{或} \quad u_1 = u_{N+1} \tag{1-19}$$

即晶格结构格点上每个原子都是等价的，都满足形式相同的运动方程。这样做可避免考虑表面原子的特殊性。由于实际晶体中原子数目 N 很大，表面原子数目相对很少，如此处理的结果不会对晶体中大量原子振动的整体性质产生明显的影响。

1.3.3　格波

由于晶体中每一个原子具有相同的运动方程式（1-18），这样，方程的数目和原子数相

同。运动方程的标准解可表达为波的形式：

$$x_n = A e^{-i(\omega t - naq)}$$
(1-20)

式中，A 为振幅；ω 为振动角频率；q 为波矢量值；a 为晶格常数；naq 为第 n 个原子的振动位相。

q 与波长的关系为 $q = \dfrac{2\pi}{\lambda}$。如果第 n 个原子和第 n' 个原子的位相差为 2π 的整数倍，即 $(n-n')aq = 2m\pi$，m 为整数。则相当于这两个原子振动位移相同、位相相等。可见，由于振动质点间的相互作用，相邻质点间的振动存在相位差。晶格中各原子的振动相互之间存在固定的相位关系，或者说振动波是 ω 角频率的平面波，也称为格波。

格波的波长

$$\lambda = \frac{2\pi}{q}$$
(1-21)

波速度（亦称为相速度）

$$v_p = \frac{\omega}{q}$$
(1-22)

将式（1-20）代入式（1-18），容易求得 ω 与 q 的关系为

$$\omega^2 = \frac{2\beta}{m}(1 - \cos qa)$$
(1-23)

式中，β 为回复力系数。

式（1-23）称为 ω-q 的色散关系。由以上各式可以看出以下几点。

a. 波函数表达式（1-20）所描述的是原子围绕平衡位置的振动，可以看成是以波的形式在晶体中传播。这是晶体中原子在平衡位置振动受到周围原子相互制约作用所表现出的一种集体运动形式，其周期性是由晶体结构的周期性所决定的。

b. 格波的频率与波矢的色散关系式（1-23）可图解为图 1-3 所示的曲线关系。由于 ω 是 q 的周期函数，周期为 $2\pi/a$，因此，只考虑一个周期内的振动频谱就可以代表所有的振动关系。q 取值可限制在 $-\dfrac{\pi}{a} \leqslant q < \dfrac{\pi}{a}$ 这个周期范围内，这正是晶体结构理论中倒空间的第一布里渊区（first Brillouin zone）。

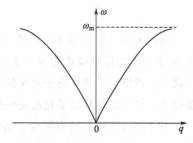

c. 由色散关系可得到格波的速度，即

图 1-3　一维单原子晶格振动色散关系

$$v_p = \frac{\omega}{q} = \sqrt{\frac{\beta}{m}} \frac{\sin \dfrac{qa}{2}}{\dfrac{qa}{2}}$$
(1-24)

即格波的速度不是常数，波速度和波矢量的关系与弹性简谐振动波类似。在 $q = \pm \dfrac{\pi}{a}$ 时，ω 有最大值 $\dfrac{2a}{\pi}\left(\dfrac{\beta}{m}\right)^{1/2}$；$q \to 0$ 时，波速趋于常数 $v_p = \dfrac{\omega}{q} = a\sqrt{\dfrac{\beta}{m}}$，这时因为波长很长，远大于原子间距，一个波长范围包含许多个原子，所以相邻原子的位相差很小，格波类似于连续介质中的弹性波。这时原子振动频率低，波速度和声学波速度相当，这种相邻原子间的

相位差很小的格波称为声学波。

格波的群速度定义为

$$v_g = \frac{d\omega}{dq} = a\sqrt{\frac{\beta}{m}}\cos\frac{qa}{2} \tag{1-25}$$

群速度表达波的能量或物质迁移速度。同样由于原子的不连续性，格波的群速度一般不等于其相速度，仅当 $q \to 0$ 时，$v_p = v_g = a\sqrt{\frac{\beta}{m}}$，表现出弹性波的特征。处于 $q = \pm\pi/a$ 布里渊区边界上时，$v_g = 0$，这表明波矢位于布里渊区边界时，格波不能继续传播。此时相邻原子的振动位相相反，即 $\frac{x_{n+1}}{x_n} = e^{iqa} = e^{i\pi} = -1$，波长为 $2a$，这是一种驻波形态。如此原子振动频率高，相邻原子格点间的相位差大，相邻质点几乎都是做反相运动，这类短波长的格波称为光学波。

d.原子的位移 x_n 应满足周期性边界条件，根据边界条件式（1-19）要求：

$$e^{iNaq} = 1 \tag{1-26}$$

由式（1-26）可得到：$qNa = 2\pi m$，m 为任意整数。所以，波矢 q 的取值不是任意的，只能取

$$q = \frac{2m\pi}{Na} \tag{1-27}$$

即满足边界条件的波矢只能取一些分立的值，或者说波矢量的取值是量子化的，相邻波矢间距为：$\Delta q = \frac{2\pi}{Na}$。

考虑到周期性边界限制，把 q 限定在第一布里渊区内，则 m 的取值也限制在

$$-\frac{N}{2} \leqslant m < \frac{N}{2} \tag{1-28}$$

也就是说，N 个原子组成的一维晶格，振动波矢量值 q 共有 N 个不同的取值，或者说有 N 个独立的振动模式或 N 个独立的格波。第一布里渊区的波矢量能够给出全部的独立振动状态。所以对于简单格子结构的晶体，原子振动的独立状态数等于原子个数。由于原子数量很大，可以将这种量子化的波矢量变化看成是准连续的。

基于晶体结构空间周期性，结构的最小重复单元称为原胞。如晶体由 N 个原胞组成，每个原胞内有 n 个原子，每个原子均可做三维运动，则晶体共有 $3nN$ 个自由度。如前所述，色散关系只考虑第一布里渊区就可以得到所有的振动模式。由于周期性边界条件限定，q 值是量子化的，共有 N 个允许的 q 值，而每一个 q 值对应 n 个频率。在简谐近似下，三维结构晶体振动的独立状态或格波数等于晶体的自由度数，即振动模式或格波的个数共有 $3nN$ 个。

在格波波长很长的声学波状态下，晶格振动相当于描述原胞质心的运动，如图 1-4（a）所示。而振动频率高的格波，表达的是同一原胞中的两个原子的振动方向相反，而质心保持不动。即光学波描述的是原胞中原子的相对运动，如图 1-4（b）所示。

$3nN$ 个格波可分成 $3n$ 支，每支含有 N 个独立的振动状态。其中声学波有 3 支，描述原胞质心的运动，包含一个纵波和两个横波。其余 $3(n-1)$ 支是光学支，描述原胞内原子之间的相对运动。因此，可以得出如下结论：

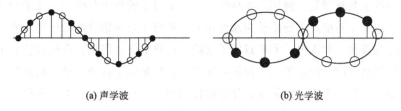

| (a) 声学波 | (b) 光学波 |

图 1-4　声学波和光学波示意图

$$晶格振动的波矢数 = 晶体的原胞数$$
$$晶格振动的频率数 = 晶体的自由度数$$

上述结论与实验结果是一致的。

1.4　热容的量子理论

1.4.1　晶格振动的量子化和声子

为简单起见，仍以一维单原子晶格振动为例，引入声子概念。在简谐近似和邻位近似条件下，原子在格点平衡位置的振动可简单看成是简谐振动，其振动的能量 E_n 表达式为

$$E_n = \left(\frac{1}{2} + n_q\right)\hbar\omega_q \tag{1-29}$$

式中，n_q 为振动量子数，为非负整数；ω_q 为振动的基础角频率。

由于晶格振动的波矢量取值是分立的，即晶体中的格波是量子化的，某一频率下格波的能量表达式为式（1-29），相邻频率格波能量的增减必须是 $\hbar\omega_q$ 的整数倍。这种能量量子化的晶格振动可看作假想粒子或一种准粒子，称为声子（phonon）。声子能量的单元为 $\hbar\omega_q$，第 n_q 个声子的能量为 $E_n = n_q\hbar\omega_q$（不计零点能 $E_0 = \frac{1}{2}\hbar\omega_q$）。晶体中的 $3nN$ 种振动模式对应 $3nN$ 种声子。显然，声子是能量量子化的晶格振动，不能脱离晶体而存在。

近代物理理论告诉我们，基本粒子根据所谓内禀性可分为玻色子和费米子两大类。量子力学认为，同类的微观粒子是不可区分的。它们的区别在于，同一量子状态下只能容纳一个粒子的是费米子，即费米子分布满足泡利不相容原理，如电子就是费米子；而玻色子相反，可以有许多个玻色子占据同一状态，如光子、声子等。作为玻色子的声子的状态分布服从玻色-爱因斯坦统计规律，即一个声子具有能量为 $E_n = n_q\hbar\omega_q$ 的概率 $f_{(n_q)}$ 为

$$f_{(n_q)} = \frac{1}{e^{n_q \hbar\omega_q / k_B T} - 1} \tag{1-30}$$

这里 $\hbar = \dfrac{h}{2\pi}$ 称为约化普朗克常数（reduced Planck constant）；$h = 6.63 \times 10^{-34} \text{J} \cdot \text{s}$，是普朗克常数（Planck constant）；$k_B = 1.38 \times 10^{-23} \text{J/K}$，称为玻尔兹曼常数。

晶体中原子振动共有 $3nN$ 个振动模式或格波，如简单地把它们看成是独立谐振子，就是将 N 个原子组成的晶格振动问题看成 $3nN$ 个声子的问题。这种晶体中原子振动的量子化

模型可以处理许多物理问题，例如晶体热学性质，晶格中的原子与电子、光子相互作用的问题等。当电子或光子和格点上的原子相互作用时，相当于受到格波散射作用，两者之间交换的能量以 $\hbar\omega_q$ 为单位。如果电子和格点原子碰撞，晶格如失去能量，我们就说电子吸收了一个声子，晶格振动的能量传给了电子而使振动减弱；如果电子将能量给予格点原子，相当于格点原子从电子获得一个声子的能量，使晶格振动加强。声子概念的引入不仅仅是描述晶格振动的方式问题，它很好地反映了晶体中原子集体运动的量子化性质。

以上讨论了近邻和简谐近似条件下，晶格振动的格波是相互独立的，声子间无相互作用这一情形。如考虑非简谐作用，格波之间则不再相互独立，声子之间有相互作用，或看作格波间存在相互散射作用。

1.4.2　晶格热容的量子理论

为更好地从理论上解释固体的热容问题，仍然利用简单格子晶体中原子的热振动简化为 $3N$ 个相互独立的简谐振动模式。根据量子理论，格点简谐振动的能量是量子化的，如果不计零点能，式（1-29）中声子振动能量可表达为

$$E_n = n_q \hbar \omega_q \tag{1-31}$$

结合式（1-30），可得到在某一温度 T 状态下能级为 E_n 声子的平均能量为

$$\overline{E}_{(n_q)} = \frac{n_q \hbar \omega_q}{e^{n_q \hbar \omega_q / k_B T} - 1} \tag{1-32}$$

晶体中有 N 个原子，共 $3N$ 个振动模式，总能量平均为

$$\overline{E}_{(T)} = \sum_1^{3N} \frac{n_q \hbar \omega_q}{e^{n_q \hbar \omega_q / k_B T} - 1} \tag{1-33}$$

考虑到晶体中有大量的原子，简单地把 $3N$ 个振动角频率看成是准连续的，取最大的角频率为 ω_m，在 $d\omega$ 范围内的格波数量或波频数量为 $\rho(\omega)d\omega$，$\rho(\omega)$ 为频率分布函数或频率密度，则

$$\int_0^{\omega_m} \rho(\omega) d\omega = 3N \tag{1-34}$$

总能量的平均值式（1-33）可表达为

$$\overline{E}_{(T)} = \sum_1^{3N} \frac{n_q \hbar \omega_q}{e^{n_q \hbar \omega_q / k_B T} - 1} = \int_0^{\omega_m} \frac{\hbar \omega}{e^{\hbar \omega / k_B T} - 1} \rho(\omega) d\omega \tag{1-35}$$

则晶体的热容

$$C_V = \frac{\partial \overline{E}_{(T)}}{\partial T} = \int_0^{\omega_m} k_B \left(\frac{\hbar \omega}{k_B T} \right)^2 \frac{e^{\hbar \omega / k_B T}}{(e^{\hbar \omega / k_B T} - 1)^2} \rho(\omega) d\omega \tag{1-36}$$

显然，量子理论得到的热容表达式（1-36）比较复杂，其中角频率分布函数 $\rho(\omega)$ 就很难获得。为简化问题，常采用爱因斯坦（Einstein）模型和德拜（Debye）模型近似处理。前者认为晶体中所有原子振动频率相同，后者则以连续介质的弹性波取代格波处理问题。

1.4.3　爱因斯坦模型

1907 年爱因斯坦采用了非常简单的模型：假设晶体中的原子振动是相互独立的，所有

振动模式具有同一频率，即

$$\omega_1 = \omega_2 = \cdots = \omega_{3N} = \omega_E$$

ω_E 称为爱因斯坦频率，这时式（1-35）和式（1-36）可表达为

$$\overline{E}(T) = \frac{3N\hbar\omega_E}{e^{\hbar\omega_E/(k_BT)} - 1} \tag{1-37}$$

$$C_V = \left(\frac{\partial E}{\partial T}\right) = 3Nk_B\left(\frac{\hbar\omega_E}{k_BT}\right)^2 \frac{e^{\frac{\hbar\omega_E}{k_BT}}}{\left(e^{\frac{\hbar\omega_E}{k_BT}} - 1\right)^2} = 3Nk_B\left(\frac{\theta_E}{T}\right)^2 \frac{e^{\frac{\theta_E}{T}}}{\left(e^{\frac{\theta_E}{T}} - 1\right)^2} \tag{1-38}$$

其中，$\theta_E = \dfrac{\hbar\omega}{k_B}$ 称为爱因斯坦温度，也就是利用爱因斯坦温度代替频率。不同材料的爱因斯坦温度不同，一般通过热容实验测定曲线和理论曲线比较来确定。大多数固体材料的爱因斯坦温度在 100～300K 范围内。图 1-5 给出了金刚石热容实验曲线和理论曲线，得到 $\theta_E = 1320$K。下面对热容表达的物理意义分温区讨论：

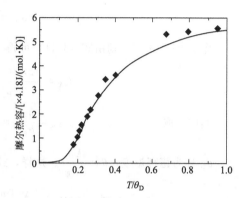

图1-5　金刚石摩尔热容实验曲线和理论曲线（圆点为实验值，温度以 T/θ_E 为单位）

a. 当温度处于高温区时，$T \gg \theta_E$。由式（1-38）可得：$C_V \approx 3Nk_B$，这和经典理论得到的热容结果相同，与高温区的热容实验结果比较符合。

b. 在低温区，当温度 $T \ll \theta_E$，由式（1-38）可得

$$C_V = 3Nk_B\left(\frac{\theta_E}{T}\right)^2 \frac{e^{\frac{\theta_E}{T}}}{\left(e^{\frac{\theta_E}{T}} - 1\right)^2} = 3Nk_B\left(\frac{\theta_E}{T}\right)^2 e^{-\frac{\theta_E}{T}} \tag{1-39}$$

在极低温度下，温度趋于零时，C_V 亦趋于零，与实验结果相符。这是经典理论不能得到的结果，解决了长期困扰物理学的一个疑难问题，这也正是爱因斯坦模型的重要贡献所在。但式（1-39）给出热容以指数形式迅速趋于 0，明显快于实验测定的 C_V 数据以 T^3 关系趋于零的结果。这显然与爱因斯坦模型相关，该模型假设所有格波均为单一频谱过于简化，忽略了格波间的差异。因为实际晶体中原子振动不是以同样频率振动并彼此独立的，原子振动波频率不仅有差异，而且相互之间有耦合作用。

1.4.4　德拜模型

德拜（Debye）于 1912 年提出了另一个简化模型。不再认为所有格波振动模式为单一频率，而是分布在一定范围，从 0 到最大值 ω_m。宏观上把晶体当作各向同性的弹性介质来处理，把格波看成弹性波，并假定纵波和横波的波具有相同速度 v_p，弹性波的角频率 $\omega = qv_q$。

考虑格波在体积为 V 的整个晶体空间中运动，则波矢量值为 q 的格波空间密度为 $1/V$。在各向同性的弹性介质中，q 可以看作是准连续的，则 q 到 $q + dq$ 范围内对应的 q 空间体积为 $4\pi q^2 dq$，对应的格波数目为 $4\pi Vq^2 dq$。

考虑三维晶格结构，纵波和横波共计三种弹性波，利用前面频率分布函数概念，则 ω

到 $\omega + \mathrm{d}\omega$ 范围内格波数量为

$$\rho(\omega)\mathrm{d}\omega = 3 \times 4\pi V q^2 \mathrm{d}q = \frac{12\pi V \omega^2 \mathrm{d}\omega}{v_{\mathrm{p}}^3} \qquad (1\text{-}40)$$

式（1-40）称为晶格振动德拜频率分布函数。这样，把德拜频率分布函数式（1-40）代入式（1-36），得

$$C_{\mathrm{V}} = \frac{12\pi V}{v_{\mathrm{p}}^3} \int_0^{\omega_{\mathrm{m}}} k_{\mathrm{B}} \left(\frac{\hbar\omega}{k_{\mathrm{B}}T}\right)^2 \frac{\mathrm{e}^{\hbar\omega/k_{\mathrm{B}}T}}{(\mathrm{e}^{\hbar\omega/k_{\mathrm{B}}T}-1)^2} \omega^2 \mathrm{d}\omega \qquad (1\text{-}41)$$

将式（1-40）代入式（1-34），可得

$$\omega_{\mathrm{m}} = \left(\frac{3N}{4\pi V}\right)^{1/3} v_{\mathrm{p}} \qquad (1\text{-}42)$$

令 $x = \hbar\omega/k_{\mathrm{B}}T$，则由式（1-41）可得

$$C_{\mathrm{V}} = \frac{12\pi V k_{\mathrm{B}}^4 T^3}{\hbar^3 v_{\mathrm{p}}^3} \int_0^{x_{\mathrm{m}}} \frac{x^4 \mathrm{e}^x}{(\mathrm{e}^x-1)^2} \mathrm{d}x \qquad (1\text{-}43)$$

其中，取

$$x_{\mathrm{m}} = \frac{\hbar\omega_{\mathrm{m}}}{k_{\mathrm{B}}T} = \frac{\hbar v_{\mathrm{p}}}{k_{\mathrm{B}}T} \left(\frac{3N}{4\pi V}\right)^{1/3} = \frac{\theta_{\mathrm{D}}}{T} \qquad (1\text{-}44)$$

θ_{D} 称为德拜温度，$\theta_{\mathrm{D}} = \dfrac{\hbar\omega_{\mathrm{m}}}{k_{\mathrm{B}}}$。这样，式（1-43）的热容表达为

$$C_{\mathrm{V}} = 9Nk_{\mathrm{B}} \left(\frac{T}{\theta_{\mathrm{D}}}\right)^3 \int_0^{\theta_{\mathrm{D}}} \frac{x^4 \mathrm{e}^x}{(\mathrm{e}^x-1)^2} \mathrm{d}x = 3R f_{\mathrm{D}}\left(\frac{\theta_{\mathrm{D}}}{T}\right) \qquad (1\text{-}45)$$

其中，$R = Nk_{\mathrm{B}}$ 是气体常数，$f_{\mathrm{D}}\left(\dfrac{\theta_{\mathrm{D}}}{T}\right) = 3\left(\dfrac{T}{\theta_{\mathrm{D}}}\right)^3 \int_0^{\theta_{\mathrm{D}}} \dfrac{x^4 \mathrm{e}^x}{(\mathrm{e}^x-1)^2} \mathrm{d}x$ 称为德拜热容函数。德拜理论得到的热容表达式（1-45）表明，材料的热容特征完全由它的德拜温度确定。

由式（1-45）可以看出，在高温区，$T \gg \theta_{\mathrm{D}}$ 时，$C_{\mathrm{V}} = 3R$，这和经典理论的结果相同，符合高温区的热容实验结果。

在低温区，当温度 $T \ll \theta_{\mathrm{D}}$ 时，式（1-45）通过分步积分，积分上限取 ∞，可得

$$C_{\mathrm{V}} = \frac{12\pi^4 Nk_{\mathrm{B}}}{5} \left(\frac{T}{\theta_{\mathrm{D}}}\right)^3 \qquad (1\text{-}46)$$

表明 C_{V} 与 T^3 成比例，常称为 T^3 德拜定律。温度越低，德拜近似结果越符合实验数据。式（1-46）显示，在 $T \rightarrow 0$ 时，$C_{\mathrm{V}} \rightarrow 0$，即低温区 $\hbar\omega \gg k_{\mathrm{B}}T$ 振动模式对热容几乎没有贡献，或者说热容大小主要来自 $\hbar\omega \ll k_{\mathrm{B}}T$ 的振动模式。所以，低温极限下热容决定于最低频率的振动，这正是波长长的弹性波或声学波。正如前面所指出的那样，在波长远远大于微观尺度时，这样的宏观近似是成立的。所以，德拜理论在低温的极限是十分正确的。

实际上，式（1-46）给出的德拜模型热容和温度之间的 T^3 定律一般只适用于 $T/\theta_{\mathrm{D}} < 30$ 的低温度范围。德拜温度 θ_{D} 也不是恒定值，在超低温条件下明显和温度相关，如图 1-6 给出了 C_{V}-(T/θ_{D}) 关系的德拜模型理论曲线和晶体实验测得的热容曲线，两者在超低温和高温下存在偏差。

德拜理论提出以后，在相当长的一个时期被认为与实验结果是精确符合的。但随着低温测量技术的发展，越来越暴露出德拜理论与实际数值间仍然存在明显的偏离。假若德拜理论精确地成立，各温度下的 θ_{D} 都应当是同一个值，但实际证明不同温度下得到的 θ_{D} 值是不同

的。常用的办法是比较理论与实验结果，在不同温度下，通过理论函数 C_V（T/θ_D）与实验值 C_V 相等确定 θ_D 大小。图 1-7 给出金属铟的 θ_D-T 变化情况，θ_D 偏离恒定值的结果表现出德拜理论的局限性。

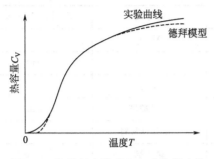

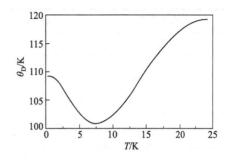

图 1-6 德拜理论模型和实验数据比较 　　　　图 1-7 金属铟的德拜温度随温度变化关系

德拜理论的局限性显然也是和德拜模型假设前提条件相关，把晶体看成连续介质，对于原子振动频率较高的部分并不适用，如对一些化合物的热容计算与实验不符。在低温下也不完全符合实验结果，因为晶体毕竟不是一个连续体，而且没有考虑自由电子的贡献。对于复杂的分子结构往往会有各种高频振动耦合，多晶、多相体系材料情况就更为复杂，这样，德拜理论和实验值差距更大。不管如何，德拜理论已经足够精确了。

德拜温度 θ_D 可以粗略地估算出晶体振动频率的数量级，表 1-2 给出了常见金属材料的德拜温度，可以看出一般 θ_D 都是几百华氏度，多数晶体的 θ_D 在 200～400K，相当于 $\omega_m \approx 10^{13}/s$。但是一些弹性模量大、密度低的晶体，如金刚石的 θ_D 高达 1000K 以上，这时弹性波速很大，因此最大振动频率 ω_m 和德拜温度 θ_D 数值高。这样的固体在一般温度下热容低于经典理论值。

表 1-2　单项固体或材料的德拜温度

材料	θ_D/K	材料	θ_D/K	材料	θ_D/K
Ag	225	Cr	630	W	400
Al	428	Ga	320	金刚石	2230
Au	165	Ge	374	Al_2O_3	923
Ni	450	Mo	450	石墨	1973
Co	445	Mn	410		
Fe	470	Si	645		

1.5　材料热容性能及影响因素

一般地，材料的成分不同热容也不同，材料的热容由材料的特性所决定。基于组成材料的原子和分子差异，单质材料的热容相对偏低，金属材料的热容低于以化合物为主的无机材料，而无机材料的热容明显小于大分子结构的高分子材料。表 1-3 给出了常见金属合金材料、陶瓷材料和高分子材料的热容数值。

表 1-3 在 100℃条件下部分材料的热容

金属和合金	$C_V/[J/(kg \cdot K)]$	非金属	$C_V/[J/(kg \cdot K)]$
金	128	Al_2O_3	775
银	235	MgO	940
铜	386	SiO_2	740
铝	900	钠钙玻璃	840
铁	448	C-C复合材料	1800
镍	443	聚乙烯	1850
316L 不锈钢	502	聚丙烯	1925
黄铜（70Cu30Zn）	375	聚苯乙烯	1170
可伐合金（54Fe29Ni17Co）	460	尼龙 66	1670
因瓦合金（64Fe36Ni）	500	特氟龙	1050

实际材料的热容主要决定于材料的化学成分，即材料的热容和组织结构关系不敏感。下面针对不同类型的材料热容及其影响做进一步了解。

1.5.1 金属材料的热容

固体材料的内能包括晶格振动能量和电子运动能量，所以材料的热容应包括点阵热容和电子热容两部分。金属材料内部有大量的自由电子，自由电子对热容的贡献在极端温度下（超低温和超高温）对热容的贡献明显。极端温度下几乎所有的金属、合金及其中间相的热容是由点阵振动和自由电子两部分的贡献组成。低温条件下热容和温度关系为

$$C_V = C_V^l + C_V^e = \alpha T^3 + \gamma T \tag{1-47}$$

式中：C_V^l 和 C_V^e 分别代表点阵振动热容和自由电子的热容；α 和 γ 分别为它们的热容系数。

经典理论估算自由电子对热容的贡献和点阵热容相当且与温度无关，但在常温条件下，实测电子对热容的贡献只有点阵热容数值的 1/100，所以一般条件下电子热容可以忽略不计。量子理论认为不是所有价电子都对热容有贡献，只有少量发生状态变化或产生能级跃迁的电子才对热容有贡献，所以电子的热容很小。

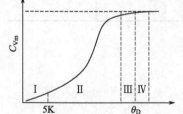

图 1-8 金属铜的热容曲线

以金属铜的热容曲线为例，如图 1-8 所示。Ⅰ区温度范围为 0～5K，摩尔热容和温度呈线性关系：$C_{Vm} \propto T$，可见自由电子对热容贡献大；Ⅱ区基本上是 $C_{Vm} \propto T^3$，表明热容主要贡献在于点阵振动；Ⅲ区是温度达到德拜温度 θ_D 附近，热容趋于常数；Ⅳ区是温度远高于 θ_D 以上时，热容曲线稍有平缓上升趋势，$C_{Vm} > 3R$，其中增加部分主要是自由电子对热容的贡献。

实际应用的金属材料多为合金材料与多相结构材料。金属材料中合金元素添加会出现不同的组织与相结构，金属材料的热处理和加工虽然能改变合金的组织，但在高温条件下的热容几乎没有变化。可见，热容取决于材料的成分，和组织结构关系不敏感。形成固溶体或合金相时体系的总能量可能增加，但组分中每个原子的热振动能几乎与该原子在纯物质单质晶体中同一温度的热振动能一样。诺伊曼-柯普定律（Neuman-Kopp）给出了合金的热容 C 是每个组成元素热容 C_i 与其百分含量 x_i 的乘积之和，即

$$C = x_1C_1 + x_2C_2 + x_3C_3 + \cdots = \sum_{i=1}^{n} x_iC_i \tag{1-48}$$

该定律具有一定的普适性。在高于 θ_D 温度时，由式（1-48）计算出的热容值与实测结果相差不超过 4%。此公式不适用于低温条件或存在铁磁性转变的合金材料。

合金材料高温条件下的熔化和凝固、以及随温度变化发生系列相变现象等，这种因材料的状态改变或相变的发生伴随着潜热现象，导致热容曲线产生拐点，这是材料热分析的理论基础。

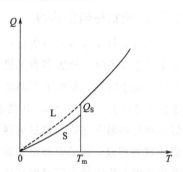

如金属材料加热达到熔点 T_m，由于熔化需要大量的熔化热 Q_s，热容曲线产生拐折并陡直上升，如图 1-9 所示，并且液态 L 热量变化曲线的斜率比固态 S 大，表明液态金属的热容明显大于固态。

图 1-9　金属熔化时热焓与温度关系

根据相变的概念，热力学常常根据系统自由能变化定义相变的类型。体系的自由能 G 因相变而产生变化，如相变产生体积或熵发生突变（有潜热的吸收或释放），称为一级相变，如图 1-10（a）所示。在确定的相变温度点自由能曲线出现拐点，热容曲线发生不连续变化。几乎所有同素异构转变、共晶、包晶、共析转变等都

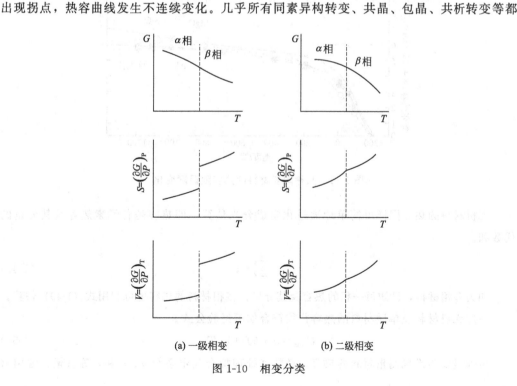

(a) 一级相变　　　　　(b) 二级相变

图 1-10　相变分类

是一级相变。如铁的 $\alpha \rightarrow \gamma$ 转变，常见的熔化、凝固、蒸发等现象。一级相变往往伴随相变潜热发生，导致转变点的热容趋于无穷大。如果相变过程中没有出现体积或系统熵的突变，如图 1-10 （b）所示，但热容或压缩、膨胀率产生变化，称为二级相变。如某些合金材料在临界温度有序-无序转变、铁磁材料在居里点铁磁-顺磁转变、确定温度下的导体-超导转变等。二级相变是在一定温度范围内逐步完成的，转变的温度区间越小，热容的变化越明显。

以上给出的一级相变和二级相变是可逆相变，金属合金材料还存在不可逆变化，如过饱和固溶体的时效析出、材料形变出现的回复与再结晶现象等，都是亚稳态组织向稳态的转变过程。一般地，没有发生相变，材料的热容随温度基本上呈线性变化，有相变产生则会偏离这一规律。

1.5.2 无机材料的热容

无机材料基本没有自由电子或自由电子密度远低于金属材料，所以电子热容的贡献基本上可忽略不计。绝大多数无机非金属材料的热容遵从热容的德拜理论，高温下（高于德拜温度）趋于常数，低温下与温度 T^3 成比例。无机材料基本上具有相近的热容曲线，图 1-11 给出了 MgO、Al_2O_3、SiC 和莫来石等几种陶瓷材料的热容随温度的变化，不仅变化曲线相似，而且高温下它们的摩尔热容都接近于 $25J/(K \cdot mol)$。可见，无机材料的热容和大多数固体材料相似，即热容和材料的结构几乎无关。图 1-12 给出了 CaO、SiO_2、$CaSiO_3$ 及其等摩尔比混合物的热容随温度变化。可以看出，它们的摩尔热容和材料的结构几乎无关。SiO_2 和 $CaO + SiO_2$ 混合物的热容随温度的变化曲线上出现拐点是由于 SiO_2 石英由 α 相向高温 β 相转变潜热引起的。

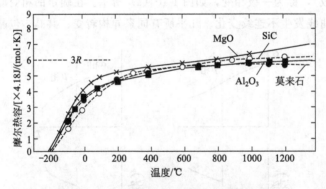

图 1-11 几种陶瓷材料的热容随温度变化

无机材料的热容同样可简单地通过化学成分来估算，即热容是各元素热容及其分量的代数和。

$$C = \sum_{i=1}^{n} x_i C_i \tag{1-49}$$

如为多相材料，已知每一相的热容及其分量，多相材料的热容也可利用式（1-49）估算。

一般无机材料及单质材料的热容往往符合如下经验公式。

$$C_{p,m} = a + bT + c/T^2 \tag{1-50}$$

可通过实验准确测量材料的热容，经数据处理拟合确定系数 a、b 和 c 等参量，常用材

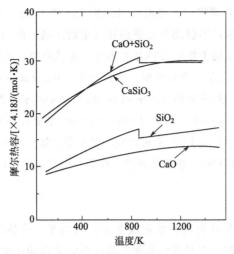

图 1-12　CaO、SiO$_2$ 以及 CaSiO$_3$ 和等摩尔比的 CaO+SiO$_2$ 热容

料的这些常数可通过查阅相关资料获得。

无机材料常常采用烧结制备，尤其是根据需要制备的多孔材料，材料中的气孔降低了材料的密度，热容也会明显下降，因气孔不利于热传导，这类多孔轻质材料作为保温材料使用有利于降低热损耗，提高升降温速度，如常见的防火砖材料。

1.5.3 热容的分析方法与应用

测量热容或热焓是研究材料相变过程的重要手段，分析材料热容或热焓与温度的变化关系，常用来确定材料中有潜热的转变效应，包括相变、凝固点、熔点、结晶等，以确定转变临界点。热容曲线主要采用热分析法，热分析法大体可分为普通热分析、示差热分析和微分热分析。普通热分析是利用加热或冷却过程中热效应所产生的温度变化和时间关系，示差热分析利用示差热电偶测定待测试样和标准试样的温差而得到温差电势与时间的关系，微分热分析测定试样温度随时间的变化率。应用最为广泛的是示差热分析，在加热或冷却过程中记录温度、温差电势和时间，得到温度-时间和温差电势-时间关系曲线（热分析曲线）。示差热原理如图 1-13 所示。

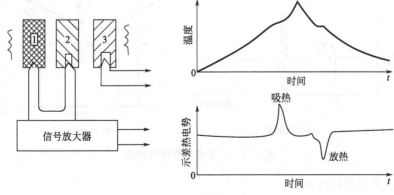

图 1-13　示差热分析原理

1—待测试样；2，3—标准试样

热分析法的测定温度范围很广，高温可以达到 2000℃ 以上，可测量材料中任何转变的热效应。特别是示差热分析法不仅测量方便而且测量精度高，应用十分广泛。综合热分析仪是常用的测量仪器，广泛应用于各类材料有关热效应测试研究，可以获得热重分析、差热分析和差示扫描量热法等方式建立关系曲线。热重分析（thermogravimetric analysis，TGA）获得温度与重量的关系曲线，差热分析（differential thermal analysis，DTA）建立的是温度-时间和温差-时间关系曲线，差示扫描量热法（differential scanning calorimetry，DSC）获得的是温度-时间和差热电势-时间曲线。测量结果可以反映材料随温度变化所出现热效应及其转变临界点，包括结晶、相转变及其程度、玻璃化转变、降解、脱水，甚至用于建立合金相图等。

1.5.4 热分析应用

热分析利用热力学参数或物理参数随温度变化的关系，分析材料中有热效应转变的测试分析方法，在金属、无机、有机及纳米和非晶材料的物理和化学性能研究方面都是重要的测试分析手段。具体测试方法可参考材料研究方法或测试标准相关内容，下面给出一些例子说明其具体应用。

（1）金属材料领域

热分析常应用于熔点、凝固、热容和其他热力学参数的测量，包括热处理及相关相转变及其动力学过程，如脱溶沉淀、亚稳态组织结构变化、氧化腐蚀过程等，以及二元合金相图测定。

二元合金相图测定就是对系列不同比例成分的样品，分别测定它们的 DTA 曲线。由此确定不同成分合金的凝固点、共晶转变点等，从而得到液相线、固相线、共晶线等，确定相区建立相图。

如图 1-14（a）所示，试样从液相开始冷却，当到达温度 T_1 时开始凝固，放出熔化热曲线向上拐折，拐折的特点是陡直上升，随后逐渐减小。直到接近共晶温度 T_2，试样集中放出热量，出现陡直的放热峰。待共晶转变完成后，DTA 曲线重新回到基线。凝固放热峰的起始点 T_1 和共晶转变峰值对应的温度 T_2 分别代表凝固和共晶转变温度。将不同成分合金的 DTA 曲线中凝固点和共晶转变温度分别连成光滑曲线，即可获得液态线和共晶线，如图 1-14（b）所示。

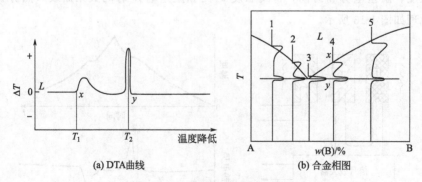

(a) DTA曲线　　　　(b) 合金相图

图 1-14　二元合金相图的测定

（2）无机矿物质材料领域

热分析可用于测量无机材料的热力学参数以及纯度、热稳定性，研究矿物质中水的存在形式、燃烧特征等，并可以结合其他分析测试方法鉴定矿物质类型。如图 1-15 是水合草酸的热重分析和差热分析结果，分别给出了材料在加热过程中结晶水失去以及热分解的过程。由图可以看出，加热到 100～200℃失去结晶水：$CaC_2O_4 \cdot H_2O \rightarrow CaC_2O_4$；在 350～420℃有 CO 释放：$CaC_2O_4 \rightarrow CaCO_3 + CO$；达到 660℃开始分解释放 CO_2：$CaCO_3 \rightarrow CaO + CO_2$。

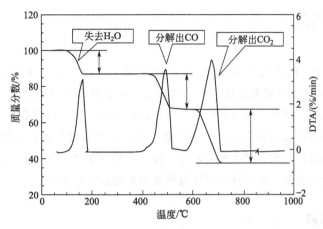

图 1-15　水合草酸的热重分析和差热分析曲线

图 1-16 是玻璃材料 $5ZnO\text{-}70TeO_2\text{-}10PbO\text{-}15MnO_2$ 在不同加热速度下的 DTA（质量分数变化率）曲线，反映玻璃化温度、析晶温度与升温速度的关系。升温速度提高，玻璃化温度和析晶温度均有所提高。

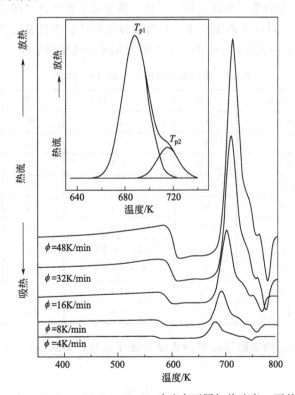

图 1-16　$5ZnO\text{-}70TeO_2\text{-}10PbO\text{-}15MnO_2$ 玻璃在不同加热速度 ϕ 下的 DTA 曲线

（3）有机和高聚物材料

热分析用于测量有机材料的热力学参数，可研究材料的热分解、交联、结晶、玻璃化转变温度等。

1.6 热膨胀

大多数物质的体积或长度随温度的升高而增大，这一现象称为热膨胀（thermal expansion）。不同物质的热膨胀特性是不同的，大多数物质随温度变化有明显的体积变化，而另一些物质则相反。即使是同一种物质，由于晶体结构不同，也将有不同的热膨胀性能。材料的热膨胀性质不仅是材料应用的重要参数，而且对研究材料性能和组织结构有重要意义。如金属在加热或冷却的过程中发生相变，因不同相组成的热容差异引起热膨胀的差异，这种异常的膨胀效应提供了组织转变以及与转变相关现象的重要信息。

1.6.1 热膨胀系数

假设物体原来的长度为 l_0，温度升高 ΔT 后长度增加量为 Δl。

$$\frac{\Delta l}{l_0} = \alpha_l \Delta T \tag{1-51}$$

式中，α_l 称为线膨胀系数，指温度升高 1K 时物体的相对伸长量。

实际材料的 α_l 不是常数，随温度稍有变化，通常随温度升高而略微增大。工业上一般用平均线膨胀系数表示材料热膨胀特性。平均线膨胀系数是指某温度范围内长度的相对变化量。表 1-4 给出了一些金属在 0～100℃ 温度范围的平均线膨胀系数。

表 1-4 金属平均线膨胀系数（0～100℃）

元素	$\bar{\alpha}_l/(10^{-6}/K)$	元素	$\bar{\alpha}_l/(10^{-6}/K)$	元素	$\bar{\alpha}_l/(10^{-6}/K)$
Li	58	Sn	22.2	W	4.4
Na	71.0	Si	6.95	Mo	4.9
K	84	Cr	6.7	In	77（0～25℃）
Mg	27.3	α-Fe	11.5	Pt	8.9
Al	23.8	Nb	7.2	Au	14.0（0℃）
Zn	38.7	γ-Mn	14.75（20℃）	Sb	10.8
Ag	18.7	Zn	5.83（-10℃）	Bi	12.1
Ni	13.3	Ti	7.4（20℃）	Pb	28.3（20℃）
Cu	17.0	Co	12.5	V	40（25～100℃）
Te	17	Ge	6.1	Pd	11.7（20℃）

某一温度 T 时材料的热膨胀系数称为微分膨胀系数，即式（1-51）的温度范围缩小到无限小，可得

$$\alpha_l = \frac{1}{l_T}\frac{\mathrm{d}l}{\mathrm{d}T} \tag{1-52}$$

式中，l_T 为温度 T 时材料的长度。

体膨胀系数是指材料的体积随温度的变化率，一般为线膨胀系数的 3 倍。温度升高 1K 时物体体积相对增加值即体膨胀系数 α_V。

$$\alpha_V = \frac{1}{V_T} \frac{\partial V_T}{\partial T} \qquad (1-53)$$

式中，V_T 为温度 T 时物体的体积。

热膨胀系数是材料重要的性能参数，可应用在材料组织转变、封接工艺、组装部件之间热接触结构变形等方面。表 1-5 列出了一些陶瓷和聚合物常温下的线膨胀系数。可以看出，热膨胀系数是由原子之间的结合力决定的，原子间结合力越强，膨胀系数越低。另外，各向异性晶体每个方向的线膨胀系数也不相同。聚合物分子间作用力为范德华力，作用较弱，所以具有较大的热膨胀系数。

表 1-5　部分陶瓷材料和聚合物室温线膨胀系数线（10^{-6}/K）

陶瓷材料	热膨胀系数	聚合物	热膨胀系数
氧化镁	13.5	聚丙烯	145～180
氧化铝	7.6	聚乙烯	106～198
碱石灰玻璃	9	聚苯乙烯	90～150
晶体二氧化硅	0.4	尼龙	126～216

1.6.2　热膨胀的本质及热膨胀系数导出

晶体材料在不受外力作用时，原子处于点阵的平衡位置。晶格上的原子与其周围原子间的相互作用力在平衡位置的合力为零，这时结合能量最低。原子间作用力来自两个方面：一是异性电荷的库仑吸力；二是同性电荷的库仑斥力以及泡利不相容原理所引起的斥力。力的作用引起原子热振动，并随温度升高而振动加剧。后面将看到，热膨胀也是由热振动引起的，而且是由振动的非简谐因素所致。

（1）双原子模型与热振动的非简谐效应

晶体中的点阵原子在平衡位置振动。如温度 T_1 一定时，相应原子振动的平衡位置确定，原子间距为 r_0，物体体积保持稳定。物体温度升高，原子的振动加剧，如果每个原子的平衡位置保持不变，物体也不会因温度升高而发生膨胀现象。实际上，温度升高到 T_2，会导致原子间距 r 增大，$r > r_0$。如图 1-17 所示的双原子模型，假定 A 原子位置固定不变，B 原子因温度升高平衡位置和振幅变化的情形。由于温度上升，原子振动的振幅增大，势能增大。势能曲线的不对称必然导致振动中心右移，即温度上升引起振幅增大的同时，原子间距增大，双原子振动中心向右偏移，产生膨胀，所以热膨胀与点阵原子振动相关。产生上述现象的原因在于原子之间的相互作用力，吸力和斥力都与原子之间的距离有关，两种力的非对称性造成相互作用势能的非对称性。

晶体中的原子因相互作用引起热振动，根据式（1-10）给出的点阵原子振动内能，考虑原子振动位移很小，可简单地将点阵原子振动看成简谐振动，并用一系列独立的谐振子来描述晶格振动。为简化问题，下面考虑一维原子链中原子振动方程非谐振项对相邻原子平均距离的影响。如图 1-18 所示，设晶体中的原子 A 固定在原点，原子 B 的平衡位置为 r_0，δ 代表 B 原子离开平衡位置的位移。两原子之间的相互作用势能 u 在 r_0 处附近作泰勒级数展开，得

$$u_{(r_0+\delta)} = u_{(r_0)} + \left(\frac{\partial u}{\partial r}\right)_{r_0} \delta + \frac{1}{2!}\left(\frac{\partial^2 u}{\partial r^2}\right)_{r_0} \delta^2 + \frac{1}{3!}\left(\frac{\partial^3 u}{\partial r^3}\right)_{r_0} \delta^3 + \cdots \tag{1-54}$$

这里，$u_{(r_0)}$ 为常数，对晶格动力学问题无影响，取 $u_{(r_0)} = 0$，且 $\left(\dfrac{\partial u}{\partial r}\right)_{r_0} = 0$，若令 $\dfrac{1}{2!}\left(\dfrac{\partial^2 u}{\partial r^2}\right)_{r_0} = j$，$\dfrac{1}{3!}\left(\dfrac{\partial^3 u}{\partial r^3}\right)_{r_0} = g$，则

$$u_{(r_0+\delta)} = j\delta^2 + g\delta^3 \tag{1-55}$$

简谐近似下，式（1-55）简化为

$$u_{(r_0+\delta)} = j\delta^2 \tag{1-56}$$

如图 1-18 所示，图中虚线是简谐近似下的势能曲线，是对称的。在任何温度下，原子围绕其平衡位置做对称的简谐振动。温度低时，振幅小，温度高时，振幅大，但其平衡位置应在平衡位置 r_0 处不变，即简谐振动模式下无热膨胀。这显然与实际不符。

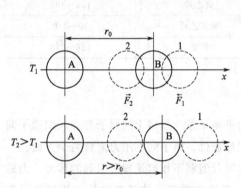

图 1-17　热膨胀的双原子模型

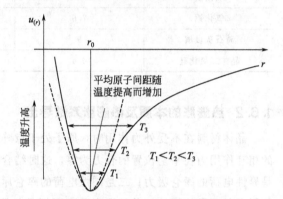

图 1-18　原子间的相互作用势能曲线

按简谐近似，原子间相互作用能在平衡位置附近是对称的（如图 1-18 中的虚线所示），随着温度升高，原子的总能量增高，但原子间距离的平均值不会增大，因此，简谐近似不能解释热膨胀现象。可见，简谐理论数学处理简单，可以成功地解释晶格热容等物理问题，却不能解释晶体热膨胀问题。

若计入非简谐效应，即考虑原子间的相互作用势能展开 3 次方及以上项，则势能曲线在平衡位置附近将不再对称（如图 1-18 中的实线所示），当温度升高、总能量增大时，原子间的平均距离将会增大（如图 1-18 中所示的点线），从而引起热膨胀现象。

（2）线膨胀系数的数学推导

利用数学方法计算位移 δ 的平均值 $\bar{\delta}$。根据玻尔兹曼统计规律，简谐振动近似下，平均位移可写为

$$\bar{\delta} = \frac{\int_{-\infty}^{+\infty} \delta \exp\left(-\dfrac{u}{k_B T}\right) \mathrm{d}\delta}{\int_{-\infty}^{+\infty} \exp\left(-\dfrac{u}{k_B T}\right) \mathrm{d}\delta} = \frac{\int_{-\infty}^{+\infty} \delta \exp\left(-\dfrac{j\delta^2}{k_B T}\right) \mathrm{d}\delta}{\int_{-\infty}^{+\infty} \exp\left(-\dfrac{j\delta^2}{k_B T}\right) \mathrm{d}\delta} \tag{1-57}$$

式（1-57）中分子的积函数是奇函数，积分为 0，即 $\bar{\delta}=0$。由此可见原子的平均位置和原子的平衡位置相同，没有热膨胀。

若计入非谐项的影响，则势能曲线不对称，原子振动的平衡位置不再是原来的平衡位置。随温度升高，振动平衡位置向右移，增大了两原子的间距。而且温度越高距离越大，显示出热膨胀，且热胀系数与温度 T 有关。

这时，式（1-57）平均位移写为

$$\bar{\delta}=\frac{\int_{-\infty}^{+\infty}\delta\exp\left(-\dfrac{u}{k_{B}T}\right)\mathrm{d}\delta}{\int_{-\infty}^{+\infty}\exp\left(-\dfrac{u}{k_{B}T}\right)\mathrm{d}\delta}=\frac{\int_{-\infty}^{+\infty}\delta\exp\left(-\dfrac{j\delta^{2}+g\delta^{3}}{k_{B}T}\right)\mathrm{d}\delta}{\int_{-\infty}^{+\infty}\exp\left(-\dfrac{j\delta^{2}+g\delta^{3}}{k_{B}T}\right)\mathrm{d}\delta} \tag{1-58}$$

设 δ 很小，则式（1-58）的分子和分母分别为

$$\text{分子}=\int_{-\infty}^{+\infty}\delta\exp\left(-\frac{j\delta^{2}+g\delta^{3}}{k_{B}T}\right)\mathrm{d}\delta\approx\int_{-\infty}^{+\infty}\delta\exp\left(-\frac{j\delta^{2}}{k_{B}T}\right)\left(1+\frac{g\delta^{3}}{k_{B}T}\right)\mathrm{d}\delta$$

$$=2\int_{0}^{+\infty}\frac{g\delta^{4}}{k_{B}T}\exp\left(-\frac{j\delta^{2}}{k_{B}T}\right)\mathrm{d}\delta=\frac{3g\pi^{\frac{1}{2}}}{4k_{B}T}\left(\frac{k_{B}T}{j}\right)^{\frac{5}{2}}$$

$$\text{分母}=\int_{-\infty}^{+\infty}\exp\left(-\frac{j\delta^{2}+g\delta^{3}}{k_{B}T}\right)\mathrm{d}\delta\approx\int_{-\infty}^{+\infty}\exp\left(-\frac{j\delta^{2}}{k_{B}T}\right)\mathrm{d}\delta=\left(\frac{\pi k_{B}T}{j}\right)^{1/2}$$

这样可以得到

$$\bar{\delta}=\frac{3gk_{B}T}{4j^{2}} \tag{1-59}$$

则线胀系数为

$$\alpha_{1}=\frac{1}{r_{0}}\frac{\mathrm{d}\bar{\delta}}{\mathrm{d}T}=\frac{3gk_{B}}{4j^{2}}\frac{1}{r_{0}} \tag{1-60}$$

由此可见，热膨胀系数是由非谐振项决定的。这里仅考虑势能展开式中的三次方项，得到热胀系数表达式（1-60）中与温度无关的常数。如果计入势能展开式更高次项，则线胀系数将与温度有关。

（3）热膨胀系数与其他热学参数的关系

格林爱森（Gruneisen）根据晶格热振动理论导出了热膨胀系数与热容的关系为

$$\alpha_{1}=\frac{\gamma C_{V}}{3E_{0}V} \tag{1-61}$$

$$\alpha_{V}=\frac{\gamma C_{V}}{E_{0}V} \tag{1-62}$$

式中，α_{1} 和 α_{V} 分别为线膨胀系数和体膨胀系数；γ 为格林爱森常数，对于一般材料，γ 值为 $1.5\sim2.5$；E_{0} 为绝对零度时的体积弹性模量。

格林爱森定律指出：膨胀系数与定容热容 C_{V} 成正比，有相似的温度依赖关系。低温下随温度升高急剧增大，高温则趋于平缓。如金属铝的线膨胀系数实验与理论关系式（1-61）基本一致，如图 1-19 所示。

格林爱森还给出了固体热膨胀的极限方程。对一般纯金属来说，从 0K 加热到熔点 T_{m}，相对膨胀量约为 6%。表述为

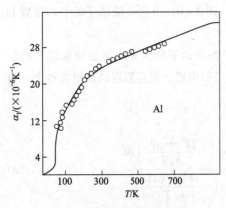

图 1-19 金属铝的线膨胀系数实验
和理论关系一致

$$T_m \alpha_V = \frac{V_{T_m} - V_0}{V_0} = C \qquad (1\text{-}63)$$

式中，V_{T_m} 为熔点温度时固态金属的体积；V_0 为 0K 时金属的体积；T_m 为熔点温度；C 对于立方和六方结构的金属为常数，为 0.06～0.076。

温度升高，晶格振动加剧，体积膨胀。到熔点时，晶体结构瓦解，热运动突破原子间的结合力，物体从固态变成液态。

线膨胀系数和熔点的经验关系表达式为

$$\alpha_l T_m = 0.022 \qquad (1\text{-}64)$$

熔点高的金属具有较低的膨胀系数。

由于熔点和德拜温度有如下关系：

$$\theta_D = 137 \sqrt{\frac{T_m}{A_r V^{\frac{2}{3}}}} \qquad (1\text{-}65)$$

式中，A_r 为相对原子质量。

熔点温度和线膨胀系数存在式（1-63）关系，因此，可获得线膨胀系数与德拜温度的关系为

$$\alpha_l = C' \frac{1}{V^{2/3} A_r \theta_D^2} \qquad (1\text{-}66)$$

式中，C' 为系数。

1.6.3 膨胀系数的影响因素

材料的热膨胀系数决定于材料中原子间的相互作用力，而且材料的热膨胀系数和热容、德拜温度及熔点有明显的相关性，这些参数都间接反映了材料中原子间结合力的大小。和热容随温度的变化相似，大多数材料的热膨胀系数会随温度的上升而提高，也会因材料的成分变化引起原子间作用力的变化，尤其是材料发生组织结构转变时热胀曲线上出现突变或拐点。

下面给出一些影响热膨胀因素的例子。

（1）组织结构和成分的影响

由相同成分组成的物质，发生相变时因组织结构不同，膨胀系数也不同。通常结构紧密的晶体膨胀系数较大，而类似于无定形的玻璃，它的膨胀系数很小。石英膨胀系数为 $12 \times 10^{-6}/K$，石英玻璃只有 $0.5 \times 10^{-6}/K$。这是因为玻璃结构疏松，内部孔洞多。在温度升高时，原子热振幅加大，原子间距离增加，会部分地在内部结构孔洞中得到释放而抵消，所以整体宏观膨胀量就明显较小。

固溶体的热膨胀与溶质元素的含量及其热膨胀系数有关。一般地，膨胀系数高的合金元素会增大固溶体膨胀系数，而膨胀系数低的元素会减小固溶体膨胀系数。组元之间形成无限固溶体时，任意成分固溶体的膨胀系数处于两组元膨胀系数之间。溶质含量越高，影响越大。

图 1-20 给出了不同合金固溶体热胀系数和成分之间的变化曲线。可以看出，只有

AgAu合金的膨胀系数与成分之间基本上接近线性关系，多数合金的热膨胀系数与成分关系都偏离线性。如铜中溶入钯、镍、金等膨胀系数小的元素，会使固溶体膨胀系数降低，并明显地偏离直线关系（曲线1、3、4、5）。类似地，铝中溶入铜、硅、镍、铁等膨胀系数小的元素，也会使固溶体膨胀系数降低并且明显地偏离直线关系。而铜中溶入膨胀系数较大的锌和锡，固溶体的膨胀系数增大。

如果材料是由两种或多种不同结构的多相混合物组成，每一相都有自身的膨胀系数，多相体受热膨胀时，简单地利用加权平均值估算材料的热胀系数是不准确的，因为各相膨胀系数的差异导致热胀产生内应力，而内应力会明显地抑制材料的热膨胀。

（2）相变

材料发生相变时，一级相变的特征是体积发生突变或有相变潜热，一般在相变点热胀曲线不连续。二级相变虽然无体积突变和相变潜热，但其膨胀系数和热容会有突变。实验可观测热膨胀微分 $\mathrm{d}l/\mathrm{d}t\text{-}T$ 曲线的不连续性，以此分析材料的转变现象。

如图1-21所示为碳素工具钢温度升高的热膨胀曲线。考虑到热膨胀随温度的线性增长，根据曲线的变化趋势可以了解材料的组织结构变化。初始加热达到90℃之前长度没有变化，代表马氏体自身的回复行为，转变为正常马氏体。达到150℃左右样品明显伸长，是由于回火马氏体形成，此时过饱和马氏体中有不稳定的碳化物析出。继续加热，残余奥氏体分解，热膨胀曲线明显上翘。在温度达到360℃前后，伸长量减缓，是因为稳定的渗碳体形成，成为回火屈氏体组织，马氏体方正度下降，线胀系数有下降趋势。温度进一步升高，渗碳体粗化，形成铁素体＋渗碳体的珠光体组织。更高温度下，渗碳体球化。由于组织中铁素体量没有明显变化，对热膨胀影响不明显。加热至720℃以上，珠光体转变为奥氏体，体积明显收缩，热膨胀系数下降。

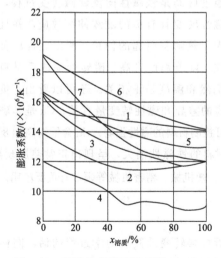
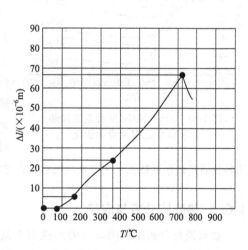

图1-20　固溶体的线膨胀系数（35℃）

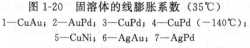

1—CuAu；2—AuPd；3—CuPd；4—CuPd（−140℃）；5—CuNi；6—AgAu；7—AgPd

图1-21　碳素工具钢温度升高过程的热膨胀曲线

晶型的转变或同素异构转变是一级相变，热膨胀曲线呈现明显拐点。如图1-22（a）所示为 ZrO_2 晶体热膨胀曲线，表明晶体在室温时为单斜晶型（$a＝5.194\text{Å}$，$b＝5.266\text{Å}$，$c＝$

5.308Å，$\beta=80.48°$）（$1\text{Å}=10^{-10}\text{m}$）。温度升高到接近 1200℃ 时，转变成四方晶型（$a=5.017\text{Å}$，$c=5.161\text{Å}$），并发生了 4% 的体积收缩。冷却到 1000℃ 时又从四方晶体转变为单斜晶体。图 1-22（b）给出了相应的差热测试结果，显示相应的相变温度及其吸热和放热过程。升温和降温过程中晶型转变温度差异是相变的滞后现象，是相变的过热度或过冷度引起的。

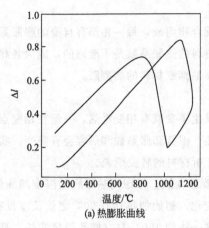
(a) 热膨胀曲线

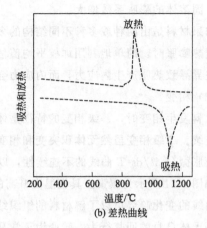
(b) 差热曲线

图 1-22 ZrO_2 晶体的热膨胀曲线和差热曲线

大多数材料的热膨胀是随温度升高而上升的，但也有些材料出现负热膨胀的反常现象，具有负热膨胀系数的材料称为负热材料，一般和材料中发生磁转变相关，属于二级相变。如

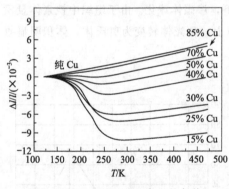

图 1-23   MnFeNiGeCu 合金的负热膨胀效应随铜含量的变化

图 1-23 所示为 MnFeNiGeCu 合金的负热膨胀曲线随铜含量的变化。在 150～250K 温度范围，因铜含量的不同，体现出明显的负热膨胀效应。原因在于此温度区间是铁磁性向反铁磁转变过程，而且这种磁性转变具有负的磁致伸缩效应，并且这种效应大于热膨胀引起的伸长，所以表现出负热膨胀效应。随着温度升高，磁转变完成后材料的热膨胀仍然和温度呈正相关。还可以看出，负热膨胀效应的差异和磁性转变量有关，Cu 是非磁性元素，可控制材料的磁性强弱。Cu 含量提高到 80%时合金材料的铁磁性消失，呈现出正常热胀现象。

这种具有负热胀系数或零热胀系数的材料在敏感元件、微机械、精密机械等领域有重要应用。

1.6.4   热膨胀分析与应用

如果说热分析是利用材料的热效应来测试分析材料转变及其动力学过程的话，同样可以利用材料热膨胀效应分析研究材料的转变现象。材料的热膨胀随温度的变化曲线，不仅给出材料的热膨胀参数，还可直接反映材料成分和组织结构随温度的变化，所以热膨胀测试可应用于材料测试研究，如常常用于测量金属材料的相转变曲线，包括等温转变（time-temperature-transformation，TTT）曲线和连续冷却转变（continious-cooling transformation，CCT）曲线。由于金属材料的热膨胀系数较高，常常需要进行不同的热处理，所以这些结果在材料热处理和工程应用上有重要意义。

热膨胀测量一般利用热膨胀仪。热膨胀仪有多种，包括机械膨胀仪、光学膨胀仪、电测膨胀仪和激光膨胀仪，对晶体材料还可以利用X射线衍射仪、中子射线衍射仪等通过晶格常数的变化来测量。

试样在加热或冷却过程中长度的变化来自两个方面：单纯由温度变化引起的热膨胀效应和组织转变产生的体积效应，后者导致热膨胀曲线偏离一般线性规律而出现拐点。如图1-24所示为合金钢热膨胀曲线，在组织转变开始点和终了时，曲线出现拐折，拐折点即对应转变的开始及终了温度。而确定组织转变点有两种方法：一是在拐点处做切线，切点作为相变点，如图中 a 点；另一种是取曲线上极值点作为相变点，如图中 a' 点。由于相变的滞后效应，测量的相变温度与温度的变化速度及测试方法相关，测试中采用任一方式均可。

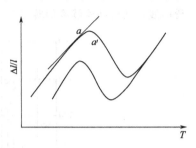

图1-24　合金钢热膨胀曲线

建立金属材料的连续冷却转变CCT图时，首先测定不同冷却速度下的连续冷却转变膨胀曲线，根据曲线上的拐折点确定转变温度，从拐折点的温度和曲线的走向判定转变的开始温度和转变类型。如图1-25所示为40CrNiMoA合金钢不同冷速条件下的热膨胀曲线。冷却速度为159℃/min时，膨胀曲线上于325℃处出现拐折，伸长急剧增大，这时对应的是低温马氏体转变，为马氏体转变开始点 M_s。冷却速度为79℃/min时，膨胀曲线上出现了两个拐折：在480～360℃属于中温转变，转变产物为马氏体；295℃低温区发生的拐折仍为马氏体转变，但由于转变数量较小，所以膨胀效应也较小。冷却速度为40℃/min时，膨胀曲线上只有一个拐折，在525～360℃转变应为贝氏体。冷却速度降到8.3℃/min时，膨胀曲线上

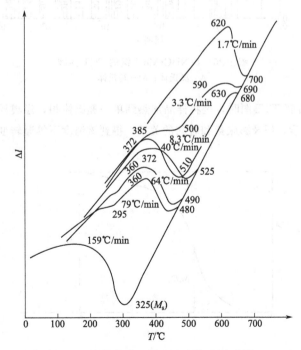

图1-25　40CrNiMoA钢的冷却膨胀曲线

又出现了两个拐折：高温680～630℃拐折发生了珠光体转变；510～372℃中温区发生贝氏体转变。冷却速度减慢到1.7℃/min时，膨胀曲线上只在高温区出现一个拐折，是奥氏体全部转变为铁素体和珠光体。

取时间为横坐标、温度为纵坐标绘出不同冷却速度的冷却曲线。将不同冷却速度膨胀曲线上得到的转变点在相应冷却曲线上标出，然后将转变开始点及转变终了点分别连接成光滑曲线，就得到连续冷却转变CCT图，如图1-26所示。

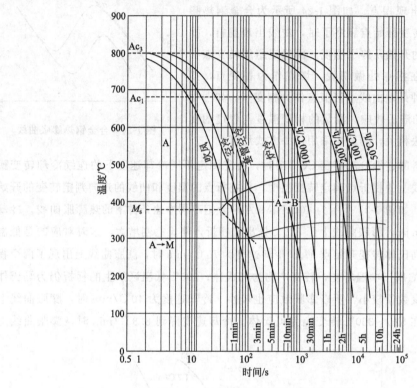

图 1-26 11Ni5CrMoV钢的CCT曲线
A—奥氏体；M—马氏体

建立钢的等温转变TTT图时，是将样品加热到单一奥氏体相，经奥氏体化后的样品立即冷却至测量的保温温度，记录膨胀量和时间的关系，得到该温度下等温转变曲线。如图1-27所

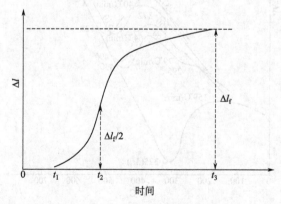

图 1-27 奥氏体化后冷却到某一温度下保温的热膨胀曲线

示，t_1 代表马氏体转变开始时间，t_3 是转变终了时间，取热膨胀量一半时的时间为 t_2，代表相转变量为 50%。将不同温度下的热膨胀曲线中的转变开始、中间和终了点分别连线，就得到如图 1-28 所示的过冷奥氏体等温转变 TTT 图。

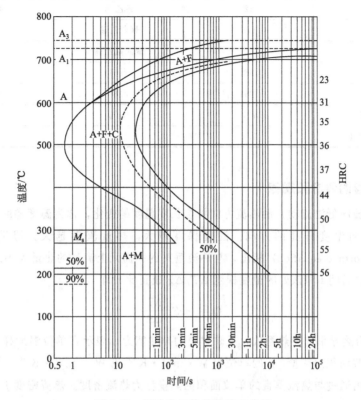

图 1-28　过冷奥氏体等温转变曲线
A—奥氏体；F—铁素体；C—渗碳体；M—马氏体；A_1、A_3、M_s—温度转变线

利用热膨胀效应测量材料的相转变曲线，目前已经采用全自动热膨胀仪测量，经计算机处理可直接输出相转变曲线图。

1.7　热传导

温度标志着材料中原子或分子的热振动激烈程度和热量大小。不同温度的物体相接触或同一个物体的不同部位温度不等，就会因为存在温差而出现热量从高温区向低温区流动。这种因温差引起能量迁移的现象称为热传导（thermal conductivity）。存在热量交换的领域，热传导都是个重要的问题，如建筑保温、制冷、散热、物质传输、锅炉、发动机、热力发电、航天器等。有的领域希望传热速度快以加速散热，例如电子元器件和燃气轮机叶片等要求其导热性能好。有的领域要求隔热保温以降低热量流失，如锅炉、冷藏、液化石油、建筑结构等领域希望隔热性能好。材料的热传导性质是热性能的重要内容之一。

表 1-6 列出了不同材料的热导率。

表 1-6 不同材料热导率的比较

材料	热导率/[W/(m·K)]	材料	热导率/[W/(m·K)]
铝	247	聚丙烯	0.12
铁	52	聚乙烯	0.46~0.50
钨	178	聚苯乙烯	0.13
金	315	聚四氟乙烯	0.25
氧化镁	38	石棉	0.084
氧化铝	39	木材	0.084
钠钙玻璃	1.7	空气	0.024
二氧化硅晶体	1.4		

1.7.1 热传导的概念和规律

热量从高温向低温流动，沿热流方向单位长度温度的变化，称为温度梯度。温度梯度为矢量，方向指向温度升高的方向。温度梯度越大，热量流动越大。傅里叶传导方程（Fourier-transformed equation）指出，与热流垂直的一面元上流过的热量大小或传导热 Q 与面元的面积 S、时间 t 和该处的温度梯度 $\Delta T/\Delta x$ 成正比，即

$$Q = -\kappa S t \frac{\Delta T}{\Delta x} \tag{1-67}$$

式中，κ 为热导率或导热系数，反映材料的导热能力。表示在单位温度梯度下，单位时间内通过单位截面积的热量，κ 的单位为 $W \cdot m^{-1} \cdot K^{-1}$ 或 $W \cdot cm^{-1} \cdot K^{-1}$。

单位时间内通过与热流垂直的单位面积的热量称为热流密度。热流密度 j 与温度梯度成正比，即

$$j = \frac{dQ}{dt}/S = -\kappa \frac{\Delta T}{\Delta x} \tag{1-68}$$

由表 1-6 可以看出，金属材料的热导率高，无机材料次之，有机高分子材料的热导率低。石棉、木头的热导率更低，空气热导率最低，所以石棉、木头的保温效果好。而空气是更好的保温介质，所以可以利用多孔材料或中空材料作为保温绝热介质。

1.7.2 热扩散率和热阻

导热过程中如果高、低温区域温度不变，热流密度一定，这种不随时间变化的导热称为稳定导热。多数情况下导热过程随时间变化，温差降低，温度梯度减小，热流密度也在减小，这样随时间变化的导热是不稳定的导热过程。不稳定导热过程中温度的变化速度表达为

$$\frac{dT}{dt} = \alpha \frac{d^2 T}{dx^2} = \alpha \frac{d}{dx}\left(\frac{dT}{dx}\right) \tag{1-69}$$

系数 α 表达了导热过程的温度变化速率与温度梯度的微分成比例。该方程是一维无限扩散方程，根据数学处理，可以得到

$$\alpha = \frac{\kappa}{\rho C_V} \tag{1-70}$$

材料物理性能

式中，ρ 为密度；C_V 为热容。

α 称为材料的导温系数或热扩散率，与导热能力（κ）成正比，与贮热能力（C_V）成反比。热扩散率一般是工程上采用的导热参数。不稳定热传导过程中，热扩散率表示温度变化的速率，表示在加热或冷却过程中物体温度趋于均匀一致的能力。相同条件下，α 越大，温度变化速度越快，材料中温差减小的速度越快。

与电导率和电阻率概念类似，工程上还利用热阻这一参数表示材料热传导的阻隔能力。

$$\bar{\omega} = \frac{1}{\kappa} \qquad (1-71)$$

1.7.3 热传导的物理机制

热传导过程是材料内部的能量传输过程，能量主要通过声子、电子和光子（photon）三种方式传输。

（1）绝缘材料中的声子热导

组成固体物质的大量原子或分子的热振动幅度随温度升高而增强，温度低时热振动幅度小。固体中的原子或分子是相互作用或联系的，这种相互作用会使热振动趋于一致而达到温度相同。显然热振动变化是传热的基本方式，这种因热力学不平衡导致的能量定向流动是通过原子振动或格波传播的导热行为，称为声子导热。

类比于气体分子运动论导出的气体热导率，可给出声子热导率为

$$\kappa = \frac{1}{3} C_V \bar{v} l \qquad (1-72)$$

式中，$\bar{v}$ 为声子的平均速度，l 为声子的平均自由程。声子自由程是指声子在固体传播中受到两次散射之间运动的平均距离。式（1-71）称为德拜导热方程。

如简单地把完整晶体结构中的热振动看成简谐振动，声子自由程很大，理论上热导率趋于无穷大，即声子可将热量完美地输送到远处。实际上材料的热导率都是有限的，原因在于声子传播会受到散射作用。包括非谐振效应引起声子与声子散射，声子传播过程中和晶格的相互作用会截留部分能量来提高其振动能量，相当于声子散射过程受阻，称为热阻。

一般条件下，声子热传导是绝缘体材料传热的唯一方式。图 1-29 所示为 Y_2TiO_7 单晶的热导率随温度变化曲线和声子平均自由程随温度变化曲线。低温下，绝缘体的热导率随温度的升高而增大。达到德拜温度以后，随着温度提高热导率开始下降，并随温度的继续升高而趋于平缓。这是因为低温下声子数少，相互碰撞的概率低，声子的平均自由程几乎和晶体中缺陷的间距相当，而热容随温度上升而增大，热导率上升。温度升高，声子的平均自由程下降。接近德拜温度时，热导率降低。高于德拜温度条件下，热容趋于常数，声子自由程减小趋于平缓，声子的平均速度 $\bar{v}$ 只和晶体中原子作用大小相关，相互作用越强，声子平均速度越大，基本上与温度无关。根据德拜方程式（1-72），热导率平缓下降。

（2）导体的电子导热与声子导热

导体材料中含有自由电子，如材料中存在温度差，温度高处的电子能量高，温度低处的电子能量低，高能量的电子会向低能量处迁移，这样由自由电子迁移带来的热量传输称为电子导热。所以导体材料的导热行为包含两种机制，即电子导热和声子导热。晶体结构中的自

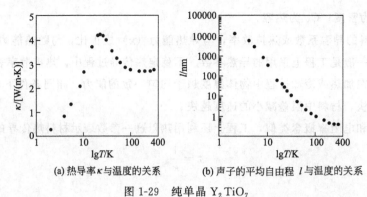

(a) 热导率 κ 与温度的关系   (b) 声子的平均自由程 l 与温度的关系

图 1-29   纯单晶 Y_2TiO_7

由电子运动同样可以简单类比于气体分子的运动，电子导热具有相同的德拜方程。这样，导体材料的热导率为

$$\kappa = \kappa_e + \kappa_p = \frac{1}{3}C_e\bar{v}_e l_e + \frac{1}{3}C_p\bar{v}_p l_p \tag{1-73}$$

其中，电子热导率及其参数用下标 e 表示，声子的导热参数用下标 p 表示。

电子的平均自由程由导体中自由电子运动受到的散射程度决定。如晶体点阵结构完整，电子运动不受阻碍，电子运动的平均自由程趋于无穷大，电子热导率也趋于无穷大。实际上晶格热运动会引起点阵原子偏离平衡位置，杂质原子引起弹性畸变，空位、位错、晶界等结构缺陷造成周期性结构变化，这些都会影响自由电子的运动，或自由电子运动受到散射作用，电子运动平均自由程显著减小。这些散射机制导致电子导热变得十分复杂。

实验结果表明，具有良好导电性的金属的电子热导率和声子热导率之比

$$\kappa_e / \kappa_p \approx 30 \tag{1-74}$$

表明良导体中的热传导主要以电子导热为主。如果将导体金属的导热看成是由自由电子导热和点阵离子的声子导热两部分构成，而金属的热导率与绝缘体热导率之比大约为 30:1，也就意味着金属点阵离子的热导率与绝缘体热导率相当。对合金材料而言，杂质元素明显提高了电子散射概率，相应地，电子导热作用会有所下降，声子导热作用在加强。而半导体材料中，声子导热和电子导热作用基本相当。

金属材料的热导率实验给出一个令人关注的事实，在室温条件下，许多单质金属的热导率与电导率之比 κ/σ 几乎相同，和金属元素关系不大，这个现象称为维德曼-弗兰兹（Wiedeman-Franz）定律。该定律表明，导电性好的金属材料，其导热性也好。实际上，这个现象也好理解，导电性好的金属材料的主要导热方式是电子导热，而自由电子决定金属电导率，电导率高的金属热导率也高，热导率与电导率比值自然接近。

洛伦兹（Lorenlz）发现，比值 κ/σ 与温度 T 成正比，即

$$\frac{\kappa}{\sigma} = LT \tag{1-75}$$

比例常数 L 称为洛伦兹常数，大多数金属的洛伦兹常数在 $2.5 \times 10^{-8} W \cdot \Omega/K^2$ 左右。数据显示，不同金属间这一关系是有差别的，也就是说，维德曼-弗兰兹定律及洛伦兹方程是近似关系。对合金材料而言，此差异会更大。电导率与热导率之间的这一具有普遍意义的关系，提供了一个通过测定电导率来估算金属热导率的途径。

式（1-75）显示以电子导热为主的导体材料热导率与电导率之比和温度成线性关系，明显受到温度的影响。因为电子在运动过程中受到晶格原子热振动和各种结构缺陷的影响而受阻，形成对电子热量输运的阻力。

如前所述，热阻是热导率的倒数。类似于导体材料的电阻率，电阻可分为两部分，一部分是由材料结构缺陷造成的电阻，称为残余电阻 ρ_0，和温度无关；另一部分称为基本电阻率 ρ_T，是和温度相关的电阻率，主要是由晶格热振动或声子散射作用引起的电阻。同样地，热阻也可分为基本热阻和残余热阻两部分。

$$\bar{\omega} = \bar{\omega}_0 + \bar{\omega}_{(T)} \tag{1-76}$$

基本热阻 $\bar{\omega}_{(T)}$ 是基体纯组元的热阻，为温度的函数；残余热阻 $\bar{\omega}_0$ 则与残余电阻部分相关。晶格振动和温度相关，由此引起的热阻为基本热阻；杂质缺陷对声子散射作用构成的热阻为残余热阻。

进一步分温度区间讨论：

a. 在低温区，缺陷阻挡起主要作用，残余电阻率 $\rho_{残}$ 与温度无关。根据式（1-75）为洛伦兹方程：

$$\frac{\kappa_e}{\sigma T} = \frac{\rho_{残}}{\bar{\omega}_e T} = L \tag{1-77}$$

$$\bar{\omega}_0 = \frac{\rho_{残}}{LT} \tag{1-78}$$

可以看出，残余热阻 $\bar{\omega}_0$ 与温度 T 成反比。

b. 高温区，声子阻挡起主要作用，ρ_T 与温度成正比，即

$\rho_T = \rho_0 (1+\varphi) T$，其中 ρ_0 是 0K 下的电阻率，φ 是电阻温度系数。

$$\frac{\kappa_p}{\sigma T} = \frac{\rho_T}{\bar{\omega}_p T} = L \tag{1-79}$$

$$\bar{\omega}_p = \frac{\rho_T}{LT} = \frac{\rho_0 (1+\varphi)}{L} \tag{1-80}$$

$\bar{\omega}_p$ 是声子阻挡电子引起的热阻率，高温下趋于常数。

c. 中间温区，声子阻挡与缺陷都起作用，残余热阻随温度升高下降关系为 T^{-1}，声子热阻随温度的 T^2 上升，导体材料的两部分热阻和温度的关系为

$$\bar{\omega} = \bar{\omega}_0 + \bar{\omega}_p = \alpha T^2 + \frac{\beta}{T} \tag{1-81}$$

式中，α、β 为系数。

如图 1-30 所示，缺陷热阻率随温度升高而下降，声子热阻随温度升高而上升。总热阻或热阻率有一最小值，相应热导率有一最大值。

温度升高，电子平均自由程减小的作用超过温度直接作用，纯金属的热导率随温度升高而降低；合金材料中电子平均自由程受温度的影响相对减小，温度对导热影响作用明显，声子导热作用加强。所以，合金热导率一般随温度的升高而增大。

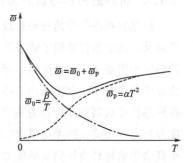

图 1-30　热阻与温度的关系曲线

（3）高温条件下的热导率

高温条件下，材料会发生热辐射，向环境释放能量，这是光子导热。光子导热是在温度很高的情况下才发生的导热现象。如果固体的导热由电子导热、声子导热和光子导热共同构成，材料的热导率可表达为

$$\kappa = \kappa_e + \kappa_p + \kappa_r = \frac{1}{3}\sum_{i=1}^{3} C_i \overline{v}_i l_i \tag{1-82}$$

式中，κ_e、κ_p 和 κ_r 分别为电子、声子和光子热导率。

固体温度很高时，由于分子或原子中电子运动状态不断变化，会辐射出较宽频谱的电磁波。其中，具有较强热效应的波长是在 $0.4\sim40\mu m$ 范围的可见光和部分近红外光，这部分辐射线称为热射线，热射线的传递过程称为热辐射。热辐射在光频范围内，其传播过程和光在介质中传播的现象类似，光子导热过程可看作光子在介质中传播的导热过程。

辐射传导率 κ_r 描述介质中辐射能传递能力，大小取决于辐射能传播过程中光子的平均自由程 l_r。根据单位体积黑体热辐射能的公式

$$E_r = 4sn^3 T^4/v \tag{1-83}$$

式中，s 为斯特藩-玻尔兹曼常数，为 $5.67\times10^{-8}\,W/(m^2\cdot K^4)$；$n$ 为折射率；v 为光速。相应的热容

$$C_V = \frac{\partial E_r}{\partial T} = 16sn^3 T^3/v \tag{1-84}$$

介质中的辐射光速 $v_r = \dfrac{v}{n}$，利用式（1-72），热辐射热导率 κ_r 数学表达式为

$$\kappa_r = \frac{16}{3}sn^2 T^3 l_r \tag{1-85}$$

一般地，对辐射线透明的介质热阻小，l_r 较大；对辐射线不透明的介质 l_r 很小；对辐射线完全不透明的介质中 $l_r = 0$，这种情况下辐射传热可以忽略。

单晶材料和玻璃对于热辐射线是比较透明的，因此在 773～1273K 辐射传热很明显；大多数烧结陶瓷材料是半透明或透明度很差的，l_r 小得多，传热能力较低；一些耐火氧化物在 1773K 高温下辐射传热才会明显。另外，光子的平均自由程除与介质的透明度相关外，与光子被吸收或散射也相关。吸收系数小的透明材料，当温度为几百华氏度时，光辐射是主要的传热方式；吸收系数大的不透明材料，即使在高温时光子热传导也不重要。

1.7.4 材料的热传导及其影响因素

根据材料热传导的三种物理机制，声子热传导源于晶格热振动、电子热传导源于自由电子运动，光子热传导源于热辐射。绝缘体材料和导体材料的热传导方式明显不同，导电材料的热导率明显高于绝缘材料，所以材料的热导率差异主要决定于材料本身属性。材料中原子或分子的热振动、电子运动及热辐射和温度密切相关，温度是热传导的外在主要影响因素。各种热传导机制都和材料的热容、导热载体（声子、电子和光子等粒子或准粒子）的运动速度及自由程相关，同类材料存在结构差异，热振动状态不同，自由电子存在与否及其密度大小都会影响材料传导热量的能力。

从材料的类型来看，是导体还是绝缘体对材料的导热性高低是起决定性作用的。图1-31

给出了一些无机材料的热导率，铂作为金属，电导率最好，且随温度上升而有所提高，热阻降低，高温下趋于稳定。石墨导电性也很好，作为特殊结构的导体，热导率比较高且随温度上升而下降，高温下趋于稳定，凸显声子热阻特性。具有半导体性质的 BeO 在低温下电导率很高，接近金属铂，热导率随温度升高迅速下降，显示其高温下声子导热特性。作为绝缘体的致密氧化物 Al_2O_3 和 MgO 以及 SiC 表现出声子热导的主导作用，热导率随温度上升而下降，达到高温趋稳。

由式（1-82）可知，热导率和热容、导热粒子的速度及其自由程成正比。热导率随温度升高而上升，超低温区和温度 T 成正比，中温区和温度 T^3 成比例，温度超过德拜温度后趋于常数。导热粒子的速度可简单认为是常数，而它们的自由程会随温度升高而下降，低温下和晶粒尺寸相当，高温下则接近晶格常数。因此，材料的热导率随温度的变化基于其热容和自由程变化速率的对比。因为高温下热容和自由程都趋于极限，大部分无机材料的热导率随温度提高而减小并趋于稳定。也有例外情况，如 ZrO_2 的热导率随温度变化很小，常作为高温耐热材料使用。

烧结的多孔材料和粉末材料热导率很低，可简单认为是空气相所致。由于空气热导率极低，是热的不良载体，含有气体相材料的热导率会显著降低，且随温度升高有所提高。粉末材料以空气为基体相，粉末为弥散相，图 1-31 中的 MgO 粉末热导率最低。烧结的多孔材料中空气成为弥散相，如图中的耐热砖。空气相对于材料的热导率可以忽略，材料的热导率公式一般可简单表示为

$$\kappa = \kappa_s(1-x) \tag{1-86}$$

式中，κ_s 为固相热导率；x 为空气的体积分数。

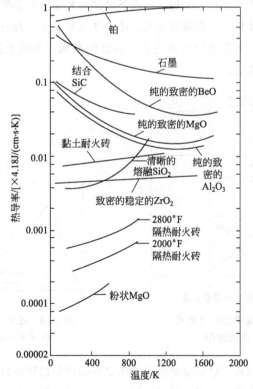

图 1-31　一些无机材料的热导率

气孔率越大，热导率下降越明显，这就是保温材料常采用轻质陶瓷制品的道理所在。保温材料多为多孔材料、泡沫材料、空心球材料或粉末、纤维制品，气孔率越高，热导率越低。

同为绝缘体材料，一般轻元素固体和结合能大的固体热导率大。例如，金刚石的热导率 $\kappa = 1.7 \times 10^{-2} W/(m \cdot K)$，在非金属固体中属于比较高的。

导电性能好的金属材料中的合金元素作为点缺陷会明显影响电子及声子的自由程，提高热阻，降低热导率。合金元素的原子与基体原子结构差异越大，它们对导热性能的影响也越大。如图 1-32 所示，铁基合金中加入 Mn、Al 和 Si 合金元素对热导率影响明显。杂质原子与基体金属原子结构差异较小，对导热性能影响也较小。如添加 Co 和 Ni 对铁的导热性能影响较小。基体金属的热导率越高，合金元素对它的影响越大，如合金元素 Ni 对铜导热性能的影响就比对铁的影响大。

从材料的晶体结构来看，单晶体和多晶体比较，显然单晶体中声子和电子受到的散射概率会明显小于多晶体，相应单晶体材料的热导率会高于多晶体。同样地，非晶体比晶体材料的热导率低，且非晶体热导率受温度变化的影响也小。如图 1-33 所示为玻璃非晶体和晶体材料的热导率比较，晶体中声子自由程随温度变化很大，超低温度下，声子自由程变化很小，因热容随温度提高而增加，所以热导率上升，如图中 a 段；中温区虽然热容随温度增大，但声子自由程呈数量级下降，造成热导率随温度升高而减小，如图中 b 段；大于德拜温度的高温下，热导率趋于稳定值，如图中 c 段。而非晶体中的声子自由程几乎可以看成是常数，其热导率主要取决于热容和温度。比较而言，非晶体的热导率随温度变化上升平缓。晶体材料的热导率在低温下存在一最大值，高温下晶体和非晶体的热导率趋于一致。室温下玻璃非晶体的热导率比晶体低一个数量级左右。非晶体在高温下出现热辐射产生光子导热，热导率曲线会进一步上扬，若是透明材料光子导热急剧增加，曲线上扬明显；如是不透明材料，则热导率没有明显变化。

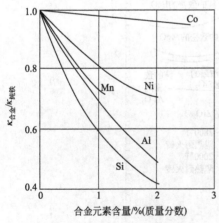

图 1-32 铁基合金中的合金元素
含量对热导率的影响

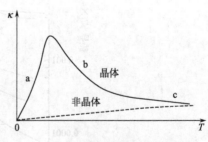

图 1-33 晶体和非晶体玻璃材料
热导率随温度变化比较

从材料的组织结构来看，结构复杂性也会明显影响材料的导热行为。如工程应用广泛的多晶材料，细晶材料的热导率会低于粗晶材料，因为细晶材料中的大面积晶界会对声子和电子产生更多的散射而提高热阻。如图 1-34 所示为常温下薄膜材料 Sb_2Te_3 的晶粒尺寸对热导率的影响,热导率和晶粒尺寸几乎成线性关系。

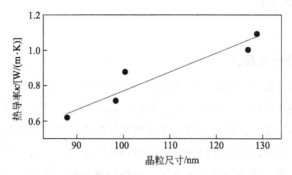

图 1-34　常温下薄膜材料 Sb_2Te_3 的晶粒尺寸和热导率关系

金属合金可通过合金化及加工改变合金的微观组织进而影响其导热性能。相对于过饱和固溶体,回火析出第二相会明显提高材料的热导率。如回火铁素体钢的热导率高于奥氏体,主要在于后者固溶体浓度高而具有更高的热阻。

金属基复合材料综合了金属及增强体组元的优良特性,是新材料研究的重要领域。如导热用铝基复合材料具备较高的热导率、较低的热膨胀系数和较小的密度等优点,广泛应用于电子、机械、航空航天等领域。导热用 Al 基复合材料主要包括高硅铝、铝-碳化硅、铝-金刚石、铝-石墨片/碳纳米管等。常温下,纯 Al 的热导率较高,约为 $230W/(m \cdot K)$。Si 作为一种半导体材料,常温下的热导率约为 $150W/(m \cdot K)$,硬质 SiC 颗粒热导率约为 $290W/(m \cdot K)$。复合材料的导热特性与 Si、SiC 颗粒的体积分数及颗粒大小等有关。表 1-7 给出了不同组分铝基复合材料的成分与性能。可以看出,随着 Si 及 SiC 颗粒体积分数的增加,高硅铝及铝-碳化硅复合材料的导热性能呈现出不同的变化趋势。这种变化趋势可从组元的物理特性进行解释:Si 的热导率小于 Al 基体,增加 Si 的体积分数将使得复合材料的热导率下降;SiC 的热导率大于 Al 基体,增加 SiC 的含量会提高复合材料的热导率。研究发现复合材料的导热性能主要与界面热阻有关。随着 Si 及 SiC 颗粒尺寸的增加,复合材料的导热性能将提高。因为增大第二相的尺寸使得复合材料单位体积中两相界面减少,也就减少了界面热阻和导热电子传输过程中的散射,从而提高了复合材料的导热性能。从数据来看,第二相的含量对铝基复合材料的热导率影响不是特别大,所以复相结构材料的热导率决定于结构中的连续相组织。

表 1-7　铝基复合材料的成分与性能

组分	热导率/[W/(m·K)]	热膨胀率/(×10^{-6}/K)	弯曲强度/MPa
Al-27%Si	177	16	210
Al-42%Si	160	12	213
Al-60%Si	129	9.0	140
Al-70%Si	120	6.8	143
Al-30%SiC	165	14	449
Al-63%SiC	175	8	253
Al-70%SiC	175	7	205

1.8 热稳定性

1.8.1 热稳定性的一般意义

热稳定性或耐热性是指材料在温度变化影响下的抗形变能力，或者说是材料承受高温或温度变化而不致破坏的能力，又称为抗热震性。因环境温度变化引起的形变越小，热稳定性越高。决定材料热稳定性强弱的关键因素是材料的组织结构，包括化学成分、相组成、显微结构，以及加工成型方法和热处理条件、外界环境因素等。一般材料的热稳定性与抗张强度成正比，与弹性模量、热膨胀系数成反比。材料的热导率、热容、密度也在不同程度上影响热稳定性。不同应用场合对材料热稳定性的要求不同。例如，一般日用瓷器只要求能承受温度变化大约为200K的热冲击，而火箭喷嘴就要求瞬时能承受3000～4000K的热冲击以及高温气流带来的机械和化学作用。

热稳定性或抗热震性是脆性材料的一个重要物理性能。热冲击损坏分为热冲击断裂和热冲击损伤两种类型，前者是指在热冲击作用下材料发生瞬时断裂，后者表示在热冲击循环作用下，材料的表面开裂、剥落，并不断发展最终破裂失效。目前，热稳定性虽然有一定的理论解释，但尚未建立不同服役环境下普适的热稳定性理论与模型。

下面从脆性材料因热膨胀引起的内应力导致形变而产生破坏的角度，对热冲击破坏及其评价方法做进一步介绍。

1.8.2 热应力和热冲击破坏

材料的热胀冷缩引起的内应力称为热应力，热应力产生会引起材料的失效和破坏，脆性材料尤为突出。热应力主要由三个方面引起：ⓐ因热胀冷缩受到限制而产生热应力；ⓑ因温度梯度而产生热应力；ⓒ复相材料因各相膨胀系数不同而产生热应力。

简单以一根均质各向同性固体杆件受到均匀加热和冷却（杆内不存在温度梯度）为例，理想状态下，如果这根杆件的两端是自由端，可自由地膨胀或收缩，那么，杆内不会产生热应力，会因温度变化而产生热应变。

$$\Delta l / l = \alpha \Delta T \tag{1-87}$$

式中，α 为热膨胀系数；ΔT 为温度的变化；l 为杆的初始长度。

如果杆件的轴向运动受到两端刚性夹持固定，则产生热应力 σ。

$$\sigma = E\varepsilon = E\Delta l / l = E\alpha \Delta T \tag{1-88}$$

式中，ε 为热应变；E 为弹性模量。

当热应力 σ 达到材料的断裂强度 σ_f 时就会造成杆件的断裂。

热冲击破坏的另一个现象是由脆性材料内外温差引起的应力不均造成的。如图1-35所示，假设表面薄层迅速冷却，从温度 T_1 降到 T_2，而内部温度仍然是 T_1，则表面产生的拉应力

$$\sigma = -E\alpha_1(T_1 - T_2) \tag{1-89}$$

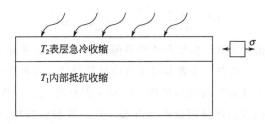

图 1-35　薄层表面受热冲击作用示意图

表面的拉应力达到断裂极限强度（$\sigma = \sigma_f$）时表面破裂，所以表面能够承受的最大断裂临界温差为

$$(T_1 - T_2)_f = \frac{\sigma_f}{E\alpha_1} \tag{1-90}$$

1.8.3　热应力断裂因子和损伤因子

以陶瓷材料为代表的脆性材料因热冲击造成材料的断裂或开裂，是由于材料受温度变化或存在温差而产生的内应力超过了材料的力学强度极限，这就是热冲击应力理论。为评价脆性材料抗热冲击的能力，基于不同的前置条件，提出了一些脆性材料抗热冲击能力的评价参数。其中热冲击应力理论前置的假设条件包括：ⓐ材料外形尺寸完全受刚性约束；ⓑ整个材料体内各处的内应力都处在最大热应力状态；ⓒ材料是完全刚性，任何应力释放行为不予考虑，包括位错运动或黏滞流动等都不存在，裂纹产生和扩展过程中的应力释放也不考虑。

（1）应力断裂抵抗因子

基于脆性板材平面刚性约束，基于温差造成的应力应变分析，材料中最大热应力值 σ_{max}（一般在中心部位）超过材料的强度极限 σ_f，材料就会损坏。

$$R = \frac{\sigma_f(1-\mu)}{\alpha E} \tag{1-91}$$

式中，R 为第一热应力断裂抵抗因子或第一热应力因子，是表征材料热稳定性的因子，R 相当于临界温差，R 值越大，材料能承受的温度变化越大，即热稳定性越好；μ 为泊松系数。

R 主要和脆性材料的极限强度相关，考虑到材料受到热冲击的同时存在散热问题，散热可使热应力得以缓解。材料的热导率大、传热快，热应力缓解也快，对热稳定有利。如果材料表面向外散热快，内外温差大，热应力也大，易于破坏。由于散热因素减缓材料中瞬时产生最大应力，相应地在第一热应力断裂抵抗因子基础上引入折减系数，给出第二热应力断裂抵抗因子。

$$R' = \frac{\lambda\sigma_f(1-\mu)}{\alpha E} \tag{1-92}$$

式中，λ 为折减系数或热传导率。

冷却速率影响温度梯度及热应力，材料热稳定性与冷却速度密切相关。达到最大冷却或加热速率材料会发生断裂。对于厚度为 $2r_m$ 无限大板材最大降温速度为

$$\left(\frac{dT}{dt}\right)_{max} = \frac{1}{\rho C_p}\frac{\lambda\sigma_f(1-\mu)}{\alpha E}\frac{3}{r_m^2} \tag{1-93}$$

故引入第三热应力因子。

$$R'' = \frac{1}{\rho C_p} \frac{\lambda \sigma_f (1-\mu)}{\alpha E} = \frac{R'}{\rho C_p} = \alpha R' \qquad (1-94)$$

实际上,上述热冲击应力理论假设条件明显偏离材料实际,按此理论计算的热应力破坏会比实际情况严重得多,所以热冲击断裂理论有明显局限性。这种理论从热弹性力学观点出发,简单地将材料看成连续介质的刚性结构,没有考虑材料实际结构的影响。以强度-应力作为判据,热应力达到抗拉强度极限就产生开裂,且一旦裂纹成核就会导致材料完全被破坏。这样的导出结果对于玻璃、陶瓷等脆性材料比较适用,但对非均质材料、含第二相和孔洞的材料和韧性材料是不适用的。

(2)热应力损伤因子

实际材料的微观结构会明显影响热冲击的破坏作用。一般材料中往往存在结构不均匀性、含有一定尺寸的微裂纹等结构缺陷。微裂纹在热冲击影响下扩展可能发生损伤破坏,如微裂纹扩展中遇到结构中的不均匀结构、微孔洞、晶界等,裂纹扩展受阻或扩展停止,可明显降低热震损伤的破坏作用。材料中微裂纹扩展需要提供断裂表面能。材料受到热冲击会因热膨胀而积存弹性应变能,热冲击积存的弹性应变能越大,微裂纹扩展的可能性就越大;裂纹扩展需要的表面能越大,裂纹扩展的程度就越小。这种从断裂力学观点评价材料抗热冲击裂纹扩展或损伤现象的理论就是热冲击损伤理论,抗热冲击损伤性理论是以应变能-断裂能为判据的。

基于材料抗热应力损伤的性能正比于断裂表面能,反比于应变能释放率,提出了两个抗热应力损伤因子 R''' 和 R''''。

$$R''' = \frac{E}{\sigma^2 (1-\mu)} \qquad (1-95)$$

$$R'''' = \frac{E \times 2\gamma_{\text{eff}}}{\sigma^2 (1-\mu)} \qquad (1-96)$$

式中,$2\gamma_{\text{eff}}$ 为断裂表面能,J/m^2;R''' 为材料中储存的弹性应变能释放率的倒数,用来比较具有相同裂纹表面能材料的热冲击性;R'''' 用来比较具有不同裂纹表面能材料的抗热冲击性。

R''' 或 R'''' 值高的材料抗热应力损伤性好。

根据 R''' 或 R'''' 表达式,热稳定性好的材料应具有低热应力 σ 和高弹性模量 E,这与 R' 和 R'' 表达式与 σ、E 的关系完全相反。产生这个矛盾的原因在于热应力损伤判据和热应力强度判据的理论依据或角度不同,热应力损伤判据认为,高强度材料中热应力弹性存储能高,裂纹在热应力的作用下容易扩展,对热稳定性不利;而从热应力强度判据来说,高强度材料破坏所需的热应力也大,强度越高抵抗热应力破坏的能力越强。

同样地,热冲击损伤理论也存在明显的局限,理论的适应性和可靠性有待提高。因为热冲击理论难以描述材料的实际结构,尚过于简单,而且影响材料热稳定性的因素是多方面的,包括材料自身的结构和性能,外部热冲击的方式以及热应力在材料中的分布等,也难以精确测定材料中的微裂纹大小及其分布。尚不能对此理论做出直接的验证,理论有待于进一步发展。

(3)提高材料热稳定性能的措施

以上给出了根据热冲击应力和热冲击损伤的断裂因子用于评价脆性材料的抗冲击性,

虽然这些理论建立的前提和实际材料尚有一定距离，但这些理论对提高材料抗冲击性具有一定的借鉴作用。提高材料的抗热冲击断裂性能需要根据具体材料及其组织提出可靠措施。

避免密实的陶瓷和玻璃材料发生断裂可以从以下几方面考虑：ⓐ提高材料的热应力 σ，减小弹性模量 E。提高 σ/E 比也就是提高材料韧性，就可以吸收较多的弹性应变能而不开裂，从而改善材料的热稳定性。多数无机材料 σ 大且 E 很大，而金属材料是 σ 大 E 小，金属材料抗冲击性会明显好于陶瓷材料。ⓑ提高材料的热导率，使 R' 提高。热导率大的材料传递热量快，可使材料内外温差较快地得到缓解，降低短时热应力聚集。金属材料的热导率高，热稳定性好。ⓒ降低材料的热膨胀系数 α，减小温差引起的热应力。ⓓ降低材料的表面散热速率，有利于降低材料内外温差，减轻热冲击。如热处理和烧结时的随炉冷却或减小降温速度，就可以大幅降低制品开裂的风险。ⓔ减小产品的有效厚度 r_m，有利于降低温度梯度，降低热冲击风险。

针对组织结构不均匀以及多孔、粗粒的大部分烧结制品来说，热稳定不好的主要表现为分层剥落，是表面裂纹或微裂纹扩展所致。避免材料出现热损伤，提高抗热冲击损伤的措施主要是根据 R''' 和 R'''' 因子，要求材料具有大 E 及小 σ，减小切应变模量 G，使材料在胀缩时储存的弹性应变能小。同时具有大的断裂表面能 γ_eff，裂纹扩展需要较大的能量迫使裂纹不再持续发展。

1.8.4 材料的热稳定性评价方法

一般地，热稳定性用于考察高温或温度变化对材料性能的影响，而且这种环境温度的变化是在没有引起一次相变或产生显著化学变化的前提下材料所表现出来的抗温性或抗热震性。因此，材料的热稳定性应根据材料的类型和服役环境与要求去理解具体的热稳定性意义。

目前，工程上对材料或制品的热稳定性评价一般都是依据标准规范采用比较直观的测试方法去评价。比如金属材料一般是通过高温持久蠕变实验评价其热稳定性，半导体材料和器件往往通过热循环考察其可靠性。日用陶瓷材料往往是加热到预定温度，然后置于室温的流动水中急冷，并逐步提高温度和重复急冷，直至观测到试样发生龟裂和开裂。而耐热材料则是在热循环中通过考察热失重多少来评价其抗热震性。

从热力学角度分析，材料发生变化源于体系自由能发生改变，向自由能减小、熵增加的方向变化。一般材料的热稳定性取决于组织结构的稳定性，或者说和键能相关。所有材料的力学性能都会在高温下明显下降，就是因为键能下降。从材料的不同类型来说，金属合金材料热稳定性的关键是其组织结构稳定性和抗氧化能力，组织结构稳定性是热稳定性的前提，金属合金材料高温下因热力学条件变化易于产生或加速组织结构演变，甚至产生热损伤的裂纹和孔洞，致使高温性能下降甚至失效。如金属热加工成型以及高温挤压或拉拔的生产都需要高温模具，一般使用热作模具钢制作。模具在使用过程中长期处于高温或在高温和常温之间循环，在这种比较极端的条件下承受各种应力、熔融金属对模具工作表面的侵蚀作用等，在这种热循环交替作用下容易产生热疲劳损伤而失效。因此模具材料除应具有高温强韧性外，还应有非常高的热稳定性和和抗热疲劳性能，一般通过合金化提高材料的高温性能和热稳定性，也会通过表面涂覆耐磨材料提高模具寿命。耐热钢是电力、化工和航空航天常用的材料，如热力发电设备要求钢铁材料可在 650℃/30MPa 高温高压条件下长期运行，人们通过材料的合金化开发了铁素体、奥氏体和镍基合金等多种耐热钢。高温是金属材料表面抗氧化性面临的另外一个问题，表面的氧化和持续发展同样会影响高温性能。随着使用温度提高，金属材料耐高温的最大问题是延缓组织结构在高温下演变和提高抗高温氧化性。半导体材料会因为高温本征热激发加剧而失去其本质特征，造成半导体器件击穿和失效。陶瓷氧化物材料的化学键能高，耐高温性能更好，但脆性材料会因为热应力产生破坏。离子型材料和高分子材料的热稳定性与其化学热分解密切相关，具有离子键和大分子共价化合物的材料一般是极性材料，一般极性越大热不稳定性越明显，越容易产生热分解，高分子材料的结构特点决定其耐热性较差。

思考与练习题

1.什么是声子？简述晶格振动声学支和光学支格波的物理意义。

2.叙述固体比热容的爱因斯坦模型和德拜模型的近似条件及其区别。

3.说一说爱因斯坦热容理论、德拜热容理论和经典热容理论之间的区别与联系。

4.根据爱因斯坦热容理论，计算 300K 下 1mol 单原子材料（具有爱因斯坦特征频率＝200π）的 C_{Vm} 值，比较计算结果和杜隆-柏替常数差异。

5.太阳能集热器收集到的热量通过介质传输到箱体的相变材料（PCM）中，PCM 发生相变（固态到液态），将热量储存起来；当太阳能量不足时，PCM 再次发生相变（液态到固态），释放能量。请问此类 PCM 发生的相变属于一级相变还是二级相变，请给出合理解释。

6.晶体中格点的简谐振动可以近似解释晶格热容和热膨胀的物理问题吗？为什么？

7.如何理解固体的热膨胀物理本质？

8.热传导的物理机制有哪些？谈谈影响热传导的可能因素。

9.黄铜棒在室温（20℃）下处于自由状态。它被加热时不能在长度方向上膨胀。在什么温度下应力达到-172MPa？（黄铜的弹性模量为 100GPa，热膨胀系数为 2.0×10^{-7}/℃）

第 2 章

材料的电学性质

本章导读：本章全面论述了不同材料的导电性及其物理本质，介绍了常见材料的电学效应及其原理。本章学习应理解材料的导电性主要决定于材料的能带结构。不同材料的能带结构不同，载流子浓度不同，从而影响载流子在外电场中分布和运动状态，所以金属、半导体和绝缘体的电性能强弱不同；理解导电的载流子运动由于受到晶格原子及结构缺陷的散射作用而形成电阻，了解材料的导电性受到组织结构和温度等因素影响。

掌握材料的超导现象有不同状态，库柏电子对理论解释了超导体零电阻行为；明白超导态存在温度、磁场和电流等限制性条件。

针对半导体及其结构的特殊性，掌握半导体分类及其导电特性；金属与金属或半导体与半导体构成不同接触电学特性和材料的费米能级相关；了解接触的基本结构，掌握热电转换和光电转换器件等接触电效应的工作原理。

理解绝缘体或介电材料的电学特性和电极化相关，且极化现象的产生和材料晶体结构密切相关。了解不同材料及其结构的特殊电学行为形成了种类繁多的电功能材料和器件，成为现代科技发展的关键材料基础。

材料的导电性能有强弱之分，本质上与材料中的电子结构及其在外电场中的行为密切相关。在实际应用中，不同应用领域对材料的电学性能往往会提出不同的要求。比如传导电流的导体要求有高电导率以降低导体自身电阻带来的损耗，而隔绝电流的绝缘体则需要良好的抗击穿耐电性。同时因应用领域的不同，还需要综合考虑材料的多种性能以选材用材。如长输电缆导体材料不仅需要电导率高，还应有很高的强度以承载自身重量带来的载荷；作为集成电路的导电引脚，需要考虑不同材料之间的连接性能和热膨胀系数适配，以降低热膨胀可能带来的结构失效。导电材料、电阻材料、电热材料、半导体材料、超导材料以及绝缘材料等都是以电学性能为关键性能特征，它们在生产和生活的许多领域都有十分广泛的用途。材料的电学性能在材料研究及其实际应用方面具有重要的理论和实际意义。本章从材料不同的导电类型或导电行为，以及电性能相关的现象或物理效应等方面分别加以介绍。

2.1 固体电学性能概述

任何材料都具有一定的电学特性，在各种材料的制造及使用中往往也需要了解其电学性能。导电性是材料的基本物理性能之一。广而言之，各种物质都具有某些电学特性，通过电学性质的研究，可以探讨物质的结构和变化，理解物质性能及其变化的内在规律和本质。

2.1.1 材料的导电类型

固体材料按其导电性强弱或电阻率的大小可分为导体、半导体、绝缘体和超导体。在室温下导体的电阻率小于 $10^{-2}\,\Omega\cdot cm$，半导体的电阻率为 $10^{-3}\sim10^{9}\,\Omega\cdot cm$，绝缘体的电阻率大于 $10^{10}\,\Omega\cdot cm$，超导体在低温超导状态下的电阻率接近于零。

经典物理理论告诉我们，电流是电荷定向移动的结果，或者说带电粒子定向输运过程形成电流。电荷的载体或带电粒子主要是电子或离子，也可分为电子、空穴、正离子和负离子，一般统称为载流子。根据实际材料的结构和成分，同一固体中可能有一种或数种载流子参与导电，表征一种载流子对材料导电性的贡献大小一般用运输数（transference number）或迁移数 t_x 表达，即

$$t_x = \frac{\sigma_x}{\sigma} \tag{2-1}$$

式中，σ 和 σ_x 分别为材料中所有载流子运输构成的总的电导率和某一种载流子运输构成的电导率。

分别用 t_e、t_h、t_i^+、t_i^- 表示电子、空穴、正离子和负离子迁移数。如固体以电子或空穴导电为主，称为电子类导电体。离子型固体导电基本以离子为主且达到 $t_i>0.99$，称为离子电导体；如 $t_i<0.99$，则称为混合导电体。金属和半导体是电子导电体，而许多化合物及电介质溶液为离子电导体或是混合电导体。

2.1.2 电导率和迁移率

表征材料导电性能优劣的主要参数是材料的电导率或电阻率。根据欧姆定律，电流密度 j 是指通过垂直于电流方向上单位面积的电流大小，即

$$j = \frac{I}{s} \tag{2-2}$$

式中，I 和 s 分别为通过的电流和垂直于电流方向的导电体截面积。

电阻 $R = \rho\dfrac{l}{s}$，l 为导电体长度，ρ 为电阻率。电阻率的单位为 $\Omega\cdot m$ 或 $\Omega\cdot cm$。电导率为电阻率的倒数，即

$$\sigma = \frac{1}{\rho} \tag{2-3}$$

电导率 σ 的单位是西门子每米，S/m。在电场 E 中，载流子做定向运动形成电流，电流密度为

$$j = \sigma E \tag{2-4}$$

在工程技术上，材料的电阻率常用单位为 $\Omega\cdot mm^2/m$，电导率常用相对电导率（IACS%）表示。国际标准把退火纯软铜在室温下的电导率（20℃下 $\rho=0.017421\,\Omega\cdot mm^2/m$）作为 100%，其他材料的电导率与之相比的百分数定义为该材料的相对电导率大小，如

Fe 的相对电导率为 17％IACS，纯 Al 为 61％IACS。

一定温度下，金属内部的大量电子在做永不停息的、无规则的热运动。载流子在运动时会不断地与晶格原子、杂质原子或其他结构缺陷等发生作用或碰撞，碰撞后载流子速度的大小及方向会发生改变。根据微观粒子运动量子理论波函数的概念，电子波在半导体中传播时会遭到原子实、缺陷及其他电子的散射。因此，载流子速度的大小及方向在不断地改变。载流子无规则的热运动正是它们不断遭到散射的结果。所谓自由载流子，实际上只在两次散射之间才真正是自由运动的，在连续两次散射间自由运动的平均路程称为平均自由程，而平均自由运动时间称为平均自由时间。外电场中载流子定向运动形成电流，载流子在外电场中的实际运动轨迹应该是热运动和电场力作用下定向运动的叠加。

部分常见材料的电导率见表 2-1。

表 2-1　部分常见材料的电导率

金属和合金	$\sigma/\Omega^{-1}\cdot m^{-1}$	非金属	$\sigma/\Omega^{-1}\cdot m^{-1}$
银	6.3×10^7	SiC	10
铜（工业纯）	5.85×10^7	锗（纯）	2.2
金	4.25×10^7	硅（纯）	4.3×10^{-4}
铝（工业纯）	3.45×10^7	苯酚甲醛（电木）	$10^{-7}\sim10^{-11}$
Al-1.2％，Mn 合金	2.96×10^7	氧化铝（Al_2O_3）	$<10^{-10}$
钠	2.1×10^7	云母	$10^{-11}\sim10^{-15}$
钨（工业纯）	1.77×10^7	甲基丙烯酸甲酯	$<10^{-12}$
黄铜（70％Cu-30％Zn）	1.66×10^7	氧化铍（BeO）	$10^{-12}\sim10^{-15}$
镍（工业纯）	1.46×10^7	聚乙烯	$<10^{-14}$
纯铁（工业纯）	1.03×10^7	聚苯乙烯	$<10^{-14}$
钛（工业纯）	0.24×10^7	金刚石	$<10^{-14}$
TiC	0.17×10^7	石英玻璃	$<10^{-16}$
不锈钢，301 型	0.14×10^7	聚四氟乙烯	$<10^{-16}$
镍铬合金（80％Ni-20％Cr）	0.093×10^7		
石墨	10^5（平均）		

如材料截面积是 s，载流子密度 n，带电量为 e，电场中定向漂移运动平均速度为 $\bar{v}_d$，则电流大小为

$$I=nes\bar{v}_d \tag{2-5}$$

则

$$j=ne\bar{v}_d \tag{2-6}$$

定义迁移率为

$$\mu=\frac{\bar{v}_d}{E} \tag{2-7}$$

迁移率的物理意义是载流子在单位电场作用下的平均速度。所以

$$j=ne\mu E \tag{2-8}$$

$$\sigma=ne\mu \tag{2-9}$$

2.2 固体中电子状态和能带

常见材料大多是多晶体材料，而组成多晶体的细小晶粒是由紧密结合的原子周期性重复排列而成的。因此，晶体中的电子状态肯定和单原子中的电子状态不同，特别是外层电子会显著地受到晶体中原子空间周期性规律排列的影响，两者间存在着一定的联系。

2.2.1 固体中电子能量状态和能带形成

原子中的电子在原子核和其他电子的作用下处于不同的能级，即经典理论所说的电子壳层。同一能级中的电子因角动量不同，分别处于 s、p、d、f 等不同支壳层。图 2-1（a）所示为一孤立的氢原子处于基态电子在径向的分布概率。在玻尔半径 a_0 处分布概率最大。当两个原子相互靠近时，原子外电子的分布概率产生重叠，也就是所谓的电子云重叠。如图 2-1（b）所示，两个原子中的两个电子产生相互作用，表现为两个电子为两个原子部分共有。这种相互作用或扰动使原来两个独立的原子上的基态电子能级发生变化，原本相同的能级分裂为两个十分靠近的能级，如图 2-1（c）所示，原来的简并能级产生分裂，这和泡利不相容原理相符。大量的原子相互接近形成晶体时，相邻原子的各电子壳层之间产生一定程度的交叠。相邻原子最外壳层交叠最多，内壳层交叠较少。实际上是原子核外电子分布概率在径向分布产生交叠，电子不再完全局限在某一个原子上，可以在整个晶体中运动，这种运动称为电子的共有化运动。

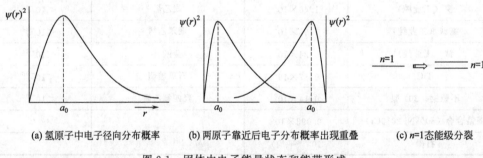

(a) 氢原子中电子径向分布概率　　(b) 两原子靠近后电子分布概率出现重叠　　(c) $n=1$ 态能级分裂

图 2-1　固体中电子能量状态和能带形成

从能量角度来说，当原子互相靠近时，每个原子上的电子除受到本身原子的势场作用外，还要受到周围其他原子势场的作用，受这种作用和电子运动保里不相容原理的限制，结果相同的能级（简并）分裂为彼此相距很近的能级。如果 N 个原子靠近形成固体时，在不考虑原子内部简并的情况下，每个能级都有 N 度简并。每个电子都要受到周围原子势场的作用，结果是 N 度简并的能级分裂成 N 个彼此十分接近的能级而形成一个能带。即各个原子中电子的原来相同的能量状态发生能级分裂，这是泡利不相容原理的要求。就像整个晶体组成一个和孤立原子相似的系统，只是原来每一个分立的能级变成由 N 个相互靠近的能级构成的能带。这 N 个几乎是连续的能级构成的能带称为允带，允带之间不存在能级，称为禁带。如图 2-2 所示，简单地给出了从单个原子到大量原子组成固体形成能带的过程，图中给出了某种原子最外层电子填充到 $n=3$ 原子层，原子间相互作用的平衡距离是 r_0。

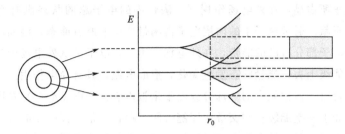

图 2-2　从单个原子能级到大量原子组成固体形成能带结构示意图

晶体中原子在空间周期性排列，每个原子一般带有多个电子，每个电子占据不同的能量状态。所以实际晶体的能带分裂要复杂得多，内层能带上的电子是填满的，和原子核紧密结合。最外层电子和原子核结合相对较弱，往往外层价电子没有填满并直接影响材料的物理性能。因此，材料的性能从原子结构层面来看，内层电子填满能带，结构稳定，对电学及其他性能没有直接影响，可不予考虑，而最外层没被填满电子壳层中的价电子才是材料电性能差异的主要原因。当然，大多数材料的能带结构是复杂的，不像图 2-2 所示那么简单，或者说多数能级结构不是原子主轨道（主量子数）能级展宽形成能带，往往是亚轨道（次量子数）分裂形成的能带。如图 2-3 所示的硅原子，$n=3$ 外层中有 8 个轨道或量子态被 4 个电子占据，其中 3s 亚层 2 个轨道上占满 2 个电子，3p 亚层 6 个轨道上有 2 个电子。在原子相互靠近时，3s 和 3p 支壳层相互作用发生重叠。形成晶体后原子间距为平衡距离时，产生带间分裂，每个原子中 4 个低能量量子态（简称能态）在下面构成低能带，另外 4 个高能量的量子态在上面构成高能带。在绝对零度下，所有电子都处于基态，或者说所有价电子占满处于低能带的量子态，此低能带称为价带。高能态的量子态是空的，没有电子，称为导带。价带顶和导带底的间距即是禁带宽度 E_g。

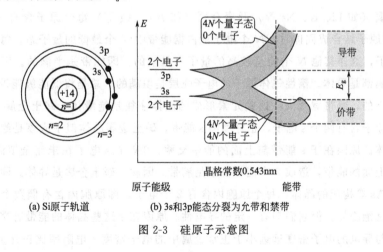

(a) Si原子轨道　　　(b) 3s和3p能态分裂为允带和禁带

图 2-3　硅原子示意图

2.2.2　导体、半导体和绝缘体

固体能够导电是固体中的电子在外电场作用下做定向运动的结果。由于电场力对电子有加速作用，使电子的运动速度和能量都发生了变化，即电子与外电场之间发生能量交换。从能带理论来看，电子的能量发生变化，就是电子从一个能级跃迁到另一个能级上去。满带中的能级已被电子所占满，在外电场作用下，满带中的电子总的状态没有变化，不形成电流，对导电没有贡献。通常原子中的内层电子占满带能中的所有能态，因而内层电子对导电没有贡献。对于电子部分占满的能带，在外电场作用下，电子可从外电场中吸收能量跃迁到未被电子占据的能级上去，能量状态发生变化，形成电流，具有导电作用。

金属原子的价电子占据能带的一部分或能带未被占满，如图 2-4（a）左图所示。或者价电子占满能带但和上一空能级存在交叠，即能带间不存在禁带，如图 2-4（a）右图所示。金属是良导体，是由于电子在外电场中获得能量，很容易从低能级跃迁到高能级。大量的电子获得能量产生能级跃迁，在外电场中做定向运动而形成电流。从能带理论看，价电子所处的能带被部分填充，能带中能量较低的能级被占据，能量较高的能级是空的，具有这种能带结构的材料是导体。能带中具有完全相同能量的两个电子，它们的运动方向相反、速度相等。在没有外电场时，电子运动状态在空间的分布是对称的，体内所有电子自由运动速度矢量和为零，不会产生电流。如果沿 x 方向施加一个电场，如图 2-4（b）所示，则处于不同状态的电子被电场加速，所有电子在 x 的负方向的运动存在一个不为零的速度矢量，从而产生电流。

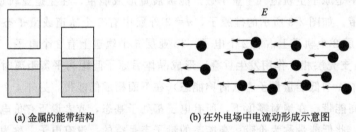

(a) 金属的能带结构　　　　　　　(b) 在外电场中电流动形成示意图

图 2-4　金属的能带结构及在外电场中电流动形成示意图

如碱金属（如 Li、K、Na 等）及贵金属（如 Au、Ag 等）每个原子含有一个价电子。当 N 个这类原子结合成固体时，N 个电子就占据能带中 N 个最低的量子态。每个能带可容纳 $2N$ 个电子，这样其他 N 个能量较高的量子态是空的，即能带是半满的。因此，所有碱金属、贵金属都是导体。惰性气体原子的电子壳层是填满的，总是将低能级能带填满，而高能级能带是空的，禁带宽度大，这些元素形成的固体往往是绝缘体。碱土金属（如 Ca、Be等）的每个原子含有两个 s 电子，正好填满 s 能带，碱土金属晶体似乎应该是绝缘体，实际上却是良导体。原因在于 s 能带与上面的能带交叠，$2N$ 个 s 电子在未完全填满 s 能带时，就开始填充上面的能带，造成 2 个能带都不是满带。因此，碱土金属是导体。同样，V 族元素 Bi、Sb、As 等构成的晶体，每个原胞内含有 2 个电子，即原胞内含有偶数个电子。这些晶体也应该是绝缘体，但它们却有一定的导电性。原因在于这些晶体的能带有交叠，只是交叠较小，参与导电的电子密度远远小于正常金属中的电子密度，电阻率比正常金属大约 10^5 倍，因而被称作半金属。IV 族元素如金刚石、硅和锗的原胞含有 2 个四价原子，每个原胞含有 8 个价电子，正好填满价电子所形成的能带。所以，这些元素纯净的晶体在 $T=0\text{K}$ 时是绝缘体。但温度大于 0K 条件下，因基态能带和上一能带之间能级差不同或禁带宽带不同，这样材料有不同的电性能。金刚石禁带宽带大，满带上的价电子无法跃迁到高能带上去，所以是绝缘体。而 Si、Ge 材料的禁带宽带小，价带上的电子很容易跃迁到导带，所以是半导体。可见，若晶体的原胞含有奇数个价电子，这种晶体必是导体；原胞含有偶数个价电子的晶体，如果能带交叠，则晶体是导体或半金属，如果能带没有交叠，禁带窄的晶体就是半导体，禁带宽的则是绝缘体。

如前所述，硅外层价电子正常处于基态能级或价带上，而且价带被电子填满处于满带，上一个能级导带是空的，没有电子。但两个能级间的禁带宽度比较小，在室温状态或外电场存在条件下，价带上能量高的电子受到激发可以克服禁带能量势垒，跃迁到导带上去。

如图 2-5 (a) 所示，绝对温度为零时，下面是被价电子占满的价带，上面是空能带，两者之间为禁带。对禁带宽度较小的半导体材料而言，其禁带宽度一般小于 2eV。当外界条件改变，如温度升高、光照或外电场存在等条件下，价带顶有少量高能量的电子容易获得能量而被激发到导带上去，这样，导带底部有少量电子，在外电场作用下，这些电子将在外电场中做定向运动而参与导电。同时价带上因电子跃迁而少了一些电子，原来的满带变成了部分占满的能带，在满带顶部出现一些空的量子态。在外电场的作用下，不再是满带的价带中电子也能够起导电作用。由于价带上的量子态基本被大量的电子填满，为便于统计规律的表达，价带上的载流子以电子跃迁留下的少量空位数作为统计对象。这些空位可等效地看成带正电荷的准粒子，常把这些假想的带正电荷的空位量子状态称为空穴。所以一般认为在半导体中导带上的电子和价带上的空穴均参与导电。半导体禁带宽度比较小，如硅的禁带宽度为 1.12eV，锗为 0.67eV，砷化镓为 1.43eV，在常温下就会有不少价带上的电子被激发到导带中去，有明显的导电能力，所以它们是半导体。

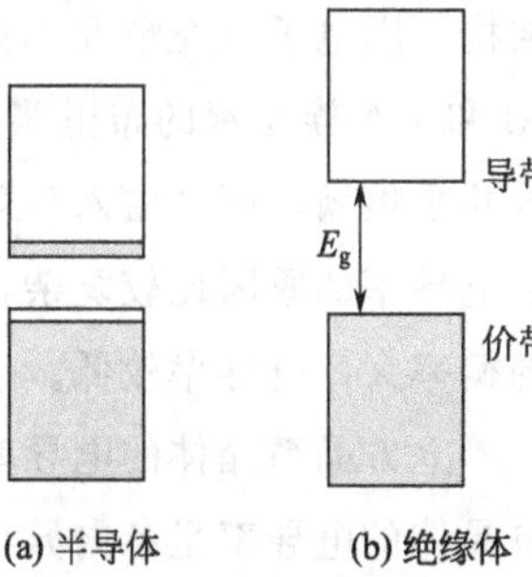

绝缘体和半导体的能带结构类似，能级结构也是不重叠的两个能带。最外层电子所处的能带是满带，上一个能带是空带，但禁带宽带比较宽，如图 2-5 (b) 所示。即使受到热、电、光等一般物理场的激发，电子也难以越过禁带进入高能级能带，外电场存在也没有电流产生。具有这种能带结构的物质是绝缘体，如金刚石、陶瓷等。

绝缘体的禁带宽度都很大，一般大于 3eV，激发价带上的电子需要很大能量。在通常温度下，外电场很难将价带上的电子激发到上一能带参与导电，所以导电性很差。如金刚石的禁带宽度为 6～7eV，它是绝缘体。

(a) 半导体　　　(b) 绝缘体

图 2-5　能带结构示意图

2.3　金属材料的电性能

一般来说，金属具有良好的导电性能。金属材料的电学性能依其成分、原子结构、组织状态而存在差异，可通过外界因素（如温度、压力、形变、热处理等）改变金属材料内部结构或组织状态而影响其电学性能。本节主要介绍金属材料电学性能的一些基本规律。

2.3.1 金属的导电机制

金属具有优良的导电性和导热性，是由于金属中存在着大量的自由运动的电子。金属在室温下电阻率很低，一般纯金属在 $10^{-5}\Omega\cdot cm$ 数量级。金属的导电行为遵循欧姆定律，电流随电压成正比例增加。高温下（爱因斯坦温度或德拜温度以上）金属电阻随温度成正比例上升，低温时大致和 T^5 成比例迅速趋于 0。

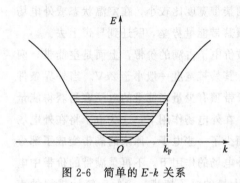

图 2-6　简单的 E-k 关系

理论上来说，金属的能带结构特点是具有部分被填充的布里渊区，即能带中能量较低的能态（费米能级 E_F 以下）上有电子，费米能级以上的能态是空的。简单的能量关系如图 2-6 所示。当施加外电场时，能量接近费密能 E_F 的电子受到电场加速成为载流电子而产生电流。如果布里渊区几乎是空的，只有很少电子，则起到载流作用的电子数太少。根据导电定律，电导率与载流子密度成正比，这种情况下电导率不高。如果布里渊区里有较多的电子，在费密能级附近的状态密度也高，参与载流的电子较多，则电导率高。但是，在布里渊区接近填满电子的情况下，由于布里渊区边界附近的能级密度低，有效载流子密度低，因此其电导率也是低的。如在第一布里渊区完全填满电子，且与第二布里渊区间有禁带相隔的情况下，有效载流子密度为零，则电导率也为零。依据上述原则，不同元素具有不同的能带结构，因电子填充情况不同，故有不同的导电性能。例如，ⅠB族 Gu、Ag、Au 和ⅡB族 Al 和ⅠA族元素的布里渊区被填充一半，所以是良导体。二价的碱土族金属的第一布里渊区几乎填满，而"溢入"第二布里渊区的电子又很少，因此导电性较差。过渡族金属具有较低电导率的原因比较复杂，如过渡元素电子能带交叠，内层没有填满电子；电子遭到散射的概率大，电导率较低。

立方晶系晶体的电导率是各向同性的，但六方、长方、菱形及斜方六面晶体结构的金属单晶体的电导率呈各向异性，这是由能带结构所决定的。当然由于多晶体的金属及合金是由大量的不同取向的晶粒组成的，所以其电导率并不呈现各向异性。测量由粗大晶体构成的材料以及二维材料的电阻值时，才考虑导电的各向异性问题。

2.3.2 金属电导率的影响因素

经典理论给出金属导体的电导率为

$$\sigma = -\frac{ne^2\tau}{m_e} \tag{2-10}$$

电导率和自由电子密度 n 及其自由运行时间 τ 成正比，和电子的惯性质量 m_e 成反比，其中 e 为电子电荷量。电子自由运行时间或平均自由程决定于在外电场作用下电子运动过程所受到的散射大小。散射来源于两方面，一是和温度相关的晶格振动造成的散射系数（p_i），和温度相关；二是各种缺陷及杂质引起晶格畸变造成的散射系数（p_d），和温度无关。电子

在金属中受到的散射可用散射系数来表述，总的散射系数为

$$p = p_i + p_d \tag{2-11}$$

相应地，电阻率表达为

$$\rho = \rho_i + \rho_d \tag{2-12}$$

即含有杂质和缺陷金属的电阻是由和温度相关的纯金属电阻（基本电阻）与温度无关的电阻（残余电阻）构成。

（1）温度对金属电阻的影响

温度对金属电阻的影响是由于温度升高，晶格热振动加剧对电子的散射增强，使电阻率随温度升高而增大。当晶体结构在理想完整条件下，在绝对零度时，因为没有温度引起的晶格热运动所造成的电子散射，电阻率为零。在高温下，由于电子的平均自由程与晶格振动振幅均方（A^2）成反比，电阻随温度线性地增加，因此，纯金属的电阻率与温度的关系可用式（2-13）表述：

$$\rho_T = \rho_0(1 + \psi T) \tag{2-13}$$

式中，ψ 为电阻温度系数。纯金属的 ψ 值约为 $4 \times 10^{-3}/℃$；过渡族金属和铁磁性金属系数较高，约为 $6 \times 10^{-3}/℃$。ρ_0 是绝对零度下的基本电阻率或剩余电阻率。

金属的电阻率和温度的关系在不同的温度范围内是不同的。其特征表现为极低温度下（接近 0K），对理想的晶体结构材料来说，决定于电子-电子散射，电阻率和温度平方成比例。此时晶格振动极弱，认为电子不受晶格散射。材料的电阻主要决定于缺陷对电子的散射。在相对低温下（$T < \theta_D$），电子和晶格交换能量，以声子散射为主，电阻率与 T^5 成正比。这里 θ_D 是德拜温度。原子都以平衡位置为中心独立地振动。根据爱因斯坦近似，原子的振动频率为 ν_E。在相对高温（$T > \theta_D$）条件下，格点能量平均分配到势能和动能，热平衡状态下的平均谐振能量为 $\frac{3}{2}kT$。设振幅为 x，谐振势能的平均值为

$$\frac{1}{2}m\omega^2 <x^2> = 2m\pi^2\nu_E^2 <x^2> = \frac{3}{4}k_B T \tag{2-14}$$

m 是原子的质量，则振幅的均方值 $<x^2>$ 可用式（2-15）给出，即

$$<x^2> = \frac{3}{8m\pi^2\nu_E^2}k_B T \propto T \tag{2-15}$$

电子运动平均自由程 λ 和散射的横截面积成反比，可以认为原子热振动引起的散射和散射截面 $<x^2>$ 成正比。因此，$T > \theta_D$ 高温下电阻率和温度 T 成正比。非过渡族金属电阻率一般与 T 呈线性关系；但Ⅳ族（Ti、Zr、Hf）、Ⅴ族（V、Ta、Nb）过渡金属电阻率随温度变化比线性慢些，Ⅵ族（Cr、W、Mo）过渡族金属电阻率则比线性快些，图 2-7 给出了电阻性能和原子序数的关系。铁磁性金属在居里点以下电阻率与 T 的关系偏离线性更为显著，这一反常现象与材料自发磁化相关。

在熔点温度 T_m 以上，金属的电阻率约增大一倍，原因在于金属变成液体后，破坏了晶体结构严格有序排列，同时原子结合力及体积也发生变化所致。大多数金属液态电阻率 ρ_L 和固态电阻率 ρ_S 的关系可用式（2-16）来描述，即

$$\rho_L/\rho_S = \exp(80Q_S/T_m) \tag{2-16}$$

式中：Q_S 为熔化潜热，kJ/mol。

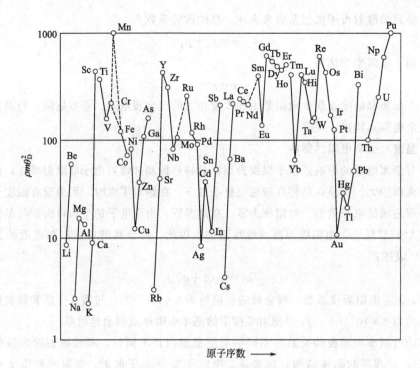

图 2-7　300K 温度下金属的电阻性能和原子序数关系

也有几种金属加热到熔点，ρ_L 反常地下降，如 Cd、Sb、Bi、Ca 等。Sb 在固态下为共价键结合的层状空间点阵，变成液态后，原子间成为金属型结合，故造成电阻率反常。而 Bi、Ga 在熔化后密度变大，改变了原子短程排列而造成电阻率降低。

（2）金属中的缺陷对导电性的影响

金属中的各种缺陷造成晶格畸变，引起除正常晶格以外的附加电子散射而影响金属的导电性。随着对金属缺陷问题研究的深入，近年来关于各种缺陷对电阻影响的研究已积累了若干成果。表 2-2 列出四种不同类型的缺陷对金属电阻率的贡献。相对而言，位错对 ρ 的贡献极小。所以在研究缺陷对 ρ 的影响时，主要应研究点缺陷（空位及间隙原子）的影响。金属中空位的浓度主要是由温度决定的。其实金属在任何温度下都存在着点缺陷与线缺陷（位错）的平衡浓度，因为在不同的温度下，各种类型缺陷的形成能与激活能不同，空位的形成能均低于其他缺陷，故空位的浓度高，对 ρ 的影响也最大。

表 2-2　各种晶体缺陷对金属电阻率的贡献

缺陷类型	电阻率 ρ 增大量	Al	Cu	Ag	Au
空位	$\mu\Omega \cdot cm\%$原子[1]	2.2	1.6	1.3±0.7	1.5±0.3
间隙原子	$\mu\Omega \cdot cm\%$原子	4.0	2.5	—	—
晶界	$10^{-6}\mu\Omega \cdot cm/cm^2/cm^3$[2]	13.5	31.2		35.0
位错	$10^{-13}\mu\Omega \cdot cm/cm/cm^3$[3]	10.0	1.0	—	—

① $\mu\Omega \cdot cm\%$原子指 1% 原子点缺陷对电阻率的贡献；

② $\mu\Omega \cdot cm/cm^2/cm^3$ 指单位体积内单位晶界面积对电阻率的贡献；

③ $\mu\Omega \cdot cm/cm/cm^3$ 指单位体积内单位长度位错对电阻率的贡献。

金属中空位的浓度 c_V 与温度的关系可用式（2-17）描述，即

$$c_V = c_0 e^{-E_V/k_B T} \qquad (2-17)$$

式中：E_V 为空位形成能；k_B 为波尔兹曼常数，c_0 为完整结构的原子密度。影响 c_V 的另一个因素是原子结合力的强弱。例如，难熔金属中的 c_V 比中等熔点金属低得多。在 20℃下 Mo 中的空位浓度 $c_V = 10^{-30}$%，而 Cu 中的 $c_V = 10^{-13}$%。

元素周期表中各元素的原子结合能与空位形成能间存在很好的对应关系，如图 2-8所示。

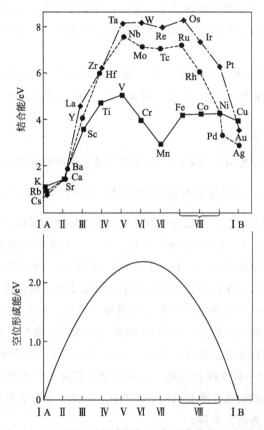

图 2-8 金属的原子结合能与空位形成能的对应关系

造成金属中缺陷的因素有多种，如冷、热加工和热处理等各种工艺过程及材料服役过程等都可能造成金属中缺陷的产生和变化。如塑性形变过程中形成点缺陷与位错，因而 ρ 增大，其增加量与形变程度有关，即

$$\Delta\rho = c\varepsilon^n \qquad (2-18)$$

式中：c 为系数；ε 为形变量；n 值为 0～2。

纯金属经大变形量冷加工后（例如对 Al、Cu、Fe 等），在室温下电阻率 ρ 增大仅为 2%～6%。但钨是个例外，经冷加工后可增大百分之几十。增大的原因首先是晶格畸变，其次是冷加工可导致原子间距增大。把冷加工后的金属温度降低到接近 0K 时，其电阻率值比未经冷加工金属的要高。这种因冷加工引起材料结构缺陷增多，造成残余电阻 ρ_d 增加，与温度无关，是由结构缺陷引起的。如前所述，金属的电阻率由两部分组成，可简单认为退火金

属的电阻率为 ρ_i，与温度无关。ρ_d/ρ_i 随温度降低而增大，因此可以在低温下用电阻法研究加工硬化问题。

同样，扭转冷加工也使电阻率 ρ 增加，相似经验公式如式（2-19）：

$$\Delta\rho = c\gamma^n \tag{2-19}$$

电阻率增加量和扭转变形量 γ 成指数关系，c 为依赖于杂质含量的系数，n 为常数。对于大部分金属 $n<2$。

经冷加工的金属再进行退火，电阻率 ρ 下降。若退火温度高于再结晶温度，则电阻率 ρ 可恢复到初始值。这是因为在回复再结晶过程中，冷加工所造成的晶格畸变及各种缺陷基本消除。在热处理过程中若发生相变，电阻率也会发生显著变化，故用电阻法研究相变也是一种灵敏度较高的方法。

淬火对纯金属的电阻率 ρ 有明显影响，例如 Au 自 800℃ 淬火后在 4.2K 下 ρ 增大了 35%。而 Pt 自 1500℃ 淬火，在 4.2K 下 ρ 增大一倍。因为淬火温度越高，保留下来的空位浓度越大，故 ρ 增大。

（3）压力对电导率的影响

静压力对金属电阻率也有明显影响，几乎所有纯金属的研究都表现如此。电阻的压力系数 $\dfrac{\mathrm{d}\rho}{\mathrm{d}p}$ 几乎不随温度变化，说明压力对电阻的影响与温度无关。在压力作用下，大多数金属的电阻率减少，即一般电阻压力系数为负值。这可简单解释为晶体中原子间距在压力作用下减小所致，Fe、Co、Ni、Pt、Cu 等金属均如此。但有些元素在压力作用下电阻率增加，可看成反常现象。例如碱金属 Na、K、Rb、Cs，碱土金属 Ca、Sr 以及ⅤA族的半金属 Sb、Bi 和若干稀土元素即属于此。在压力作用下电阻率发生变化不单纯是由于原子间距的变化，强大的压力可以改变系统的热力学平衡条件，促进相变发生。有人做过这样的统计，约有 30 种纯金属在温度变化时会发生相变，而有 40 种在压力作用下会发生相变。在压力作用下相变规律为：压力使结构致密和稳定化。例如 Fe 在压力作用下，会阻碍 $\gamma\rightarrow\alpha$ 相转变，但加速 $\alpha\rightarrow\gamma$ 转变，这是因为前一转变体积膨胀，后一转变体积缩小。甚至压力还可以改变物质的类型，在压力作用下物质朝电导率提高的方向变化。表 2-3 给出了几种半导体与绝缘体元素向金属化方向转变的临界压力条件。

表 2-3　几种半导体和绝缘体元素向金属化方向转变的临界条件

元素	$p_{临界}$/MPa	$\rho/(\mu\Omega\cdot cm)$	元素	$p_{临界}$/MPa	$\rho/(\mu\Omega\cdot cm)$
S	40000	—	H	200000	—
Se	12500	—	金刚石	60000	—
Si	16000	—	P	20000	60 ± 20
Ge	12000	—	AgO	20000	$70+20$

上述结果说明，高压可改变物质的能带结构或费米能级，即改变电子状态和分布规律。高压可改变物质结构为研制新型材料开辟了一条特殊道路。

（4）电阻的尺寸效应

当导电材料或电子器件的尺寸大小与电子的平均自由程可比时，材料的电阻将依赖于样品的尺寸与形状，这种现象称为电阻的尺寸效应。随着器件微型化、结构小型化，电阻合金元件常做成细丝、薄膜等形态，在生产及使用中都要考虑尺寸效应。

材料的纯度越高，外界温度越低，电阻的尺寸效应越明显。这是因为电子的平均自由程增大了。例如在室温下，电子平均自由程一般小于 10^{-4} mm；而在 4.2K，纯金属电子平均自由程可达毫米级。在样品的尺寸和电子自由程可比的情况下，体内自由运动的电子在表面受到散射，导致平均自由程减小，电阻增大。

尺寸因素可作为提高材料电阻率的一种方法。例如在生产上采用沉积、溅射等方法做成的薄膜电阻材料就是应用电阻尺寸效应的典型例子。薄膜电阻的一个优点是可以把不能加工但又具有高阻值的材料做成电阻元件，从而大大提高电阻值。薄膜电阻率 ρ_f 与体材料 ρ_c 间的关系为

$$\rho_f = \rho_c \left(1 + \frac{l}{d}\right) \tag{2-20}$$

式中：l 为电子的平均自由程；d 为膜材料厚度。

研究电阻尺寸效应在理论上也很有意义。例如，利用式（2-20）测量金属电阻对尺寸的依赖关系是测量电子平均自由程最简便的方法。另外，通过测量金属的电阻尺寸效应，还可以得到有关金属能带结构的信息。

2.3.3 固溶体

实际使用的材料很少是纯金属材料。一般为提高某些性能，常在金属中加入其他元素构成合金。这些合金元素或杂质都会引起晶格畸变，从而影响其电导率。作为电阻材料，合金电阻率可增大几倍到十几倍，电阻温度系数下降，材料的强度增加，抗蚀性得到改善。因此固溶体、化合物及多相合金的电阻问题是值得研究的课题。在纯金属中加入合金元素后，晶体结构发生一定变化，从而改变了能带结构，使费密能级偏移而改变电子状态及电子有效质量。弹性常数也同时变化，从而影响晶格振动谱，这些都会引起电阻及其他性能的变化。不仅如此，固溶体存在同素异型转变、有序无序转变、磁转变等，这些变化对电阻也有很大的影响。因此固溶体的电阻变化是复杂的，不仅涉及物理学问题，还涉及冶金学问题。

（1）固溶体电阻与成分

由非过渡族金属组成的两元连续固溶体，如 A 组元的浓度为 c、B 组元的浓度为 $1-c$，则合金的电阻率 ρ 大体与 $c(1-c)$ 成比例。二元合金电阻最大值通常在 50% 原子浓度处，如图 2-9 所示。而电阻温度系数随浓度的变化刚好与 ρ 相反，在 50% 原子浓度处最小。这一现象是由于异类原子造成晶格畸变，增加了对电子的散射作用引起的。固溶体中含有过渡族元素，ρ 最大值不在 50% 原子浓度处，而偏向过渡族组元方向。过渡族金属组成固溶体后，其电阻值显著提高，甚至增大数十倍。这是由于过渡金属有未填满的 d 或 f 电子壳层，组成固溶体时，一部分价电子进入未满内层，使有效导电电子密度减小，电阻率增大。这一现象具有重要的实用意义，因为目前生产的电热合金和精密电阻合金，绝大部分含有一个以上过渡族元素，电阻材料中常用的过渡族元素是 Fe、Ni、Mn、Cr 等。

（2）低浓度固溶体电阻——马基申定律

在低浓度下，固溶体的电阻服从马基申（Mathhissen）定律：低浓度固溶体的电阻率可

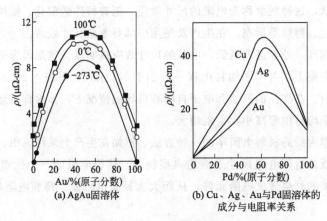

图 2-9　二元合金电阻最大值

以分为两部分，第一部分基本电阻 ρ_0 与溶剂金属相同，它随温度而变化，随温度下降，在 0K 时为零。第二部分是附加电阻率 ρ_d，可看成为残余电阻，它不随温度变化。将马基申定律用公式表述为

$$\rho = \rho_0 + \rho_d = \rho_0 + c\beta \tag{2-21}$$

式中：c 为溶质组元浓度；β 为单位溶质浓度的残余电阻率。

电阻温度系数 $d\rho/dT$ 不随溶质元素的浓度而发生变化，电阻温度系数与溶剂金属相同。加入溶质元素后，ρ 增大，但斜率 $d\rho/dT$ 不变，这与大量实验相符。大量研究表明，该定律正确的前提是合金元素不改变金属的能带结构，对于有效载流子密度很小的元素（如 Bi），以及具有空能级密度大的过渡族金属是不适用的。另一前提是合金元素的加入不引起特征温度改变，即合金中原子热运动引起的电子散射与溶剂金属相同。一般情况下，这两个条件不可能严格遵循，对许多合金系来说，包括非磁性的稀固溶体，都能观察到偏离马基申定律的现象。这时固溶体的电阻率 ρ 可改写为

$$\rho = \rho_0 + \rho_d + \Delta\rho \tag{2-22}$$

式中第三项是偏离马基申定律的电阻值，依赖于温度与溶质元素的浓度，随溶质浓度提高而增大。经高温退火的金属中保留有较高的空位密度，而经过冷加工后也会引起空位和其他缺陷密度上升。通常情况下，缺陷不因热运动而有所改变，可以应用马基申定律。

（3）高浓度固溶体的电阻

高浓度固溶体的电阻既与溶剂元素的电阻有关，也与溶质元素所造成的残余电阻相关。ρ_0、ρ_d 都随温度而变化，即

$$\frac{d\rho}{dT} = \sigma_0 \rho_0 + \beta \rho_d \tag{2-23}$$

式（2-23）中前一项为溶剂元素电阻率和温度系数 σ_0，后一项为残余电阻及其温度系数 β。实验表明，过渡族金属元素的残余电阻温度系数 β 可能为正，也可能为负。如即该合金的电阻率随温度升高而增大，随温度下降而减少，β 为正，一般合金均属此情形。但当 $d\rho/dT < 0$，温度升高，合金电阻下降，β 为负，这种合金可以作为温度补偿合金使用。可见，调整合金成分可控制合金的电阻在某一温度范围内电阻不随温度变化，这是精密电阻材料所要求的重要特性。表 2-4 给出了常温下一些元素与 Cu、Ag、Au 组成固溶体的电阻温度系数。

表 2-4　常温下一些元素与 Cu、Ag 和 Au 组成固溶体的电阻温度系数（$\times 10^{-4}$/℃）

溶剂	溶质												
	Ni	Mg	Zn	Hg	Al	Ti	Si	Pt	Cr	Sn	Co	Fe	Pd
Ag	—	1.4	2.4	2.3	1.7	1.3	—	0.7	—	1.1	—	—	−0.5
Cu	1.2	−2.3	—	—	1.6	—	1.4	0.8	−3.2	1.55	0.3	−1.7	−0.3
Au	4.1	−0.5	1.9	—	1.5	—	—	0.6	−2.5	1.5	−2.6	—	—

（4）有序固溶体电阻

有些合金系存在有序—无序转变。如 Cu-Au、Cu-Pt、Fe-Ni、Fe-Al、Fe-Si、Ni-Mn、Co-Pt 等合金系，在一些特定化学比成分处（如 CuAu、Cu_3Au），材料在相对低温下为有序固溶体，而高温下为无序固溶体。发生有序—无序转变过程时合金电阻会产生显著变化。

有序有两种不同类型，即长程有序和短程有序。长程有序时其点阵结构由两种或多种亚点阵穿插组合而成，每一亚点阵上基本上是同一类原子。短程有序是指固溶体由许多原子团组成，在原子团内原子排列完全有序的，有序原子团也叫畴。而一个畴与另一个畴之间原子排列则是无序的。

长程有序对电阻率有显著影响。Cu-Au 合金的电阻率随成分变化如图 2-10 所示。曲线 a 为淬火态无序固溶体电阻率和成分关系，其电阻率的极大值在 50%原子浓度处，这和一般连续固溶体的电阻规律一致。经退火后变成为有序固溶体，电阻率显著下降，如曲线 b 所示。特别是在中间浓度 m 及 n 处，电阻下降更为显著，相对应的组织成分分别为 CuAu、Cu_3Au 完全有序固溶体。

有序化对导电性的影响是必然的，因为有序化能改变合金的布里渊区结构，使费密能级发生改变。可以从以下三个方面理解：有序过程原子间化学相互作用加强，原子间的结合力比无序固溶体强，有效电子密度下降，电阻增加；有序过程中晶体周期势场的规则性增强，减弱了对电子的散射作用，自由电子自由程增加，电阻下降；有序结构的特征德拜温度增高，电阻下降。一般来说，长程有序过程电阻是下降的，原因主要在于后两种因素占主导地位。若是短程有序，则合金中形成若干反向畴界反而增大电子散射，使电阻增大。总之，有序化过程伴随着多方面的变化，包括有效电荷密度 n_{eff} 下降、周期性势场增强和德拜温度上升等。所以短程有序电阻是增大还是减小，要根据具体情况分析。

（5）不均匀固溶体

有些含有过渡族元素的固溶体，虽然金相及 X 射线衍射光分析结果表明是单相合金，但这类淬火态合金如退火升温，会发现在一温度区间内电阻率 ρ 反常增大，继续升温则这种反常增大效应又逐步消失并恢复到 ρ-T 的线性关系。如图 2-11 所示为卡玛丝经淬火后升温时电阻率变化。在 350～850℃范围内电阻率偏离 ρ-T 线性关系，电阻率反常增大，在 600℃左右电阻率达到最高。这种电阻率反常增大的效应也可以在淬火态合金回火时观察到。文献中常把这种电阻率反常增大的效应称为 K 状态。

关于 K 状态本质的解释有以下两种观点：

（a）不均匀固溶体观点。认为电阻的反常变化是固溶体内组元原子在晶体中分布不均匀所致，在固溶体内存在原子偏聚区，其成分与固溶体统计平均成分不同，这些原子偏聚区内

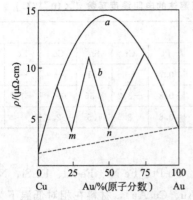

图 2-10　Cu-Au 合金电阻率随成分变化

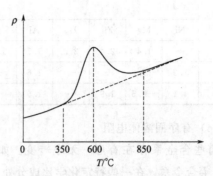

图 2-11　卡玛丝（$Ni_{73}Cr_{20}Al_3Fe_3$）的
电阻率随温度变化

大约含有上百个原子（约 2nm 线度）。这种原子的偏聚状态造成对电子运动的附加散射，故电阻反常增大。偏聚区只存在于一定的温度区间内，当温度继续升高时，偏聚区逐渐消散，电阻反常增大效应下降直至全部消失。具有不均匀因溶体的合金经冷轧变形，其电阻随冷加工程度增大而下降，这与一般情况下电阻随形变量增大而增大的现象刚好相反。这是因为冷轧破坏了原子偏聚区，因 K 状态消失使电阻率下降量超过了冷加工使电阻率上升的量，因此 K 状态合金冷加工时出现电阻率下降现象。需要指出的是，形成 K 状态时电阻反常增大的量依成分不同而变化，同样，具有 K 状态的合金冷加工时电阻的变化也因成分而异。

（b）短程有序观点。认为上述若干合金系电阻反常增大现象是形成短程有序结构所致。K 状态为短程有序结构时电子自由程减小，电阻率增大。虽然短程有序同样使电子有效密度增大，但这种使电阻率下降的效应小于前一效应，总的效应是电阻率增大。持有这种观点的人做了如下实验：测量 $Ni_{72}Cr_{28}$ 样品在不同温度下淬火的电阻率及霍尔系数，如图 2-12 所示。在 $400\sim600℃$ 合金电阻率及霍尔系数发生明显变化，因形成 K 状态时电阻率增高。由霍尔系数计算出有效电子密度 n_{eff} 增大，但电阻率没有下降反而增高。根据欧姆定律和式（2-7）电子迁移率定义

$$\mu=\frac{\bar{v}}{E}=\frac{\sigma}{n_{eff}e}=\sigma R_H \tag{2-24}$$

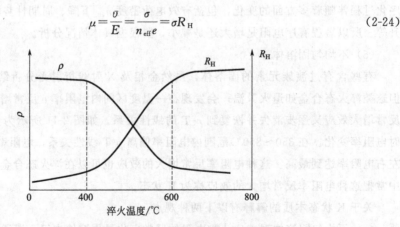

图 2-12　NiCr 合金电阻率及霍尔系数随淬火温度的变化

结果显示，在充分形成 K 态下，σ 和 R 都下降，电子迁移率显著下降。表明电子的平均自由程迅速下降。虽然 n_{eff} 增大，但总效应是电阻率下降。

2.3.4 金属间化合物

（1）金属化合物

若合金组元间的电化学活性或电负性相差较大，在许多情况下，原子间的键合具有离子键性质，形成金属化合物。金属化合物的电导率比较小，一般情况下，它比形成化合物的各组元的电导率都要小。表 2-5 给出几种金属间化合物的电导率，可以看出，形成化合物后，电导率显著下降。这是因为形成化合物后，原子间结合类型发生变化，原子间的金属键结合部分地变为共价结合，甚至是离子结合，相应自由电子密度减少。形成化合物之后，合金电导率下降。利用此规律，可制备高电阻率的合金材料。

表 2-5 几种金属间化合物的电导率（$\times 10^4/\Omega \cdot cm$）

单位：$10^4/(\Omega \cdot cm)$

金属间化合物	$MgCu_2$	Mg_2Cu	$MgAl_2$	Mg_2A_{12}	Mn_2Al_3	$FeAl_2$	$NiAl_3$	Ag_3Al	Ag_3Al_2	$AgMg_3$
第一组元电导率	23.0	23.0	23.0	23.0	11.0	3.51	68.1	68.1	68.1	68.1
第二组元电导率	64.1	64.1	64.1	35.1	35.1	35.1	35.1	35.1	35.1	23.0
化合物电导率	19.1	8.38	2.63	0.2	0.71	3.47	2.75	3.85	3.85	6.16

金属化合物可分为金属型和半导体型。金属型的金属化合物电阻率随温度升高而增大，半导体型金属化合物的电阻率随温度升高而下降。研究表明，金属化合物的电导率与其组元之间电负性之差有关，差值小则电导率增大，组成化合物的组元给出价电子的能力相近，表现为良好的金属导电性；反之，组元间易形成极性的离子化合物，成为具有半导体导电性的化合物。

（2）中间相

中间相包括电子化合物、间隙相等。电子化合物指价电子数与原子数比值相同的合金相，具有类似的晶体结构，如原子数比值为 3：2 的叫 β 相，比值为 21：12 的叫 γ 相，比值为 7：4 的叫 ϵ 相。从导电性来看，各相均具有较高的电阻值。其中 γ 相（如 Cu_5Zn_8、Cu_9Al_4）具有更高的电阻值。电子化合物的电阻值随温度升高而增大。

间隙相主要是指过渡族金属与非金属元素氢、氮、碳、硼等组成的化合物。非金属元素往往处在金属原子点阵的间隙之中，这类中间相绝大部分是属于金属型的化合物，具有明显的金属导电性。其中一些如 TiN、ZrN 是良导体，比相应的金属组元的导电性还好。这些间隙相的正电阻温度系数与固溶体电阻温度系数有相同的数量级。这些间隙相具有金属的导电属性，并且非金属元素（H、N、C）给出部分价电子成为传导电子，这是它们导电性好的原因。

（3）多相合金

由两相或多相组成的合金导电性是由合金的各相导电性共同决定的。由于材料的导电性是组织敏感参数，晶粒大小、晶界状态及组织结构等因素均对导电性产生影响。另外，若组织结构中存在某一相的尺寸大小与电子平均自由程处于相同数量级，此相对电子产生的散射作用最大，对电导率影响最大。如果这些因素都可以忽略，则两相（或多相）合金的导电性可以由各相导电性的分量代数和求得。

2.3.5 金属电阻研究的意义

合金的电学性能与成分、相结构及组织状态密切相关，因此可以利用电性能分析方法来研究和检验导体或半导体若干问题。

检验合金纯度：在趋近绝对零度时，退火金属的电阻主要取决于杂质含量。根据这个原理，可通过测定常温和超低温下电阻率比值的办法来检验金属纯度，这个方法特别适用于检测微量杂质含量。

测定相图中溶解度：测定合金相图相界有多种方法，电性能测量法就是其中一种简便实用的方法。如图 2-13 所示，Cu-Mg-Sn 相图的溶解度曲线的测定就是把不同成分的合金以不同温度淬火，测量它们的室温电导率。在同一成分下，淬火温度越高，导电率 σ 越低。这是因为淬火温度高，化合物 Mg_2Sn 在铜中的溶解度增大。不同成分合金相同淬火温度下电导率各点连线（如图 2-13 虚线所示）与 α 固溶体不同温度淬火导电率 σ 值（实线）的交点即为溶解度边界，可以看出，在单相过渡到双相区时，σ 值发生突变。

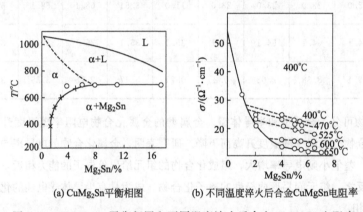

(a) CuMg$_2$Sn平衡相图　　　(b) 不同温度淬火后合金CuMgSn电阻率

图 2-13　CuMg$_2$Sn 平衡相图和不同温度淬火后合金 CuMgSn 电阻率

非晶合金的电阻率比相同成分的晶态合金高得多，在非晶合金晶化过程中电阻率会急剧下降。根据这一现象，可以通过电阻率的测量来研究非晶的晶化过程。根据电阻率随温度上升而下降随后又上升的过程，可确定非晶材料晶化开始和结束的温度。

2.3.6 常见的导电材料及其应用

导电材料是指专门用于输送和传导电流的材料，一般是良导体材料。从微小的电子器件、集成电路，到日常照明和通信、高压长输电缆，无不是以导体作为电流传输的载体。为提高电流的输送效率、降低电流在导体上的损耗，提高导体材料的电导率一直是导体应用研究的主要问题之一。

（1）常用的导体材料

工程应用的导电材料基本上都是金属，使用最广泛的有金、银、铜、铝及其合金。其特点是导电性好，常温下有一定的机械强度且易于加工、容易连接、不易氧化和腐蚀等。这些材料的电导率高，如常温下银的电阻率是 $1.65 \times 10^{-8} \Omega \cdot m$，铜的电阻率为 $1.72 \times 10^{-8} \Omega \cdot m$，金的电阻率是 $2.4 \times 10^{-8} \Omega \cdot m$，铝的电阻率为 $2.83 \times 10^{-8} \Omega \cdot m$。

① 银和金　金和银是贵金属材料，也是最优良的导电材料，其电导率和热导率及化学稳定性高，并且具有良好的延展性、可塑性和极好的机械加工性。银和金及其合金主要用于集成电路器件、制造各种接触，以及在精密的测量仪表中作为连接导线等。

② 铜　铜是导电材料中最常用的金属，有优良的导电性能，在常温下有足够的机械强度，具有良好的延展性，便于机械加工，化学性能稳定，不易氧化和腐蚀，容易焊接。铜及铜合金被广泛用于制造电器连接母线、各种接触点、变压器、电动机和其他各种电器的线圈以及电缆芯线等。

导电用铜一般为含铜量高的纯铜，俗称紫铜，根据材料的软硬程度，分为硬铜和软铜两种。铜材经过冷轧加工后，弹性、抗拉强度、硬度都有所增加，称为硬铜，通常用作机械强度要求较高的导电零部件。经过退火处理后，铜的硬度降低，即为软铜。软铜的电阻率比硬铜小，适宜做电动机、变压器、各类电器的线圈和电缆导线等。在产品型号中，铜线的标志是"T"，"TV"表示硬铜，"TR"表示软铜。

③ 铝　导电铝在电工工程中的使用非常广泛。其特点是密度低，电导率高（仅次于银、金、铜），延展性和加工性能好，资源丰富、价格便宜，但抗拉强度差。电动机和变压器上使用的铝是纯铝。由于加工方法不同，导电铝也有硬铝和软铝之分，用作电机、变压器线圈的大部分是软铝。在产品型号中，铝线的标志是"L"，"LV"表示硬铝，"LR"表示软铝。纯铝质地较软，屈服强度只有 20MPa，明显低于电工铜 80MPa 的强度。而且铝材的熔点较低，大电流下因发热量高而容易发生软化，长时间使用会发生蠕变损伤，易造成断电甚至发生事故，使用中也容易发生折断和脆化，从而严重影响工程应用安全。为此，常通过合金化提高材料强度以适应工程应用需要。通过铝材的合金化，在铝基体中掺杂 Cu、Si、Mg、Fe、Zr、B 等合金元素，经过特定的加工和热处理工艺，在确保其良好导电性能的前提下，可显著提高材料的抗拉强度、伸长率和抗蠕变性能等，确保了电缆长期运行时的连接稳定性。导电铝材料在缆线加工、工程应用等方面受到电缆行业的广泛关注，以铝代铜成为电力电缆行业发展的一种趋势。

④ 聚合物导体　近年来，一些科学家均在研究聚合物导电材料。众所周知，传统的高分子是以共价键相连的一些大分子，组成大分子的各个化学键是很稳定的，形成化学键的电子不能移动，分子中无活泼的成键电子，为电中性，所以高分子一直被视为绝缘材料。研究认为，有机聚合物成为导体，一般具有能使其内部某些电子或空穴具有跨键离域移动能力的大共轭结构。往往是大分子具有大的共轭 π 电子体系，且 π 价电子具有跨键移动能力而成为导电聚合物中的载流子。这类电子导电聚合物包括聚乙炔、芳香单环、多环，以及杂环的共聚或均聚物。聚合物分子中各 π 键分子轨道之间还存在着一定的能级差，这一能级差造成 π 价电子不能在共轭聚合中完全自由跨键移动。在电场作用下，电子在聚合物内迁移必须跨越这一能级差，因而其导电能力受到影响，电导率不高，属于半导体范围。使共轭高分子导电，必须要做掺杂，这和半导体经过掺杂后可以激发更多的载流子提高导电度类似。由"掺

杂"而引入的一价对阴离子（p 型掺杂）或对阳离子（n 型掺杂），故通常导电高分子的结构是由和高分子链非键合的一价阴离子或阳离子及高分子链结构共同组成。因此，导电高分子不仅具有由于掺杂而带来的金属（高电导率）和半导体（p 型和 n 型）的特性，还具有高分子结构可设计的多样性。高分子导电材料的设计和合成、结构与性能稳定性及其在技术上的应用探索等方面均已取得长足的进展，并向实用化方向发展。

（2）金属导体应用

导电材料是传递电流且电能损失很小的材料，主要以电线、电缆为代表。随着电子工业的发展，传送弱电流的导电涂料、胶黏剂和透明导电材料等的应用也已十分广泛。导电材料的基本性质用电阻率表征。金属导体材料为适于不同领域的应用需求，还需要考虑材料的电导率、强度、抗蠕变、耐高温、耐腐蚀等特性，为此要进行合金强化、拉拔形变、绞线缠绕、防腐、绝缘等处理。

电线、电缆所用材料主要是铜、铝及其合金。电工领域使用的导电材料要求具有高电导率、良好的力学性能和加工性能，以及耐大气腐蚀和化学稳定性等。同时还应该资源丰富、价格低廉。导电材料大多使用电解铜，含铜量为 99.97%～99.98%。含有少量其他金属杂质和氧会降低电导率，使产品性能大大下降。无氧铜的性能稳定，抗腐蚀，延展性好，抗疲劳，可拉成细丝，应用十分广泛。铝导线与铜导线相比，电导率低，但其质量小，相对密度只有铜的 1/3，这是铝导线的一大优点，主要用作送配电线。对于 160kV 以上的高压电缆，往往用钢芯增强的铝电缆。

电机线圈、变压器线圈等电磁线圈大多采用铜导体，主要用于制造变压器、电动机、仪表绕组及电感线圈等。常用的有漆包线和绕包线两类，即通过表面涂覆绝缘漆或绝缘纤维相互隔断绝缘。

电子导体材料在电子元器件和集成电路中应用广泛，用来制造载流子通道，包括传导电信号的导线、器件互联、集成电路的引线和电路板的布线，以及焊接、器件封装。如前所述，影响导体电阻值的因素有杂质、缺陷、温度和应力等，所以电子工业应用的金属材料一般要求纯度高。电子产品中应用于器件、集成电路等电极制作和引脚的材料往往是贵金属材料，如 Ag、Au、Pt 及 Ni、Ti 等。载流导体使用最多的是铜、铝及其合金材料。

2.4 超导电性

1908 年，荷兰物理学家昂内斯（H. K. Onnes）成功地液化了氦，从而得到了一个新的低温区（4.2K 以下）。他在此低温区内测量各种纯金属的电阻，1911 年实验发现，当温度降到 4.2K 附近时，汞样品的电阻突然降到零，如图 2-14 所示，电流持续 2.5 年几乎无变化，他把这种零电阻称为超导电性。具有超导电性的材料被称为超导体。超导体电阻变为零的温度称为超导转变温度或临界温度，通常用 T_c 表示。当 $T < T_c$ 时，超导材料处于零电阻状态，称为超导状态。昂内斯实现了氦的液化并发现了超导现象，于 1913 年获得了诺贝尔物理学奖。

2.4.1 超导现象和概念

所谓超导，是指材料在一定低温条件下表现出来的零电阻效应。超导现象不仅存在于汞（Hg）及其他一些纯金属，许多元素及合金或金属间化合物也显示出超导现象，而且合金或金属间化合物往往比纯金属具有更高的临界温度（T_c）。

从 1911 年发现超导现象起，在正常压强下，人们已发现有近 30 种元素，约 8000 种合金和化合物具有超导电性，表 2-6 列举了一些超导材料和它们的临界温度。从 1911—1973 年临界温度平均每 4 年提高 1K，1973—1985 年几乎无新进展，但在 1986 年 4 月发生了新的突破。设在苏黎世的 IBM 研究所的德国人约翰内斯·柏诺兹（Johannes Bednorz）和瑞士人卡尔·

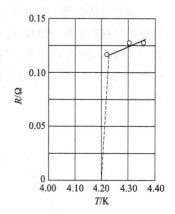

图 2-14 汞在液氦中电阻率
随温度变化

缪勒（Karl Müller）宣布，在钡镧铜氧（Ba-La-Cu-O）多相化合物制成的陶瓷材料中发现了 $T_c = 35K$ 的超导体，它改变了人们从金属和合金中寻找超导材料的传统思路，开辟了超导研究的新领域。由于柏诺兹和缪勒的成果使超导临界温度从液氦区（4.2K）一跃升到液氮区（77K），仅时隔一年他们就获得了诺贝尔物理学奖，这在历史上是绝无仅有的。1986 年以后又发现了比液氮温度高的氧化物超导体。因此，无论是超导的基础研究，还是应用研究，都在全世界掀起了一场超导研究热潮。1987 年 2 月，中国科学院物理研究所宣布赵忠贤等物理学家已制成临界温度为 92.8K 的高温超导材料。目前成熟的超导材料临界温度已经接近 150K，由铋氧化物超导材料制作的线材及元件等已经达到商业化应用阶段，超导电缆、超导变压器、超导发电等输变电技术和发电技术已试制成功，并进入并网输电试验阶段。

表 2-6 一些超导材料的临界温度和临界磁场强度

材料	临界温度 T_c/K	临界磁场强度 H_c/Os	发现年代
钨（W）	0.012	99	
铝（Al）	1.174	293	
铟（In）	3.416	412	
汞（Hg）	4.15	803	1911
铅（Pb）	7.2		1950
铌（Nb）	9.26		1930
$Nb_3Al_{0.75}Ge_{0.35}$	21.0	420000	1967
Nb_3Ge	23.2		1973
La-Ba-Cu-O	40		1986
Y-Ba-Cu-O	92		1987
Bi-Sr-Ca-Cu-O	113		1988
Hg-Ba-Ca-Cu-O	134		1995

超导材料在低于某一临界温度 T_c 的条件下，都会表现出电阻率下降为零的超导效应。实际超导材料的转变温度 T_c 往往是一温度区间。如图 2-15（a）所示超导体在转变温度 T_c 以下，材料的电阻趋于零。除具有一定临界温度 T_c，超导态的材料还具有一些特殊现象。如图 2-15（b）所示，超导态置于磁场中，当磁场强度的达到一临界值 H_c 时，超导现象也会消失。

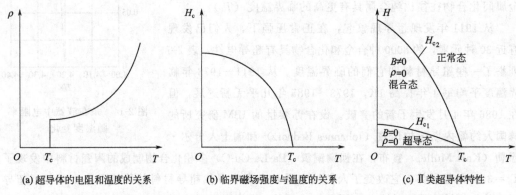

(a) 超导体的电阻和温度的关系　　　(b) 临界磁场强度与温度的关系　　　(c) Ⅱ类超导体特性

图 2-15　超导体的电阻、临界磁场强度与温度的关系，以及Ⅱ类超导体特性

2.4.2　超导的特征

（1）零电阻

零电阻是超导体的一个主要特性。超导体处于超导状态时，电阻完全消失。若用它组成闭合回路，一旦回路中有电流，回路中没有电能的消耗，电流可以持续存在。因此超导体内部电阻为零，导电时的电位为零，超导体是一个等势体。

（2）临界磁场与临界电流密度

1913 年海克·卡末林·昂内斯（H K Onnes）发现，当超导铅线中的电流密度超过某一临界值 j_c 时，铅线就由超导态转变为正常态。1914 年，他从实验中发现，材料的超导状态可以被外加磁场破坏而转入正常态，这种破坏超导态所需的最小磁场强度称为临界磁场强度，用 H_c 表示。一般说来，临界磁场强度与温度有如下关系：

$$H_c(T) = H_c(0) \left[1 - \left(\frac{T}{T_c} \right)^2 \right] \quad (T < T_c) \tag{2-25}$$

而临界电流密度与温度关系为

$$j_c(T) = j_c(0) \left[1 - \left(\frac{T}{T_c} \right)^2 \right] \quad (T < T_c) \tag{2-26}$$

式中，$H_c(0)$、$j_c(0)$ 分别为 $T = 0K$ 时的临界磁场强度与临界电流密度。

因此，超导态有三个临界条件：临界温度 T_c，临界磁场强度 H_c 和临界电流密度 j_c，它们之间密切相关，我们可以简单地用图 2-16 所示的三维关系表示超导存在的条件。

（3）迈斯纳效应——完全抗磁性

零电阻是超导体的一个基本特性，超导体的完全抗磁性是另一个基本特征。是否转变为超导态，必须综合这两种测量结果，才能确定。

如果将一超导体样品放入磁场中，由于磁通量发生变化，样品的表面产生感生电流，这电流将在样品内部产生感生磁场，可完全抵消掉通过体内的外磁场，使超导体内部的磁场强度为零。根据公式 $H = B/\mu_0 - M$ 和 $M = \chi_m H$（M 为磁化强度），由于超导体内部磁感应强度 $B = 0$，故磁化率 $\chi_m = -1$，因此超导体具有完全抗磁性。

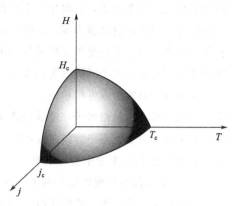

图 2-16　超导体的临界条件关系图

超导体与理想导体在抗磁性上是不同的。若在临界温度以上把超导样品放入磁场中，这时样品处于导电的正常态，样品中有磁场存在。当维持磁场不变而降低温度，使其处于超导状态时，在超导体表面产生感生电流，感生电流在样品内部产生的磁场抵消了外磁场，使导体内部的磁感应强度为零。超导体内部的总磁场强度为零的现象称为迈斯纳效应（Meissner effect）。

2.4.3　第二类超导体

大多数纯金属超导体，在超导态下磁通从超导体中全部逐出，具有完全迈斯纳效应（完全抗磁性），这种超导体称第一类超导体。有些金属或合金允许部分磁通进入体内，仍保持超导电性，这类超导体称为第二类超导体。

第二类超导体存在两个临界磁场强度，较低的下临界磁场强度 H_{c1} 和较高的上临界磁场强度 H_{c2}。如图 2-15（c）所示，当外磁场强度 $H < H_{c1}$，属于第一类超导体，显示出完全抗磁性；在外磁场强度 $H_{c2} > H > H_{c1}$，磁通部分穿过超导体，且随外磁场增强，穿过超导体的磁通也增加。磁通线能穿过超导体表明，这时超导体处于混合态，即超导体内部分区域已经转化为正常态，但整体仍保持零电阻特性。在外磁场强度 $H > H_{c2}$ 时，超导体由混合态完全转变为正常态，超导电性消失。

第二类超导体的存在一般认为是超导体的晶体缺陷引起的，可以把它们看作一些可对磁通线产生钉扎作用的钉扎体，也称为磁通钉扎中心。缺陷可阻碍磁通的排出和磁力线穿透。温度高于绝对零度时，由于热激活的原因，磁通线可脱离钉扎或转移到另一个钉扎中心，这种磁通线发生跳跃式的无规运动叫作磁通蠕动。

第二类超导体处于混合态时，在很高的横向磁场下仍可以通过很大的超导电流。横向临界磁场强度可达 $8 \times 10^6\,\text{A/m}$，比第一类超导体大两个数量级。当今成功研制的稳定超导材料如 Nb-Ti、Nb-Zr 合金和 Nb_3Sn、V_3Ga 化合物等，已经应用于高能物理、受控聚变反应、磁流体发电等一系列现代科学技术领域而显示出巨大的优越性。

2.4.4　BCS 理论

自从 1911 年超导现象被发现以来，人们一直在探寻超导电性的微观机理。直到 1957 年才由巴丁（J. Bardeen）、库珀（L. V. Cooper）、施里弗（J. R. Schrieffer）提出超导电性的量子理论，简称 BCS 理论，比较满意地解释了超导电性的微观机理，他们三人共获 1972 年诺贝尔物理学奖。在 BCS 理论中，最重要的是库珀提出的电子对概念。

当温度 $T < T_c$ 时，超导体内存在大量的库珀电子对。所谓库珀电子对是指动量与自旋

均等值相反的两个电子，在超导态下借助于声子的相互作用而束缚在一起组成的电子对，每一库珀电子对的动量之和为零。在外电场作用下，所有这些库珀电子对都获得相同的动量，朝同一方向运动，不会受到晶格的任何阻碍，形成几乎没有电阻的超导电流。当 $T>T_c$ 时，热运动加剧使库珀电子对拆分为正常电子，超导态转变为正常态。

库珀电子对的形成可简单说明如下：当电子 A 在晶格间运动时，如图 2-17 所示，它以库仑力吸引邻近的晶格离子，使晶格离子稍稍靠拢过来，并形成一个正电荷相对集中的小区域。由于这些离子偏离平衡位置而产生振动，以格波的形式在晶格中传播，相当于发出一个声子。同时这个以 A 为中心的正电荷区又可以吸引到另一个运动着的电子（如图 2-17 中 B 点），将动量和能量传递给这个电子，这相当于 B 电子吸收了声子。上述过程的净效应是两个电子交换了一个声子，使两个电子间产生了间接的吸引力，形成一个电子对。

组成库珀电子对的两电子距离可达 10^{-6} m，晶格间距约为 10^{-10} m，即库珀电子对在晶格中可伸展到数千个原子范围。

从能量角度看，材料处于超导态下，电子结成库珀电子对，使其能量降低而形成一种稳定态。库珀电子对的能量比形成前单独的正常态电子的能量低，这个相对于正常态电子的能量差称为超导体的能隙 ΔE。正常态电子处于此能隙以上的高能量状态，如图 2-18 所示。该能隙随温度升高而下降，达到临界温度时该能隙消失，电子对成为正常态电子。

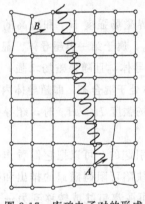

图 2-17　库珀电子对的形成

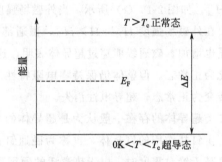

图 2-18　超导体的能隙

2.4.5 约瑟夫森效应

两块超导体之间如形成很薄的绝缘层，就构成了一个超导-绝缘-超导结（S-I-S 结），称为约瑟夫森结。制造过程是将超导体的表面氧化，在氧化层上再镀上超导材料，这样就制成了约瑟夫森结。

1962 年，英国牛津大学研究生约瑟夫森（B. D. Josphson）首先从理论上预言，电子对可以穿过两块超导金属间的绝缘层（1～3nm），这一效应称为约瑟夫森效应。约瑟夫森因这方面的重要贡献，于 1973 年获得了诺贝尔物理学奖。

约瑟夫森效应有直流和交流两种。当直流电通过约瑟夫森结时，只要电流小于临界电流 I_c，结上电压为零，这时约瑟夫森结处于超导状态，有电流而无电压。当电流超过 I_c 时，结上即出现一个有限电压，这时结的状态转变为正常态，过渡到正常电子的隧道效应。这种约瑟夫森结能够承载直流超导电流的现象称为直流约瑟夫森效应。临界电流一般为几十微安到几十毫安，图 2-19 所示为约瑟夫森结的电流-电压 I-V 特性曲线。

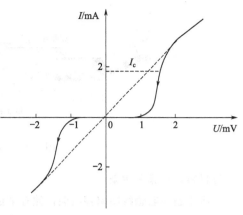

图 2-19　Sn-SnO$_x$-Sn 结的电流和电压关系

如果在结上加一直流电压 U，电流大于临界电流，这时结上有交变电流通过，并辐射同样频率的电磁波，其频率 ν 与所施加的直流电压 U 成正比，关系式为

$$\nu = 2eU/h \qquad (2\text{-}27)$$

式中，$2e/h = 4.836 \times 10^8\,\mathrm{Hz}/\mu\mathrm{V}$，是常数。若 U 为几微伏，频率在微波区；若 U 为几毫伏，则频率在远红外区。约瑟夫森结这种能在直流电压作用下产生超导交变电流并辐射电磁波的特性称为交流约瑟夫森效应。

如果用频率为 ν 的电磁波照射到约瑟夫森结，当改变通过结的电流时，则结上的电压 U 会出现台阶的变化。电压突变值 V_n 和辐照频率有如下的关系

$$2eU_n = nh\nu$$

或

$$U_n = nh\nu/2e, n = 0,1,2,3,\cdots \qquad (2\text{-}28)$$

若以 10GHz 的微波进行照射，已观察到台阶数高于 500，台阶间隔约为 $2.1\mu\mathrm{V}$。这说明约瑟夫森结上的电压是量子化的，这是一种宏观量子效应。

约瑟夫森结是一个完美的频率-电压转换器，其比例常数是不变的基本物理常数（$2e/h$）。由于频率可以精确测定，因此可以精确测定电压，由此提供了一个监测电压基准值的有效方法。国际计量委员会下属的电子咨询委员会（CCE）在 1986 年第 17 届会议上决定从 1990 年起以约瑟夫森效应的 $2e/h$ 值测量约瑟夫森常数，并以此监测电压标准，现已测得：$2e/h = 483.593718 \pm 0.0006\mathrm{MHz}/\mu\mathrm{V}$，误差为 1.2×10^{-7}。

2.4.6　超导的应用

超导的应用主要是利用超导的零电阻特性和完全抗磁性，此外还可以构建超导电子器件。下面介绍超导体的几个应用方面。

（1）强磁场

由超导线圈感生强磁场强度可以达到 10T，普通电磁铁无法达到且质量比其大 100 多倍。强磁场在粒子加速器、核磁共振波谱仪、磁流体发电、受控热核反应、选矿和净化水等方面都是必不可少的。此外，若用超导材料制成超导发电机，将大大提高发电机和电动机的功率，载流能力达 $10^4\,\mathrm{A/cm^2}$，功率可达 $1 \times 10^6\,\mathrm{kW}$。

（2）输电和储能

由于超导体临界电流密度大，电阻为零，输送电力可以不必高压输送（超高压输送虽电阻耗损减小，但介质损耗大，效率下降），只需用地下管网送电。现已设计出"双层保温瓶"式超导电缆，如图 2-20 所示。目前重点研发的高温超导电缆利用液氮作为冷却介质，与常规电缆相比性能优势明显：包括制冷在内总能耗可降低一半以上，输电容量提高 3~5 倍，

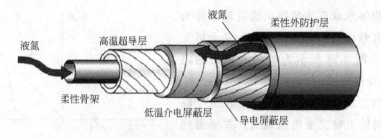

图 2-20 双保温超导电缆结构

节省材料，环保无污染。

应用超导电感线圈储存磁能，储存的磁能密度大，可以用于调节用电峰谷问题。而其输出电流大的特点，在激光武器上有重要应用。

（3）磁悬浮列车

利用超导体的抗磁性，可以把列车悬浮在轨道上。其结构是在车体下面靠近轨道处安装超导线圈，当列车达到一定车速时，感应电流使列车悬浮起来。目前我国、日本、德国等已有磁悬浮列车在运行，超导磁浮车速可高达 800km/h。

（4）超导电子器件

利用超导约瑟夫森结制成的超导电子器件，对电磁辐射敏感度高，可比常规器件提高数千倍。用超导做成的量子干涉仪，以及磁场计、检流计、伏特计、温度计、重力仪等，它们具有灵敏度高、噪声小、响应快、损耗小等优点。例如超导磁场计，灵敏度可达 10^{-11} Gauss（地磁场强度为 0.1 Gauss），可以测量人体心磁、肺磁等。应用交流隧道效应，可以做成 $5\sim1000$ GHz 的高频信号源。约瑟夫森结的开关速度比半导体快 1000 倍，功耗比半导体小 1000 倍，超导计算机将比目前硅半导体计算机快 $20\sim50$ 倍，计算速度可达每秒几十亿次。虽然超导体的实际应用还有许多技术问题需要解决，但就其发展前景来说，可能会引起新的产业技术革命。

2.5 离子导体

材料导电电荷载体可以是电子或空穴，也可以是离子。实际导电体一般是以某一种载荷为主，多数导电材料是以电子或空穴为载流子的电子导体。还有一类以离子为载荷的导电体，称为离子导体。离子导体有别于金属导体和半导体，它的导电载流子既不是电子，也不是空穴，而是可移动的离子。在离子型固体或液态中，可动荷载离子在电场作用下定向移动产生电流，离子分为带正电荷的阳离子和带负电荷的阴离子，相应地也就有阳离子导体和阴离子导体之分。

多数离子型固体中可动离子浓度较低，电导率不高，一般介于半导体和绝缘之间。但有些作为电解质使用的离子导体的电导率已经达到甚至超过了半导体电导率。

2.5.1 离子导电机制

在离子型固体材料中，参与导电的离子与固体中的点缺陷密切相关。纯净离子晶体的热

材料物理性能

振动使少量的离子脱离格点束缚形成的热缺陷称为本征点缺陷，包括弗仑克尔缺陷和肖特基缺陷两类，前者是由一个阴离子或阳离子脱离格点形成一个空位和一个间隙离子构成，后者为单纯的一对阴、阳离子空位结构。本征离子晶体热缺陷浓度或导电离子的浓度决定于固体的平衡温度以及离子缺陷的离解能。温度越高，热缺陷浓度越大，本征电导越明显。热缺陷或导电离子浓度符合晶体结构中点缺陷平衡浓度方程，弗仑克尔缺陷 N_f 和肖特基缺陷 N_s 浓度可分别表达为

$$N_f = N \exp\left(\frac{-\Delta E_f}{k_B T}\right) \tag{2-29}$$

$$N_s = N \exp\left(\frac{-\Delta E_s}{k_B T}\right) \tag{2-30}$$

式中，E_f 和 E_s 分别为弗仑克尔缺陷和肖特基缺陷的形成能。

离子型固体中本征电导主要是肖特基缺陷贡献。多数离子导体中缺陷结构密度不高，可运动的离子少，因而离子电导率都不高。如 NaCl 室温下离子电导率仅有 $10^{-15}\,\Omega^{-1}\cdot cm^{-1}$。

除了本征缺陷外，含有杂质的离子晶体因含有其他类型的离子而形成非本征点缺陷，特别是异价杂质产生的非本征缺陷，贡献结合相对较弱的离子，在较低温度下也有明显的电导效应，这种杂质离子的电导又称为杂质电导。如 NaCl 晶体含有少量 $CaCl_2$ 时，Ca^{2+} 是二价离子，为保持电中性，Ca^{2+} 近邻必须存在一个带一负电荷的正离子空位或间隙负离子，这种空位或间隙离子即非本征点缺陷。这样固体中会形成和杂质浓度等量的离子空位或间隙离子，在外加电场作用下，离子固体中本征和非本征点缺陷都会对离子电导做贡献，且杂质离子导电往往占主导地位。如常见的易于移动的阳离子有 H^+、Li^+、NH_4^+、Na^+ 等金属离子，还有 O^{-2}、F^-、Cl^- 等可移动的阴离子。

固体中离子扩散主要有两种机制，即空位扩散机制和间隙扩散机制，这是离子导体导电的本质。而电解质中离子做杂乱无章的热运动，在电场作用下定向运动形成电流。

根据固体导电离子或缺陷类型，离子固体电导为本征缺陷和各类杂质缺陷对电导贡献的代数和，可表达为

$$\sigma = \sum_i A_i \exp\left(\frac{-B_i}{k_B T}\right) \tag{2-31}$$

式中，A_i 是各类缺陷浓度相关的常数，B_i 是不同缺陷活化能。离子电导率 σ 与温度 T 正相关。温度高则缺陷密度高，温度高有利于缺陷激活而提高电导率。

2.5.2 快离子导体和固体电解质

依靠可移动离子在电场作用下的定向迁移或定向扩散而导电的离子导体，一般电导率都很小。有些离子导体在一定的温度条件下具有和液态电解质相比拟的电阻率（达到 $0.01\Omega\cdot cm$）和低的离子电导激活能（$\leqslant 0.40 eV$），这类离子导体称为快离子导体或固体电解质，也称为第二类导体。具有良好电导性的离子导体包括固体电解质、熔融盐以及电解质溶液，其中最常见的离子导体是电解质溶液。多数快离子导体是无机化合物，也有一些有机快离子导体材料以氢离子和金属离子等作为传导离子。

离子导体不像电子或空穴导体那样能够独立地完成导电任务，电流能通过离子导体时，往往利用电子导体浸入离子导体中作为电极存在。电流通过离子导体时，离子导体本身会发

生化学变化，且导电能力随温度升高而提高。在离子导体导电回路中，作为电极材料的电子导体与离子导体电解质相接触，出现离子导体和电子导体串联界面。当电流通过离子导体时，在电极与固体电解质或电解质溶液的接触界面上产生得失电子的化学反应。一般阴离子在阳极失去电子发生氧化反应，电子经外电路电子导体电路流向阴极，阳离子在阴极界面得到电子发生还原反应。离子导体在电场力作用下使正、负离子分别向两极迁移形成电流。这也是一般电池工作原理。

20 世纪 60 年代发现了快离子导体，固体电解质才得到较广泛的应用，常见的固体电解质应用于制作固体电池、燃料电池、检测器探头、记忆元件等。

已知的固体电解质有数百种，这些材料存在一个普遍的规律，导电离子一般为尺寸小的一价阳离子。因为一价离子的尺寸小，其低荷电量受周围离子势场牵制弱，有利于迁徙运动。阴离子中两价的氧离子是唯一例外。表 2-7 给出了一些固体电解质及其电导率。

表 2-7   一些固体电解质及其电导率

项目	导电性离子	固体电解质	电导率/(S/cm)
阳离子导电体	Li^+	Li_3N	3×10^{-3}（25℃）
		$Li_{14}Zn(GeO_4)_4$（锂盐）	1.3×10^{-1}（300℃）
	Na^+	$Na_2O \cdot 11Al_2O_3$（β-Al_2O_3）	2×10^{-1}（300℃）
		$Na_3Zr_2Si_2PO_{12}$（钠盐）	3×10^{-1}（300℃）
		$Na_5MSi_4O_{12}$（M＝Y，Cd，Er，Sc）	3×10^{-1}（300℃）
	K^+	$K_x Mg_{x/2} Ti_{8-x/2} O_{16}$（$x=1$，6）	1.7×10^{-2}（25℃）
	Cu^+	$Rb Cu_3Cl_4$	2.25×10^{-3}（25℃）
	Ag^+	α-AgI	3×10^0（25℃）
		Ag_3SI	1×10^{-2}（25℃）
		$Rb Ag_4I_5$	2.7×10^{-1}（25℃）
	H^+	$H_3(PW_{12}O_{40}) \cdot 29H_2O$	2×10^{-1}（25℃）
阴离子导电体	F^-	β-PbF_2（＋25％ BiF_3）	5×10^{-1}（350℃）
		$(CeF_3)_{0.95}(CaF_2)_{0.05}$	1×10^{-2}（200℃）
	Cl^-	$SnCl_2$	2×10^{-2}（200℃）
	O^{2-}	$(ZrO_2)_{0.85}(CaO)_{0.25}$（稳定二氧化锆）	2.5×10^{-2}（1000℃）
		$(Bi_2O_3)_{0.75}(Y_2O_3)_{0.25}$	8×10^{-2}（600℃）

导电离子主要有 H^+、Li^+、Na^+、Ag^+、Cu^{2+}、O^{2-}、F^- 等，按照传导离子的类型划分，主要可分为碱金属的锂离子导体和钠离子导体、银离子导体和铜离子导体，以及氧离子导体等，银离子导体有 AgX、Ag_2S、$RbAg_4I_5$ 等，铜离子导体有 CuI、Cu_2HgI_4 和 Cu_2Se。大多数氧离子导体是第Ⅳ副族的金属或四价稀有金属的氧化物，如 ZrO_2 及其掺杂价数较低的金属氧化物材料，具有明确的实用价值。

银离子导体是发现最早、研究最成熟的快离子导体，常被用来作为分析快离子导电特性的典型材料。如低温相的碘化银（β-AgI）在温度上升至 146～555℃，转变成高温相（α-AgI）时，电导率突然上升 3 倍以上。通过阴离子置换，生成了一系列银的卤族和硫族化合物，如 $AgBr$、$AgCl$、Ag_2S、Ag_2Se、Ag_2Te 等，促进了快离子材料和器件的研究与应用。

银材料高昂的价格制约了它的广泛应用，人们很自然地利用铜替代银。其中 CuI 和 $CuCl$ 基本上保持了 α-AgI 原有的晶体结构，$CuCl$ 还降低了烧结温度。研究发现，铜离子导体在高温下确实具有相当高的离子电导率，但常温下电导率低得没有实用价值。

研究发现，ZrO_2 固溶体在高温度时亦具有很大的电流值，电导现象主要是因为晶格中存在着大量的氧离子空位造成的，成为不多见的阴离子导电材料，也称为氧离子导体。因氧离子电导活化能高达 $0.65\sim1.10eV$，严格地说该材料不属于快离子导体范畴，但由于确实具有很高的离子电导，所以通常也将其看成快离子导体。ZrO_2 在高温下发生晶体结构转变，体积收缩易于产生裂纹，通过掺杂碱土金属或稀土金属氧化物得到很好的改善。因杂质带来离子价键的不平衡，致使 O^{2-} 缺失，进一步增加了 O^{2-} 空位密度，有利于离子电流增加。ZrO_2 氧离子导体作为一种很有实用价值的材料，常用于高温场合，如高温炼钢炉中的测氧传感器。

2.6 半导体材料的电性能

2.6.1 半导体中的载流子与导电行为

制造半导体器件所用的材料大多是单晶体。单晶体是由紧密结合的原子在空间周期性重复排列而成。原子之间共价键连接，共有电子对使外层价电子所处的价带处于填满状态。根据电子填充能带的情况来看，被价电子占据的基态填满，亦称为价带，上面的空带是导带，中间为禁带。研究发现，绝对温度为零时，纯净半导体的价带被价电子填满，导带是空的，所以不导电。但当外界条件改变，如温度升高或有光照时，满带中有少量电子会被激发到导带上去而带有少量电子。价带中跑掉一些电子会空出一些能量量子态，可以认为这些能态被空穴所占据。所谓空穴就是将价带上没有被电子占据的能态假想成一个带有正电荷的准粒子。引进空穴概念后，就可以把价带中大量电子对电流的贡献用少量的空穴来表达。这样做不仅表达方便，而且具有实际意义。在外电场作用下，导带上的电子和价带上的空穴都参与导电，所以半导体在外电场中的电流大小是价带上的空穴电流和导电上的电子电流之和。这是半导体同金属的主要区别，金属中只有电子一种荷载电流的载流子，而半导体中有电子和空穴两种载流子。正是由于这两种载流子的作用，使半导体表现出许多奇异的特性，可用来制造形形色色的电子和光电器件。

2.6.2 半导体中载流子的运动和有效质量

经典物理的坐标位置概念很难描述大量自由电子所构成的多粒子运动问题，近代物理理论的发展很好地解决了这个问题。量子理论认为微观粒子是不可区分的，可通过统计计算去解释大量粒子的运动规律。如同第 1 章将晶格振动转化为声子问题的处理方式一样，半导体中电子运动也是从电子能量和运动状态关系出发，去解释半导体中电子的状态和分布规律。

影响半导体电学性能的是处于导带底部的电子和价带顶部的空穴，它们是半导体导电的载流子。因此，考察半导体中电子的运动，只要清楚导带底部或价带顶部附近（即能带极值附近）的电子分布就可以了。

2.6.2.1 电子和空穴的有效质量

利用泰勒级数展开，可近似求出能带极值附近电子的能量 $E(k)$ 与状态波矢量值 k 的关系。以一维情况为例，设导带底位于 $k=0$ 处，能带底部附近的 k 值必然很小，将 $E(k)$ 在 $k=0$ 附近泰勒级数展开，保留到二次项。

$$E(k) = E(0) + \frac{1}{2}\left(\frac{\mathrm{d}^2 E}{\mathrm{d}k^2}\right)_{k=0} k^2 \tag{2-32}$$

则

$$E(k) - E(0) = \frac{1}{2}\left(\frac{\mathrm{d}^2 E}{\mathrm{d}k^2}\right)_{k=0} k^2 \tag{2-33}$$

$E(0)$ 为导带底能量。确定的半导体能带结构一定，$\left(\frac{\mathrm{d}^2 E}{\mathrm{d}k^2}\right)_{k=0}$ 为定值，取

$$\frac{1}{\hbar^2}\left(\frac{\mathrm{d}^2 E}{\mathrm{d}k^2}\right)_{k=0} = \frac{1}{m_n^*} \tag{2-34}$$

m_n^* 称为电子在导带底的有效质量（$m_n^* > 0$），相应 m_e 称为电子的惯性质量。则式 (2-32) 为

$$E(k) - E(0) = \frac{\hbar^2 k^2}{2m_n^*} \tag{2-35}$$

同样，在价带顶部做相似处理，则

$$E(k) - E(0) = \frac{\hbar^2 k^2}{2m_p^*} \tag{2-36}$$

而

$$\frac{1}{\hbar^2}\left(\frac{\mathrm{d}^2 E}{\mathrm{d}k^2}\right)_{k=0} = -\frac{1}{m_p^*} \tag{2-37}$$

m_p^* 称为空穴在价带顶的有效质量（$m_p^* < 0$）。

2.6.2.2 半导体中电子的速度

根据量子理论，电子的运动可以看作波包的运动，波包由许多频率 ν 相差不多的波组成，电子运动的平均速度就是波包群速。

$$\nu = \frac{\mathrm{d}\omega}{\mathrm{d}k} \tag{2-38}$$

由波粒二象性，频率为 ν 的波，其粒子的能量 $E = h\nu = \hbar\omega$。代入式 (2-38)，得到半导体中电子的速度与能量的关系。

$$\nu = \frac{1}{\hbar}\frac{\mathrm{d}E}{\mathrm{d}k} \tag{2-39}$$

而在能带极值附近电子的速度

$$\nu = \frac{\hbar k}{m_n^*} \tag{2-40}$$

2.6.2.3 半导体中的电子加速度

半导体器件都是在一定的外加电压下工作的，电子除受到周期性势场作用外，还要受到

外加电场 E 的作用。半导体中的电子在外电场中运动规律这里也作一简单讨论。

电子在外场受到电场作用力

$$f = -eE \tag{2-41}$$

而由冲量概念，可得

$$f = p/dt = \hbar \, dk/dt \tag{2-42}$$

其中 p 为电子的动量，k 为电子波矢量值，$p = \hbar k$。所以

$$dk/dt = f/\hbar \tag{2-43}$$

利用式 (2-43) 可得电子的加速度，即

$$a = \frac{dv}{dt} = \frac{1}{\hbar} \frac{1}{dt} \left(\frac{dE}{dk} \right) = \frac{1}{\hbar} \frac{d^2 E}{dk^2} \frac{dk}{dt} = \frac{f}{\hbar^2} \frac{d^2 E}{dk^2} = \frac{f}{m_n^*} \tag{2-44}$$

可见，半导体中电子在外电场作用下，描述电子运动的方程中，质量是电子的有效质量而不是电子的惯性质量 m_e，这是因为方程中电子所受到的外力并不是电子受力的总和，没有考虑电子也要受到半导体内部原子及其他电子的势场作用。当电子在外场作用下运动时，电子的加速度应该是半导体内部势场和外电场作用的综合结果。但是，内部势场数学表达的复杂性，造成电子加速度求解十分困难，引进有效质量后可使问题变得简单，直接把外场和电子的加速度联系起来，而内部势场的作用则由有效质量加以概括。因此，有效质量的意义在于它概括了半导体内部势场的作用，在解决半导体中电子在外电场作用下的运动规律时，可以不涉及半导体内部势场的作用，方便解决固体中电子的运动规律。

2.6.2.4 平衡态下半导体中载流子密度

(1) 状态密度函数

半导体中电子的数目是巨大的，在一定温度下，半导体中的大量电子不断地做无规则热运动，电子获得能量从价带到导带跃迁产生电子-空穴对。电子也可以从高能量的导带跃迁到低能量的价带，发生电子和空穴复合过程造成载流子减少。因此，从一个电子来看，它所具有的能量可能是不断变化的；但是，从大量电子的整体来看，在热平衡状态下，电子按能量大小分布满足费米-狄拉克统计分布规律。大量原子构成的半导体能带中的量子状态数也是巨大的，相邻能态的能级差细微，所以能带内的能态可看成是准连续的。如考虑能带中在 $E \sim E + dE$ 能量范围内有 dZ 个能态，能量状态密度函数为 $g(E)$，则

$$dZ = g(E) dE \tag{2-45}$$

如简单地认为电子在波矢量空间分布的等能面为球面，根据式 (2-35)，半导体导带底电子的能量可表达为

$$E_{(k)} = E_C + \frac{\hbar^2 k^2}{2m_n^*} \tag{2-46}$$

式中，E_C 为导带底能级。

微分得到

$$dE_{(k)} = \frac{\hbar^2 k}{2m_n^*} dk \tag{2-47}$$

合理地考虑半导体导带上的电子可以在半导体整个体积 V 内运动，即每一个自由电子都占据半导体整个体积。相应的一个电子占据倒空间或矢量空间的体积为 $\dfrac{(2\pi)^3}{V}$。认为矢量空

间或 k 空间是球形的，由式（2-45），dE 范围对应 k 空间体积为 $4\pi k^2 dk$，含有的量子态数量

$$dZ = g(k)dk = \frac{4\pi k^2 dk}{\frac{(2\pi)^3}{2V}} = \frac{Vk^2 dk}{\pi^2} \tag{2-48}$$

根据式（2-46）的 $E\text{-}k$ 关系，可得到半导体导带中能态密度函数

$$g_{c(E)} = \frac{dZ}{V dE} = 4\pi V \frac{(2m_n^*)^{3/2}}{h^3}(E - E_c)^{1/2} \tag{2-49}$$

同样，价带中空穴的能态密度函数

$$g_{V(E)} = \frac{dZ}{dk} = 4\pi V \frac{(2m_p^*)^{3/2}}{h^3}(E_V - E)^{1/2} \tag{2-50}$$

式中，E_V 是价带顶能级。

（2）导带中的电子和价带中的空穴密度

基于能带中的能态是准连续分布的，导带中无限小能量 dE 范围的量子态数 $dZ = g_{c(E)} dE$，$g_{c(E)}$ 是导带的能态密度函数。电子占据能量为 E 的能态的概率满足 Fermi-Dirac 分布函数：

$$f_{(E)} = \frac{1}{e^{\frac{E - E_F}{k_B T}} + 1} \tag{2-51}$$

式中：E_F 为费米能级。

由式（2-51）可以看出，费米能级被电子占据的概率为 $1/2$。dE 能量范围内共有 $g_{c(E)} f_{(E)} dE$ 个电子，从导带底到导带顶积分就可以得到导带中电子总数。再除以半导体体积，就得到了半导体中占据导带的电子密度。

一般地，导带中的电子处于导带底附近，而价带中空穴则处于价带顶附近。可形象地把大量的电子看成水，少量的水总是停留在碗底，即电子处于导带底；将空穴看成气泡，而气泡总是上浮到水面，故价带上的空穴处于价带顶。考虑到导带上大量的能态被电子占据概率很小，即 $f_{(E)} \ll 1$，所以式（2-51）可近似为玻尔兹曼分布函数。

$$f_{B(E)} = e^{-\frac{E - E_F}{k_B T}} \tag{2-52}$$

半导体导带中电子密度可计算如下：

dE 范围内电子数：

$$dN = g_{c(E)} f_{B(E)} dE \tag{2-53}$$

dE 范围内单位体积电子数

$$dn = dN/V = g_{c(E)} f_{B(E)} dE/V \tag{2-54}$$

平衡态下导带中的电子密度

$$n_0 = \int_{E_C}^{\infty} dn = N_c \exp\left(-\frac{E_c - E_F}{k_B T}\right) \tag{2-55}$$

其中，$N_c = 2 \frac{(2\pi m_n^* k_B T)^{3/2}}{h^3}$，称为导带有效状态密度。同样，可以得到平衡态下价带顶的空穴密度

$$p_0 = \int_{-\infty}^{E_V} dp = N_V \exp\left(\frac{E_V - E_F}{k_B T}\right) \tag{2-56}$$

其中，$N_V = 2\dfrac{(2\pi m_p^* k_B T)^{3/2}}{h^3}$，称为价带有效状态密度。

一定温度下，半导体的费米能级 E_F 是确定的，平衡态半导体导带中电子密度、价带中空穴密度就可以计算出来。表 2-8 给出了室温下 Si 和 Ge 半导体的一些参数。

表 2-8　室温下 Si、Ge 半导体的一些常数

参数	E_g	N_C	N_V	n_i
Si	1.1	6.1×10^{18}	1×10^{18}	1.5×10^{13}
Ge	0.66	2.6×10^{18}	4.8×10^{18}	2.7×10^{13}

平衡态下半导体中两种载流子的密度之积

$$n_0 p_0 = N_C N_V \exp\left(-\frac{E_c - E_v}{k_B T}\right) = N_C N_V \exp\left(-\frac{E_g}{k_B T}\right) \tag{2-57}$$

代入 N_c 和 N_v，得

$$n_0 p_0 = 4\left(\frac{2\pi k_B T}{h^2}\right)^3 (m_n^* m_p^*)^{3/2} \exp\left(-\frac{E_g}{k_B T}\right) = 2.33\times10^{31}\left(\frac{m_n^* m_p^*}{m_0}\right)^{3/2} \exp\left(-\frac{E_g}{k_B T}\right) \tag{2-58}$$

其中，$E_g = E_c - E_v$ 称为禁带宽带。可见，电子和空穴的浓度乘积只决定于温度 T，和费米能级无关，与所含杂质也无关。即在确定温度的平衡态下，半导体材料中两种载流子的乘积一定。不同半导体材料因禁带宽度不同，乘积也不相同。这个关系式不论是本征半导体还是杂质半导体，只要是在热平衡状态下普遍适用。

2.6.3　半导体的类型和特征

半导体按其化学成分和结构分可为本征半导体和杂质半导体，而杂质半导体根据其多数载流子类型又分为 n 型半导体和 p 型半导体。其中本征半导体是指没有杂质和缺陷的半导体，是理想材料。人们为得到实用的半导体材料和器件，往往有意在半导体中掺杂杂质元素，构成杂质半导体。杂质半导体中的载流子主要是由杂质元素电离提供的，因工作状态下大部分杂质元素是电离的，因此，半导体中载流子的密度稳定，器件 I-V 工作特性稳定。

2.6.3.1　本征半导体 （intrinsic semiconductor）

本征半导体就是一块没有杂质和缺陷的半导体，半导体中的共价键是饱和、完整的。在绝对零度时，价带中的全部量子态都被电子占据，而导带中的量子态都是空的。

半导体的温度 $T>0\text{K}$ 时，就会有电子从价带激发到导带上去，同时价带中产生空穴，这就是所谓的本征激发。由于电子和空穴成对产生，导带中电子密度 n_0 等于价带中的空穴密度 p_0，也就是本征半导体中载流子密度 n_i。图 2-21 所示为本征半导体的能带、载流子分布规律示意图。

本征激发情况下，考虑材料保持电中性条件：

$$n_0 = p_0 = n_i \tag{2-59}$$

将 n_0 和 p_0 表达式（2-55）、式（2-56）代入式（2-59）：

$$N_c \exp\left(-\frac{E_c - E_F}{k_B T}\right) = N_v \exp\left(-\frac{E_F - E_v}{k_B T}\right)$$

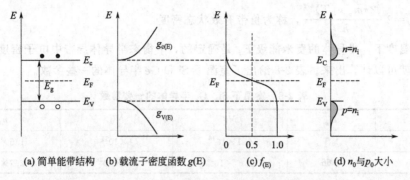

| (a) 简单能带结构 | (b) 载流子密度函数 $g(E)$ | (c) $f_{(E)}$ | (d) n_0 与 p_0 大小 |

图 2-21　本征半导体的能带、载流子分布规律示意图

取对数，得到本征半导体费米能级的表达式

$$E_i = E_F = \frac{E_C + E_V}{2} + \frac{3k_B T}{4} \ln \frac{m_p^*}{m_n^*} \tag{2-60}$$

可见，本征半导体的费米能级在禁带中线。除非电子和空穴的有效质量差异明显，禁带宽度小，E_F 才会偏离禁带中线。本征半导体中载流子密度

$$n_i = n_0 = p_0 = (N_C N_V)^{1/2} \exp\left(-\frac{E_g}{2k_B T}\right) \tag{2-61}$$

载流子密度由半导体性质决定，和禁带宽度和温度相关：

$$n_i = \left[\frac{2 \times (2\pi k_B T)^{3/2}}{h^3}\right] (m_n^* m_p^*)^{3/4} \exp\left(-\frac{E_g}{k_B T}\right) \tag{2-62}$$

利用式（2-62）对数关系可实验测定能带宽度，计算一定温度下本征半导体的载流子密度。图 2-22 给出了硅 Si 和 GaAs 半导体中载流子密度随温度的变化。

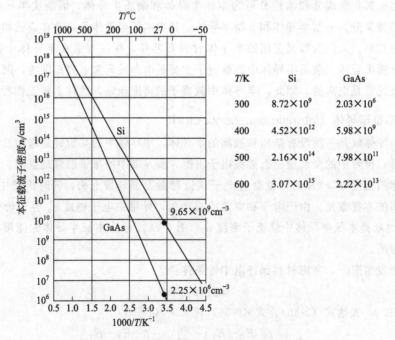

T/K	Si	GaAs
300	8.72×10^9	2.03×10^6
400	4.52×10^{12}	5.98×10^9
500	2.16×10^{14}	7.98×10^{11}
600	3.07×10^{15}	2.22×10^{13}

图 2-22　半导体中载流子的浓度和温度关系

半导体中两种载流子密度积

$$n_0 p_0 = n_i^2 \tag{2-63}$$

式（2-63）说明，在一定温度下，半导体热平衡载流子密度的乘积等于该温度下本征载流子密度的平方，与所含杂质无关。不仅适用于本征半导体材料，而且适用于非简并的杂质半导体材料。

2.6.3.2 杂质半导体和杂质能级

由于本征半导体中的电子和空穴密度相等，并且随温度的升高，载流子的浓度成数量级提高，所以本征半导体无法制作可实际应用的器件。在纯净半导体中用扩散的方法掺入少量杂质元素，就构成了杂质半导体。实际应用的半导体及器件中，载流子主要来源于杂质元素电离。在工作状态下，本征载流子密度远低于杂质电离所提供的载流子密度，本征激发忽略不计，载流子的密度在一定温度范围内是一定的，器件就能稳定工作。如果温度升得过高，本征载流子密度会迅速增加，特别是在本征激发占主导地位时，器件将不能正常工作而失效。所以制造电子器件的半导体一般均为含有适当杂质的半导体，而且每一种半导体材料制成的器件都有一定的极限工作温度。杂质半导体的性质与本征半导体有很大差异，因为杂质对半导体及其器件性能起到关键作用。

根据杂质半导体中导电的主要载流子是电子还是空穴分将其分为 n 型和 p 型两类。将 V 族元素如 P 或 As 掺杂到 Si 中，V 族原子有 5 个价电子，在提供 4 个电子以构成四个共价键以外，每个杂质原子还提供一个多余电子。这样的杂质被称为施主杂质（donor impurities），如图 2-23 所示。类似地，Ⅲ族元素如 Al 或 B 等掺杂到硅和锗中，每个杂质原子在形成共价键以后还缺少 1 个电子，相当于贡献了 1 个空穴，这样的杂质称为受主杂质（acceptor impurities）。n 型半导体中的施主起到主要作用，半导体中的载流子主要是电子；p 型半导体中的受主起到主要作用，多数载流子是空穴。

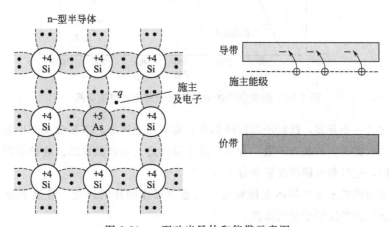

图 2-23　n 型硅半导体和能带示意图

当杂质部分电离的情况下，相当于一些杂质能级上有电子占据着，如未电离的施主杂质和已电离的受主杂质能级被电子所占据。需要注意的是，杂质能级和半导体能级不同，用能带概念来描述的话，半导体中杂质的存在，禁带中会有相应的杂质能级。在常温下，n 型半导体中施主杂质贡献多余的局域电子很容易吸收一个远小于禁带的能量而电离成为导带中的电子。这个离导带底的能量差很小的能级称为施主能级（donor level）。同样地，p型半导体受主杂质缺少1个电子很容易被价带上的电子补充，价带上形成1个空穴，在禁带中有个靠近价带顶的杂质能级，这个能级称为受主能级（acceptor level）。

2.6.3.3 n型半导体和p型半导体中的载流子

对只含施主杂质的n型半导体，半导体自身是电中性的，所以

$$n_0 = p_0 + n_D^+ \tag{2-64}$$

等式左边 n_0 是单位体积中的负电荷数，即导带中的电子密度；等式右边是单位体积中的正电荷数，实际上是价带中的空穴密度 p_0 与电离施主浓度 n_D^+ 之和。

实际上，半导体中杂质的电离和温度相关。如图2-24所示，当温度很低时，大部分施主杂质能级仍为电子所占据或只有很少施主杂质发生电离，仅有少量的电子进入导带，这种情况称为弱电离。常温下，大部分杂质电离，导带中电子密度近似等于施主浓度，处于饱和区，也就是杂质全部电离的理想状态。可见，在强电离时，费米能级由温度及施主杂质浓度所决定。

$$n_0 \approx n_D^+ \approx n_D \tag{2-65}$$

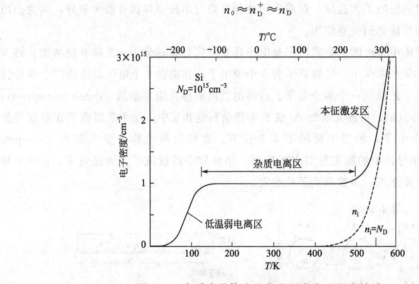

图 2-24　杂质半导体中的载流子密度和温度关系

如果温度进一步升高，载流子密度随温度升高而迅速增加，本征激发产生的本征载流子数远多于杂质电离产生的载流子数，称为杂质半导体进入本征激发区。这种情况下，形同本征半导体一样，这时费米能级接近禁带中线。

只含受主杂质的p型半导体在饱和电离状态下可作同样的讨论。常温下杂质大部分电离，价带中空穴的密度等于受主浓度。

相应地，杂质半导体的能带图可简单图示为图2-25，其中 E_c、E_V 分别为导带和价带能级，E_F 和 E_{Fi} 分别为杂质半导体和相应本征半导体的费米能级。本征费米能级在禁带中间，n型半导体费米能级靠近导带，p型半导体费米能级靠近价带。

2.6.3.4 杂质半导体中少数载流子密度

n型半导体中的电子和p型半导体中的空穴称为多数载流子（简称多子），而n型半导

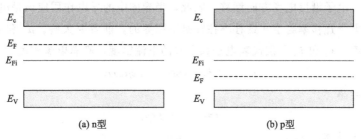

图 2-25　杂质半导体能带简图

体中的空穴和 p 型半导体中的电子称为少数载流子（简称少子）。少子浓度与杂质浓度和温度存在一定关系，在强电离情况下，多子浓度和杂质浓度相等，由于 $n_0 p_0 = n_i^2$，所以

n 型半导体中空穴密度

$$p_{n_0} = \frac{n_i^2}{N_D} \tag{2-66}$$

p 型半导体中电子密度

$$n_{p_0} = \frac{n_i^2}{N_A} \tag{2-67}$$

少子浓度和本征载流子密度的平方成正比，而和多子浓度成反比。因为多子浓度在饱和区的温度范围内可以认为是不变的，而本征载流子密度和温度关系为

$$n_i \propto T^3 \exp\left(-\frac{E_g}{k_0 T}\right) \tag{2-68}$$

所以少子浓度将随着温度的升高而迅速增大，这对少数载流子器件的性能会有重要影响。

2.6.4　半导体中载流子的输运

2.6.4.1　载流子迁移率

半导体中的电子或空穴在电场力作用下做定向运动，这种载流子在外加电场作用下的运动称为漂移运动，产生的电流密度

$$j = \sigma E \tag{2-69}$$

如半导体中电子密度为 n，平均漂移运动速度为 $\bar{v}_d$，则

$$j = ne\bar{v}_d \tag{2-70}$$

电子的迁移率

$$\mu = \frac{\bar{v}_d}{E} \tag{2-71}$$

所以电流密度

$$j = ne\mu E \tag{2-72}$$

电导率

$$\sigma = ne\mu \tag{2-73}$$

半导体中存在着带正电的空穴和带负电的电子两种载流子，而且载流子密度又随着温度和掺杂的不同而不同。所以半导体的导电机制相对要比金属导体复杂些。在电场中空穴沿

电场方向漂移，电子沿反电场方向漂移。因此，半导体中的导电作用应该是电子导电和空穴导电的总和。电子迁移率与空穴迁移率往往是不相等的，前者要大些。μ_n 和 μ_p 分别代表电子和空穴迁移率，j_n 和 j_p 分别代表电子和空穴的电流密度，则总电流密度

$$j = j_n + j_p = (ne\mu_n + pe\mu_p)E \tag{2-74}$$

半导体电导率

$$\sigma = ne\mu_n + pe\mu_p \tag{2-75}$$

对于 n 型半导体 $n \gg p$，$\qquad \sigma = ne\mu_n \tag{2-76}$

对于 p 型半导体 $p \gg n$，$\qquad \sigma = pe\mu_p \tag{2-77}$

对于本征半导体 $\qquad \sigma_i = n_i q(\mu_n + \mu_p) \tag{2-78}$

一定温度下，半导体内的大量载流子做永不停息的、无规则的热运动。载流子在半导体中运动时，会不断地与热振动的晶格原子、杂质原子和结构缺陷发生作用或碰撞，碰撞后载流子速度的大小和方向就会发生改变，如图 2-26（a）所示。相当于电子波在半导体中传播时遭到了散射。载流子在外电场作用下的实际运动轨迹应该是热运动和漂移运动的叠加，漂移运动形成电流。图 2-26（b）给出了电场中电子的漂移现象。载流子在电场力的作用下做加速运动，而在一定温度下，外电场中电子的平均漂移速度和电流密度一定，半导体的迁移率也是一定的，原因就是在于电子运动受到散射作用。

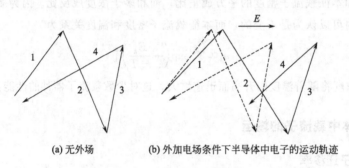

(a) 无外场　　　　　(b) 外加电场条件下半导体中电子的运动轨迹

图 2-26　无外场和外加电场条件下半导体中电子的运动轨迹

2.6.4.2 非平衡载流子

如果半导体受到外界作用热平衡被破坏，这种偏离热平衡状态称为非平衡状态。处于非平衡态的半导体，载流子密度会发生变化，比平衡状态多出来的部分载流子称为非平衡载流子，也称过剩载流子（excess carrier）。非平衡载流子产生的原因很多，如光照使半导体内产生非平衡载流子的光注入、外电场造成的电注入等。

载流子密度比平衡态时增加的部分称为非平衡载流子，用 Δn 和 Δp 表示，且 $\Delta n = \Delta p$。非平衡载流子和平衡载流子是不可分的，一般情况下，注入的非平衡载流子密度比平衡态的多数载流子密度少得多，称为小注入条件。即使是在小注入的情况下，非平衡少数载流子密度也比平衡少数载流子密度大得多。所以，非平衡多数载流子的影响是不可以忽略的，通常说的非平衡载流子都是指非平衡少数载流子。工作状态下，非平衡少数载流子的影响往往主导和决定器件的特性。

非平衡载流子的产生使半导体的电导率产生附加电导

$$\Delta\sigma = \mu_n\Delta nq + \mu_p\Delta pq = \Delta pq(\mu_n + \mu_q) \tag{2-79}$$

半导体中的电子系统处于热平衡状态时，整个半导体有统一的费米能级，电子和空穴密度都用它来作为参考表达。当外界的影响破坏了热平衡，使半导体处于非平衡状态时，就不再存在统一的费米能级。事实上，系统热平衡状态是通过跃迁来实现的。在一个能带内部，热跃迁十分频繁，极短时间内能导致一个能带内的平衡分布。因为中间隔着禁带，载流子在两个能带之间跃迁相对要稀少得多。因此，当半导体的平衡态遭到破坏而存在非平衡载流子时，可以认为价带上的空穴和导带中电子各自基本上处于平衡态，但导带和价带之间处于不平衡状态。

产生非平衡载流子的外部作用撤除后，由于半导体的内部作用，激发到导带的电子又回到价带，电子和空穴又成对地消失。最后，载流子密度恢复到平衡时的值，半导体恢复到平衡态。这一过程称为非平衡载流子的复合。复合过程中，非平衡载流子密度随时间变化按指数规律减少，这说明非平衡载流子并不是立刻全部消失，而是有一个延迟过程，即它们在导带和价带中有一定的生存时间。非平衡载流子的平均生存时间称为非平衡载流子的寿命，用 τ 表示，$1/\tau$ 就表示单位时间内非平衡载流子的复合概率。通常把单位时间单位体积内净复合消失的电子-空穴对数称为非平衡载流子的复合率。

2.7 电接触现象及其效应

材料的应用存在大量的连接或接触现象，如金属材料的焊接、电子电路的连接，又如材料腐蚀、电池电极工作的液-固两相接触等，这些接触会因材料间的电学性能差异而产生接触电效应。尤其是电子器件，无论是单体半导体元件还是集成电路，其构成的基本器件都是由 p 型与 n 型半导体材料形成接触构成的 p-n 结，以及和金属电极构成金属半导体接触等组成。这些接触的特性决定了器件的性能，本节内容就是介绍这些接触的构成和性质。

2.7.1 材料中电子的逸出和功函数

一般地，材料中的电子不会逸出体外去，也就意味着材料中电子的能量明显低于表面能。电子如逸出体外需要获得外界提供能量，如光照将电子从材料中激发出来。电子逸出体外需要最小的能量称为逸出功或功函数。逸出功的大小反映了材料中电子的能量大小。逸出功是电子材料选择以及光电子发射、热电子发射、场致电子发射、温差发电等方面应用重要的参数。

相对于体内，材料表面原子周期性排列被中断，如认为表面势垒的高度为 E_0，电子从体内跑到体外，电子的势能将由 $-E_0$ 过渡到零。材料中的自由电子就像处在一个均匀深度为 E_0 的势阱中运动，或者说一般状态下材料中的电子只能在材料三维尺寸空间所构成的势阱中运行。虽然导电的自由电子能在体内自由运动，但绝大多数电子所处的能级都低于表面能级。要使电子从体内逸出，必须由外界给它以足够的能量。

图 2-27 (a) 所示为金属材料的电子能带简图。E_F 是费米能级，是指电子占据此能级的可能性为 50% 的界限。可以认为此能级以下的能态是排满电子的，此能级以上能态基本是空的，也就意味着 E_F 是金属中电子所具有的最高能量。用 E_0 表示表面真空中静止电子能

级，金属功函数 W_m 的定义为 E_0 与 E_F 能量之差，即

$$W_m = E_0 - E_F \tag{2-80}$$

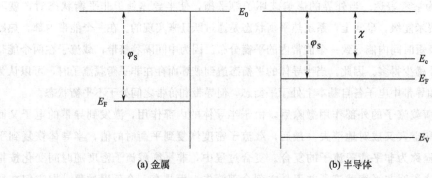

图 2-27　电子能带简图

　　功函数的大小标志着电子被束缚在体内的强度，它表示一个电子起始能量等于费米能级，由金属内部逸出到真空中所需要的最小能量。W_m 越大，电子越不容易离开金属体内而逸出。金属的功函数约为几个电子伏特。

　　在半导体中，导带底 E_c 和价带项 E_V 一般也都比 E_0 低几个电子伏特，如图 2-27（b）所示。要使电子从半导体中逸出，也必须给它以足够的能量。和金属类似，也把 E_0 与费米能级之差称为半导体的功函数，用 W_s 表示，于是

$$W_s = E_0 - E_F \tag{2-81}$$

半导体的费米能级随杂质浓度而变化，因而 W_s 也与杂质浓度相关。另外，取

$$x = E_0 - E_c \tag{2-82}$$

　　x 称为亲和能，它表示将半导体导带底的电子逸出体外所需的能量。

2.7.2　金属-金属接触

　　两种不同的导体材料相接触，如焊接、合金化、扩散、氧化、腐蚀等，由于接触材料间的成分和组织结构差异，交界面发生载流子的交换行为，引起特殊的电学效应，称为接触电效应。常见的代表性接触包括金属-金属、金属-半导体、p-n 半导体接触、金属-氧化物-半导体、金属-电介液等。

　　当两个不同的金属紧密接触时构成金属-金属接触（MM 结）。接触形成前各自的表面势垒 E_0 和费米能 E_F 不同，它们的逸出功不同，且各自占有高能量状态的电子密度也不同。如图 2-28 所示，如果金属逸出功 $W_1 < W_2$，即金属 1 内部电子能量较大，金属 1、2 形成接触后，能量较高的电子会向能量较低处扩散，电子将主要从金属 1 迁移到金属 2 中。在接触界面附近，金属 1 失去电子留下不可动的晶格离子而带正电，电位升高，或者说电子势能能级不断降低，或费米能级下降。金属 2 得到电子带负电，费米能级不断升高。接触界面附近形成一个金属 1 带正电金属、2 带负电的势场。该势场的形成会阻碍电子进一步扩散，而有利于电子在电场力作用下做反向漂移运动。当两金属的费米能级相等时电子的扩散和漂移达到动态平衡，在两金属间形成一个接触电位差 V_{12}。

$$eV_{12} = W_1 - W_2 \tag{2-83}$$

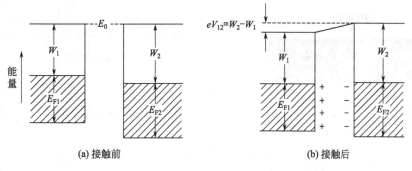

(a) 接触前　　　　　　　　　　　　　(b) 接触后

图 2-28　两种不同金属形成接触形成前后能级关系

2.7.3　p-n 结

利用合金扩散、外延生长或离子注入等工艺方法掺入 p 型或 n 型杂质，使原来本征单晶体的不同区域分别具有 n 型和 p 型的导电类型，在二者的交界处就形成了 p-n 结。单独的 n 型和 p 型半导体是电中性的，当这两块半导体结合形成 p-n 结时，由于它们之间存在载流子密度梯度，导致空穴从 p 区到 n 区、电子从 n 区到 p 区的扩散运动。界面附近 p 区一侧留下不可动的带负电荷的电离受主，而 n 区一侧则出现了电离施主构成的一个正电荷区，通常把 p-n 结附近这些由电离施主和电离受主组成的离子电荷称为空间电荷，它们所存在的区域称为空间电荷区。当然，空间电荷区电荷密度主要取决于杂质浓度。

（1）无外场作用的 p-n 结

如图 2-29 所示，由电离施主和电离受主构成的空间电荷区中产生了从 n 区指向 p 区的电场，称为内建电场。在内建电场作用下，载流子做漂移运动。显然，电子和空穴的漂移运动方向与它们各自的扩散运动方向相反。因此，内建电场起阻碍电子和空穴继续扩散的作用。载流子的扩散和漂移最终将达到动态平衡，电子和空穴的扩散电流和漂移电流大小相等、方向相反而互相抵消，没有净电流流过 p-n 结，达到动态平衡。这时空间电荷的数量一定，空间电荷区保持一定的宽度，存在一稳定的内建电场。一般称这种情况为热平衡状态下的 p-n 结。

p-n 结达到平衡时，各处费米能级相同。平衡 p-n 结的空间电荷区两端电势差 V_D 称为 p-n 结接触电势差或内建电势差。相应的电子电势能之差即能带的弯曲量 eV_D 称为 p-n 结的势垒高度。势垒高度正好补偿了 n 和 p 区费米能级之差，即

$$qV_D = E_{Fn} - E_{Fp} \tag{2-84}$$

式中，E_{Fn} 和 E_{Fp} 分别为接触形成前 n 型和 p 型半导体的费米能级。可见，内建电势大小决定于 n 和 p 型半导体的费米能级差，而结区宽度决定于势场大小和杂质浓度。p-n 结空间电荷区、电场和电位分布如图 2-30 所示。

（2）外加电场下的 p-n 结

平衡的 p-n 结的能带结构如图 2-29 或图 2-31（a）所示，当两端施加外电压时，p-n 结处于非平衡状态，会有电流通过 p-n 结，其导电特性类似于二极管。

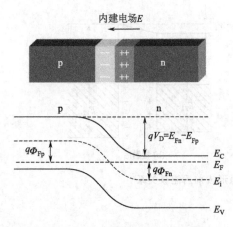

图 2-29　p-n 结的形成和能带结构

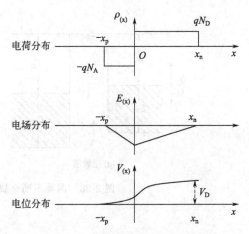

图 2-30　p-n 结空间电荷区的电离杂质、
电场和电位分布

外加正向偏压（p 区接电源正极，n 区接负极）时，因势垒区内载流子密度很小，电阻很大，所以外加正向偏压基本落在势垒区。势垒区电场减弱，破坏了载流子扩散运动和漂移原有的动态平衡，削弱了漂移运动，扩散流大于漂移流。所以外加正向偏压时，产生了电子从 n 区向 p 区以及空穴从 p 区向 n 区的净扩散流，如图 2-31（b）所示。电子通过势垒区扩散入 p 区，在 p 区边界处形成电子的积累，成为 p 区的非平衡少数载流子，结果使该处电子密度比 p 区内部高，形成了由势垒区边界向 p 区内部的电子扩散流。经过若干个扩散长度距离后全部被复合而消失，这一段区域称为扩散区。在一定的正向偏压下，单位时间内从 n 区到达边界 $-x_p$ 处的非平衡少子是一定的，并在扩散区内形成一稳定的分布。所以，当正向偏压一定时，在此处就有一不变的向 p 区内部流动的电子扩散流。同理，在边界 x_n 处也有一不变的向 n 区内部流动的空穴扩散流。n 区的电子和 p 区的空穴都是多数载流子，分别漂移进入对方区域变成非平衡少数载流子。当增大正向压时，势垒降得更低，增大了注入 p 区的电子流和注入 n 区的空穴流，这种由于外加正向偏压的作用使非平衡载流子通过 p-n 结的过程称为非平衡载流子的电注入。

正向偏压在势垒区中产生了与内建电场方向相反的电场，减弱了势垒区中的内建电场强度。由电离的施主和受主杂质构成的空间电荷相应减少，势垒区的宽度减小，势垒高度下降为 $q(V_D-V)$。

p-n 结内任一截面处通过的电子电流和空穴电流并不相等，但是根据电流连续性原理，通过 p-n 结中的总电流是相等的，只是对于不同的截面，电子电流和空穴电流的比例有所不同。通过 p-n 结的总电流，就是通过结区两边边界的电子扩散电流与空穴扩散电流之和（两端少子扩散电流之和）。

当 p-n 结加反向偏压 $V<0$ 时，如图 2-31（c）所示。反向偏压在势垒区产生的电场与内建电场方向一致，势垒区的电场增强，势垒区变宽，势垒高度为 $q(V_D-V)$。势垒区电场增大，增强了漂移运动，使漂移流大于扩散流。这时 n 区边界 x_n 处的空穴被势垒区的强电场驱向 p 区，而 p 区边界处的电子被驱向 n 区。当这些少数载流子被电场驱走后，两边内部的少子向边界扩散补充，形成了反向偏压下的电子扩散电流和空穴扩散电流，好像是体内的少

数载流子不断地被抽出来。这样，p-n 结中总的反向电流等于势垒区两边界附近的少数载流子扩散电流之和。因为半导体中少子浓度很低，而扩散长度基本不变，所以反向偏压时少子的浓度梯度较小。当反向电压很大时，结区边界处的少子浓度可以认为是零。少子的浓度梯度不再随电压变化，因此扩散流也不随外加电压变化，所以在反向偏压下 p-n 结的电流很小并且趋于不变，类似于二极管的反向截止特性。

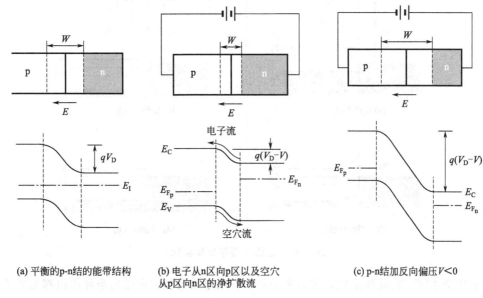

(a) 平衡的p-n结的能带结构　　(b) 电子从n区向p区以及空穴　　(c) p-n结加反向偏压V<0
　　　　　　　　　　　　　从p区向n区的净扩散流

图 2-31　外加电场下的 p-n 结势垒变化

2.7.4　金属-半导体接触

金属和半导体形成接触后，两者具有共同的真空电子能级，根据它们的功函数比较和半导体类型，需分别讨论。

（1）考虑金属和 n 型半导体构成的接触，假定金属的功函数大于半导体的功函数，即 $W_m > W_s$，如图 2-32（a）所示。接触形成前，半导体的费米能级 E_{F_S} 高于金属的费米能级 E_{F_m}。

$$E_{F_S} - E_{F_m} = W_m - W_s \tag{2-85}$$

金属和 n 型半导体接触形成后会构建统一的电子体统。由于半导体的费米能级 E_{F_S} 高于金属的费米能级 E_{F_m}，接触形成时，界面附近半导体中的电子将向金属流动，留下不能移动的施主离子而带正电荷，金属表面得到电子而带负电。两者所带电荷量数值相等，整个系统仍保持电中性。结果降低了金属的电势，提高了半导体的电势，内部的电子能级及界面处的电子能级都随同发生相应的变化。达到平衡状态时，金属和半导体的费米能级在同一水平上，这时不再有电子的净流动。如图 2-32（b）所示，两者之间产生的电势差完全补偿了原来费米能级的差值，即相对于金属的费米能级，半导体的费米能级下降了 $W_m - W_s$，由接触产生的电势差称为接触电势差 V_{ms}。

受半导体侧电离施主构成的正电荷密度的限制，界面附近半导体中正电荷分布在一定厚度的表面层中，即空间电荷区。空间电荷区内存在一定的电场，造成能带弯曲，使半导体

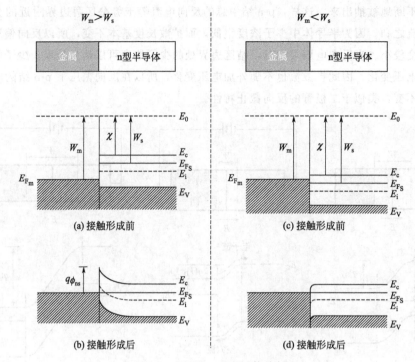

图 2-32　金属-n 型半导体接触

表面和内部之间存在电势差 V_s，称为表面势。一般定义电场方向指向半导体内部的表面势为正，反之为负，这里 $V_s < 0$。金属-半导体形成紧密接触时，电子可自由穿过界面，$V_{ms} \approx 0$，这时接触电势差绝大部分降落在半导体一侧的空间电荷区上，所以

$$V_{ms} + V_s \approx V_s = (W_s - W_m)/e \tag{2-86}$$

半导体一侧的势垒高度

$$eV_D = -eV_s = W_s - W_m \tag{2-87}$$

金属一边的势垒高度

$$e\phi_{ns} = eV_D + W_s - x = -qV_s + W_s - x = W_m - W_s + W_s - x = W_m - x \tag{2-88}$$

由此看出：金属和 n 型半导体形成接触，如金属的功函数大于半导体的功函数，即 $W_m > W_s$，界面区的半导体形成带正电的空间电荷区，电场方向指向金属，$V_s < 0$。半导体表面电子的能量高于体内，能带向上弯曲，形成表面势。空间电荷主要是电离施主构成，电子密度远小于体内，是高阻抗区，称为空间阻挡层，阻止电子进一步流向金属。

（2）金属与 n 型半导体形成接触时，若 $W_m < W_s$，电子将从金属流向半导体，在半导体表面层因电子堆积形成负的空间电荷区。其中电场方向由表面指向体内，即 $V_s > 0$，能带向下弯曲。这里半导体界面区域的电子密度比体内大得多，因而是一个高电导的区域，称为反阻挡层。反阻挡层是很薄的高电导层，它对半导体和金属接触电阻的影响很小。常常器件中的电气连接希望形成反阻挡层，构成无势垒的电阻接触，如图 2-32（d）所示。

相似地，p 型半导体和金属构成接触，当 $W_m < W_s$ 时，产生势垒形成空穴阻挡层；当 $W_m > W_s$ 时，半导体的费米能级高于金属，形成反阻挡层。

以上讨论的是理想情况，实际半导体表面因为晶体周期性空间结构在表面突然中止而

产生悬键，表面结构会和内部不同，而在禁带范围内出现所谓的表面态能级，当表面态密度很高时，它可屏蔽金属接触的影响，使半导体-金属接触的势垒高度和金属的功函数几乎无关。

（3）肖特基势垒。如同 p-n 结结构，金属-半导体接触在阻挡层形成时，会在金属半导体接触面附近产生一个势垒，称为肖特基势垒（Schottky Barrier）。以 n 型半导体形成阻挡层为例，外加电压为正（金属接正极，半导体接负极），势垒下降，注入的大量电子很容易通过势垒流向金属一边，形成从金属到半导体的正向净电流。电流随外加电压增大而增大，如图 2-33（a）所示；外加反向电压，势垒增高，从半导体到金属的电子数目很少，金属一边只有很少高能量电子可越过势垒扩散到半导体一边，如图 2-33（b）所示。这样，阻挡层具有类似 p-n 结的伏安特性，如图 2-33（c）所示，即具有整流作用。

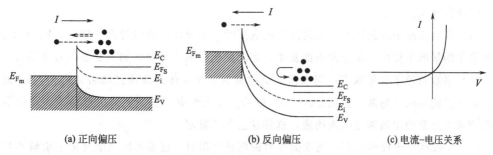

(a) 正向偏压   (b) 反向偏压   (c) 电流-电压关系

图 2-33　金属-n 型半导体接触及电流电压关系

2.7.5　半导体表面电子状态

半导体器件的特性一般都和半导体的表面性质有密切关系。例如，半导体的表面状态对器件和半导体集成电路的参数及其稳定性有很大影响。有些情况下，往往不是半导体的体内效应起主要作用，而是其表面效应支配着半导体器件的特性。

（1）半导体的表面和表面态

晶体结构的周期性在表面中断，在表面形成悬键，使势场的周期性受到破坏。如图 2-34 所示的硅晶体 [111] 面上的悬键，破坏了三维结构的对称性，会构成表面特殊结构和性质。表面大量的原子键被断开需要大量的能量，称为表面能。由于表面悬键结构会产生很高的表面能，为降低表面能，表面和近表面的原子层间距发生变化而出现所谓表面弛豫现象。即表面的原子会重新组合，形成新键，从而改变表面原子的结构对称性，出现所谓的表面再构现象。另外，表面吸附原子或分子同样可降低表面能，改变表面结构并对表面性质产生显著影响。

从化学键角度来说，晶格在表面处突然终止，表面外层的每个原子将有一个未配对的电子，即有一个未饱和的悬挂键。与之对应的电子能态就是表面态。表面的原子密度为 10^{15} 个/cm^2，故单

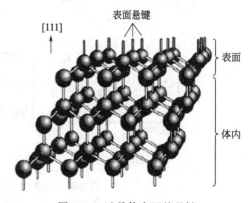

图 2-34　硅晶体表面的悬键

位表面积上的表面态数也具有相同的数量级。除此以外，表面处还存在由于晶体缺陷或吸附原子等原因引起的表面态，这种表面态与表面处理方法有关。

（2）表面势场及其影响

半导体的表面态及表面吸附带电粒子等原因可以在半导体表面层产生电场，和半导体接触形成阻挡层相似。例如表面为 p 型悬键使表面带正电荷，表面正电荷会感应半导体近表面层区域带等量的负电荷。由于半导体中自由载流子密度一定，这些负电荷分布在一定厚度的近表面层中，这个带电的表面层也称为空间电荷区。在空间电荷区内，从表面到内部电场逐渐减弱，半导体表面相对体内就产生电势差，能带发生弯曲。空间电荷层区域的电势差称为表面势，以 V_s 表示。依据表面电荷类型和密度高低，半导体表面层区域中会出现等量的异种电荷，如图 2-35 所示，出现电子堆积、耗尽甚至出现反型现象。下面以 n 型半导体为例说明这些现象。

（a）多数载流子堆积状态：当表面带正电荷时，半导体表面电位高于体内，V_s 为正值。表面电子能量低于体内，电子向表面富集，表面处能带向下弯曲，如图 2-35（a）所示。

（b）多数载流子耗尽状态：当表面带负电荷时，半导体近表面区域带正电荷，V_s 为负值，表面处能带向上弯曲，如图 2-35（b）所示。近表面电子密度较体内低得多，表面层的正电荷基本上是由电离施主杂质构成，这种状态称作耗尽。

（c）少数载流子反型状态：当表面带高密度负电荷时，近表面区域电离施主杂质不足以平衡表面负电荷，需要少数载流子空穴来补充，即近表面区域载流子为空穴，该区域已经表现为 p 型半导体特征，这种状态称作反型。V_s 为负值，表面处能带向上弯曲并且费米能级更靠近价带，如图 2-35（c）所示。

如果是 p 型半导体，因表面带电而出现载流子堆积、耗尽和反型等条件与 n 型半导体相反，如图 2-35（d）、（e）和（f）所示。

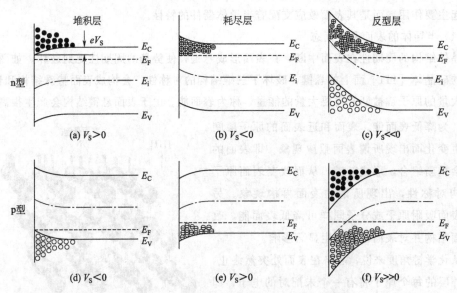

图 2-35　杂质半导体因表面势引起的能带弯曲

●—电子；○—空穴；⊕—电离施主；⊖—电离受主

2.7.6 MIS 结构

在外加电场作用下，半导体器件界面会发生类似于表面势的电学现象，这在半导体器件及半导体表面的研究工作中有重要应用。考虑最简单的金属-绝缘层-半导体结构（MIS 结构），这种结构往往由金属-氧化物-半导体接触构成，即所谓的 MOS 结构。假设 MIS 结构中金属与半导体功函数相同，绝缘层不导电且其中没有任何电荷，绝缘体与半导体界面处不存在任何界面态的理想情况下，金属与半导体为平带关系，如图 3-36（a）所示。当外加电压时会产生表面电场效应，如此 MIS 结构相当于一个电容，在金属与半导体之间加电压，界面处金属与半导体就要被充电。因金属中自由电子密度高，电荷基本上分布在表面原子层厚度范围内；而半导体中自由载流子密度相对低得多，电荷分布在一定厚度的近表面层中，这个带电的近表面区域为空间电荷区。空间电荷区大小随外加电压 V_G 而变化，所产生的表面势及空间电荷区内电荷分布情况类似于上述的表面势情形。以 p 型半导体为例，如图 2-36 所示，同样可产生多子堆积、耗尽和反型情况：

（a）多数载流子堆积状态：当外加负电压（金属接负极，$V_G < 0$）时，半导体表面电位低于体内，表面势为负值。近界面区域中空穴能量低于体内，空穴密度大，界面处能带向上弯曲，如图 3-36（b）所示。

（b）多数载流子耗尽状态：当外加正电压（金属接正极，$V_G > 0$）时，表面势为正值，表面处能带向下弯曲，如图 3-36（c）所示。界面处空穴密度较体内空穴密度低得多，半导体近界面层中的负电荷基本上由电离受主杂质构成，主要载流子空穴耗尽。

（c）少数载流子反型状态　当外加正电压进一步增大时，$V_G \gg 0$。表面处能带相对于体内进一步向下弯曲。这时，近表面电离受主不足以平衡外加电压对负电荷量的需要，需要半导体内部的少数载流子电子向表面富集以匹配电势需要，半导体近表面区域呈现载流子为电子的 n 型半导体特征。如图 3-36（d）所示。

（d）深耗尽状态　在突然施加较大的外加正电压瞬间，少数载流子来不及向界面扩散集聚，不能形成反型层。为补偿金属电极上大量正电荷，半导体表面出现大量受主负离子。因电离受主浓度不高，空间电荷层较厚，即深耗尽状态，如图 3-36（e）所示。这是非稳态的情形，随时间推移，半导体内部的少子（电子）会在 V_G 的作用下聚集到表面，这时就过渡到反型状态。

同样对于 n 型半导体，当金属与半导体间加正电压时，形成多数载流子电子的堆积；当金属与半导体间加负电压时，半导体表面内形成耗尽层；随负电压进一步增大，出现少数载流子空穴堆积的反型层。

半导体表面电效应在集成电路器件结构上有广泛应用，如 MIS 结构在技术应用和基础研究上都有十分特殊的意义，典型的 MOS 器件就是利用半导体表面效应制成的，如图 2-37 所示。硅片上生长薄氧化膜后再覆盖一层金属膜，通过刻蚀构成电极，就是常见的 MOS 结构。在不同的栅极电压下可以让通道处于导通和截止两种状态。利用这一性质构成的 MOS 结构是大规模集成电路中最重要的结构之一。

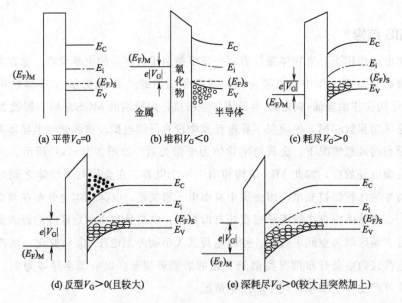

(a) 平带 $V_G=0$　　(b) 堆积 $V_G<0$　　(c) 耗尽 $V_G>0$

(d) 反型 $V_G>0$(且较大)　　(e) 深耗尽 $V_G>0$(较大且突然加上)

图 2-36　理想平带 p 型 MIS 结构在外电场中的界面电位及其随外加电压变化

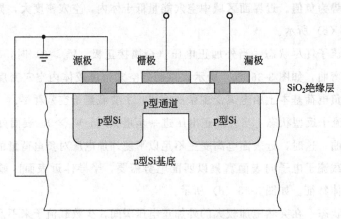

图 2-37　MOS 场效应管结构

2.8　半导体的光电效应与磁电效应

　　光照会引起材料的电性能变化，是光子与电子相互作用的结果。光吸收会引起电子从束缚态转变成自由态，导致材料电性能发生变化，这种光致电变的现象称为光电效应。过去我们了解的固体受到光照其表面有电子逸出的现象称为外光电效应，爱因斯坦光量子理论很好地诠释了外光电效应产生与照射光的频率有关，与光的强度无关。除此之外，材料受到光照也会产生一系列其他电性能效应，称为内光电效应。

2.8.1　半导体的光吸收

　　光在介质中传播具有衰减现象，即产生光的吸收。光强随入射深度的衰减成指数关系：

$$I = I_0 e^{-\alpha x} \qquad\qquad\qquad (2\text{-}89)$$

比例系数 α 称为介质的光吸收系数。

半导体材料通常能强烈地吸收光能，导致电子从价带跃迁到导带。价带电子跃迁是半导体研究中最重要的状态变化过程。当一定波长的光照射半导体材料时，电子吸收足够的能量，从价带跃迁入导带。电子跃迁相当于原子中的电子从能量较低的能级跃迁到能量较高的能级。原子中的能级是不连续的，单原子两能级间的能量差是定值，因而电子的跃迁只能吸收确定能量的光子，出现独立的吸收线。由大量原子组成的晶体形成了一个个连续的多能级能带，能带内的能级是准连续的，光吸收也就表现为连续的吸收带。

（1）本征吸收

理想半导体在绝对 0K 下，价带是完全被电子占满的，价带内的电子不可能越过禁带而跃迁到高能级。一般条件下，电子吸收足够能量的光子而被激发，越过禁带跃迁入空导带，从而导带上多了一个电子，在价带中留下一个空穴，形成电子-空穴对。这种电子由带与带之间的跃迁所形成的吸收过程称为本征吸收。显然，发生本征吸收时光子能量必须等于或大于禁带宽度。

（2）直接跃迁和间接跃迁

电子吸收光子的跃迁过程，除了能量守恒外，还需要满足动量守恒，即满足所谓电子跃迁选择定则。能带中的电子原来的波矢量是 k，跃迁到波矢是 k' 的状态，在跃迁过程中，必须满足如下条件：

$$k' - k = 光子波矢量 \qquad\qquad\qquad (2\text{-}90)$$

一般半导体所吸收的光子的动量远小于电子的动量，光子动量可忽略不计，即电子吸收光子产生跃迁时波矢保持不变。电子在跃迁过程中如波矢保持不变，则原来在价带中某一状态的电子只能跃迁到导带中具有相同 k 的状态，即在 $E(k)$ 曲线上位于同一垂线上，这种跃迁称为直接跃迁。如图 2-38（a）所示，直接跃迁中所吸收光子的能量等于跃迁前后两状态的垂直距离。显然，对应于不同的 k 值，垂直距离各不相等。也就是说不同能量的光子都有可能被吸收，而吸收的光子最小能量等于禁带宽度 E_g，才可能产生电子跃迁。

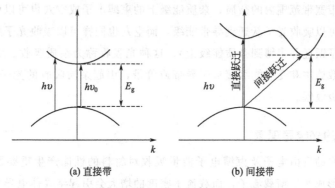

(a) 直接带　　　　　　　　(b) 间接带

图 2-38　半导体直接带和间接能带与带间跃迁

本征吸收会形成一个连续吸收带，并具有一长波吸收限。因此，从光吸收的实验可以得到得禁带宽度大小。在常见半导体中，化合物半导体如 GaAs、InSb 材料的导带极小值和价带极大值对应于相同的波矢，称为直接带隙半导体。这种半导体在本征吸收过程中，产生电子直接跃迁。

还有很多半导体的导带和价带极值点不对应于相同的波矢。如 Si、Ge 半导体，若价带顶位于 k 空间原点，而导带底则不在 k 空间原点。这类半导体称为间接带隙半导体，如图 2-38（b）所示。材料发生的光吸收和本征吸收不同，间接跃迁所吸收的光子能量比禁带宽度大，这是因为在非直接跃迁过程中，电子不仅吸收光子，同时还和晶格交换一定的能量，放出或吸收一个声子，以匹配两个能态的波矢量差异。这种除了吸收光子外还与晶格交换能量的非直接跃迁，也称间接跃迁。即间接跃迁过程是电子、光子和声子三者同时参与的过程，间接跃迁过程中，电子吸收光子实现由价带跃迁到导带时，必须吸收或发射一个声子，电子跃迁的动量变化等于声子动量。

$$(k' - k) = \pm q \tag{2-91}$$

式中，q 为声子的波矢。

（3）其他吸收过程

实验表明，大于本征吸收限波长的光波在半导体中也能被吸收。理论和实验都说明，除了本征吸收外，还存在着其他的光吸收过程，能量 $h\nu < E_g$ 的光子也会被半导体吸收，主要包括激子吸收、杂质吸收、自由载流子和声子吸收等。

如果是价带电子吸收光子，受激发后跃出价带但不足以进入导带而成为自由电子，因受到空穴的库仑力作用，受激电子和空穴互相束缚而结合在一起成为一个新的系统，这种系统称为激子，这种吸收并不引起价带电子直接激发到导带的光吸收称为激子吸收。激子可以在整个晶体中运动，但由于它整体上是电中性的，故不形成电流。激子在运动过程中可以通过两种途径消失，一是通过热激发或其他能量的激发使激子分离成为自由电子或空穴；另一种是激子中电子和空穴复合，激子湮灭而同时放出能量（发射光子或声子）。

如果入射光子的能量小，不足以引起电子带间跃迁或形成激子时，仍然可能被吸收，出现自由载流子在同一能带内的跃迁，称为自由载流子吸收。自由电子吸收低能量光照，在同一能带内发生电子从低能态到较高能态的跃迁，这种跃迁过程所吸收的光子能量小，一般是红外吸收。

能级位于禁带宽带范围内的杂质，杂质能级上的束缚电子或空穴也可以引起光吸收。杂质能级上的电子可以吸收光子跃迁到导带能级，而空穴也同样可以吸收光子跃迁到价带（或者说是价带上电子跃迁并束缚到杂质能级上）。这种光吸收称为杂质吸收。对于大多数杂质半导体来说，多数施主和受主能级接近导带或价带，引起杂质吸收的光子接近禁带宽带，吸收峰靠近本征吸收限。

2.8.2 半导体的光电导现象

半导体材料中的自由电子及束缚电子能量吸收对材料的性能产生重要影响。由于光吸收在半导体中会形成非平衡载流子，而载流子密度的增大会引起半导体电导率增大。这种由光照引起半导体电导率增加的现象称为光电导。本征吸收引起的光电导称为本征光电导。

无光照时，半导体的暗电导率表达为

$$\sigma_0 = e(n_0\mu_n + p_0\mu_p) \tag{2-92}$$

光注入下产生非平衡载流子，电子和空穴密度分别增加 Δn 及 Δp，电导率变化量为

$$\Delta\sigma = e\Delta n\mu_n + e\Delta p\mu_p \tag{2-93}$$

半导体材料在本征吸收中，光激发产生的电子和空穴数是相等的，即 $\Delta n = \Delta p$。但并不是光生电子和光生空穴都对光电导有贡献。因为在它们复合消失前，一般只有其中一种光生载流子（一般是多数载流子）有较长时间存在于自由状态，而另一种光生载流子往往被陷阱能级束缚而不参与导电，所以附加电导率应为

$$\Delta\sigma = e\Delta n\mu_n$$

或

$$\Delta\sigma = e\Delta p\mu_p \tag{2-94}$$

2.8.3 半导体的光生伏特效应

在能量达到或超过半导体禁带宽度的光照下，半导体中不仅产生电子-空穴对，提高半导体的光电导，而且一定条件下半导体及其器件结构中产生电势或电场的现象称为光生伏特现象。光生伏特现象主要有丹倍效应（Dember effect）和 p-n 结光生伏特效应。

2.8.3.1 丹倍效应

半导体在足够高能量的光照射下，在半导体近表面产生大量电子-空穴对，表面层的非平衡载流子 $\Delta n = \Delta p$。光生载流子向内部扩散，产生指向体内的载流子密度梯度，如图 2-39（a）所示。由于电子和空穴扩散系数和迁移率不同，电子扩散比空穴快，总的扩散电流沿 x 轴负方向，如图 2-39（b）所示。半导体上、下分别产生正、负电荷累积而打破局部电中性状态。半导体的上部光照面带正电荷，下部带负电荷，形成沿 x 方向的电场 E_x。该电场的产生又引起载流子沿 x 轴反方向做漂移运动，形成漂移电流。达到平衡时总电流为零，在半导体中建立了稳定的电场和电位差，如图 2-39（c）所示。这种由光生非平衡载流子扩散速度差异所引起的，在光照方向上产生电场和电位差的现象称为丹倍效应。

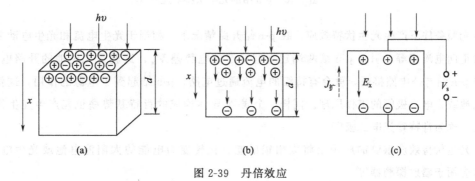

图 2-39 丹倍效应

2.8.3.2 p-n 结光生伏特效应

p-n 结受到光照时，能量大于禁带宽度的光子被本征吸收，产生电子-空穴对。在内建电场的作用下，p-n 结区产生光生电动势，形成回路则会有电流出现，该电流称为光生电流。这种由内建电场引起的光电效应称为光生伏特效应。光激发下多数载流子密度一般改变很小，而少数载流子密度变化却很大，因此应主要研究光生少数载流子的运动问题。

由于 p-n 结势垒区内存在较强的内建电场（自 n 区指向 p 区），结区内产生的光生电子-空穴对受内建电场的作用，各自向反方向漂移，电子穿过 p-n 结进入 n 区，空穴进入 p 区。另外，p 区所产生的光生电子在距离结区边界小于电子扩散长度 L_n 条件下可扩散进入结区，被内建电场漂移至 n 区。同样的，n 区光生空穴在距结区边界小于其扩散长度 L_p 时也会扩散进入结区被电场漂移至 p 区。如图 2-40 所示，这些光生载流子在 p-n 结两端累积形成了一个和内建电场相反的光生电动势，这就是 p-n 结光生伏特效应。各区域光照所产生的电子-空穴对靠扩散和内建电场的漂移作用实现正、负载流子分离，从而在 p-n 结内部形成一个自 n 区流向 p 区的光生电流，方向和内建电场一致。光照在 p-n 结两端产生的光生电动势，相当于在 p-n 结上外加正向电压 V，使势垒降低，产生正向电流。以上分析可以看出，p-n 结光生电位差是各区域的光生非平衡少数载流子经过扩散和内建电场漂移共同作用的结果，而光生多数载流子则对光生电位差没有贡献。

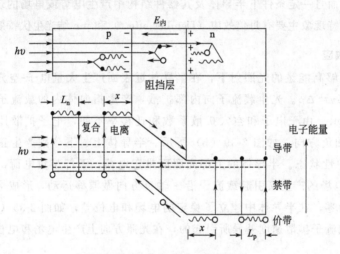

图 2-40　p-n 结的光生伏特效应

光照条件下产生光生伏特效应，在 p-n 结开路情况下，相当于光生电流和光生电动势引起的正向电流相等，引起 p-n 结两端建立起稳定的电势差 V_{oc}，这就是光电池的开路电压。如将 p-n 结与外电路接通，就会有持续的电流通过电路，p-n 结起到了电源的作用，这就是光电池或光电二极管的工作原理。同样，金属-半导体构成的肖特基势垒也能产生光生伏特效应，称为肖特基光电二极管。

光生伏特效应重要的应用是将太阳辐射能直接转变为电能的太阳能电池或光生电场，还可应用于辐射探测器等。

2.8.4　霍尔效应及其应用

金属或半导体载流状态下，在与电流方向垂直的磁场作用下，产生一横向电位差的现象称为霍尔效应（Hall effect），这是美国物理学家霍尔于 1879 年发现的。半导体的霍尔效应尤为明显，常用于半导体材料的一些基本参数测量和测试分析。图 2-41 给出一块长度为 l、宽带为 w、厚度为 d 的半导体，如有电流沿长度 x 方向通过，外加磁场沿 z 方向，则定向运动的电子或空穴受洛仑兹力作用向-y方向偏转。由于半导体主要有一种载流子，如果是 p 型半导体，则产生如图 2-41 所示沿 y 轴方向的电场，即霍尔电场。

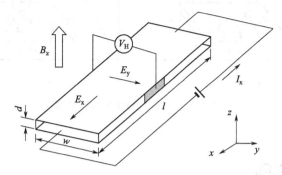

图 2-41　p 型半导体霍尔效应

霍尔电场的建立会阻止半导体中空穴进一步偏转，直至空穴受到的电场力与洛仑兹力相等，则不再偏转，在半导体两侧建立了一稳定电位差 V_H，这时

$$V_H = E_y w \tag{2-95}$$

定义半导体中载流子的霍尔系数

$$R_H = \frac{1}{pe} \tag{2-96}$$

稳定时电场力等于洛仑兹力：$Eq = qvB$，其中 v 是空穴定向移动速度，B 是磁感应强度，则

$$E = vB = \frac{jB}{pe} \tag{2-97}$$

霍尔电场 E_H 和电压 V_H 分别为

$$E_H = jB \frac{1}{pe} = jBR_H \tag{2-98}$$

$$V_H = E_H w = R_H \frac{IB}{d} \tag{2-99}$$

p 型半导体中附加霍尔电场沿 y 轴正向，电流密度 J_x 和霍尔系数 R_H 分别为

$$J_x = pev_x \tag{2-100}$$

$$R_H = \frac{1}{pe} \tag{2-101}$$

n 型半导体中附加霍尔电场沿 y 轴负方向，电流密度 J_x 和霍尔系数 R_H 分别为

$$J_x = -nev_x \tag{2-102}$$

$$R_H = -\frac{1}{ne} \tag{2-103}$$

所以，根据半导体的霍尔效应可以测定载流子的密度和迁移率，并判断半导体的类型。如图 2-42 所示，n 型和 p 型半导体所产生的霍尔电压 V_H 正、负相反，相应的霍尔系数符号也相反，故可由霍尔电压的正负判别半导体的导电类型。

霍尔效应除了可以研究半导体材料性质以外，还可以利用半导体霍尔效应制成霍尔敏感元件和集成霍尔功能器件，在自动化、机器人、信息和检测技术中有重要应用。

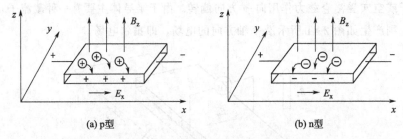

(a) p型　　　　　　　　　　　　　　(b) n型

图 2-42　霍尔效应判断半导体类型

2.9　热电效应

导体和半导体材料中如存在温差就会产生热流，如存在电位差就会产生电流。实验还发现，热流和电流之间有一定的相关性，即温差、电位差和电流及热流之间存在一定的联系，构成了所谓的热电效应。热电效应是由温差引起的电效应和电流引起的可逆热效应的总称，包括泽贝克（Seebeck）效应、佩尔捷（Peltier）效应和汤姆逊（Thomson）效应，分别称为第一热电效应、第二热电效应和第三热电效应，统称为三大热电效应。具有热电效应的材料称为热电材料，热电材料就是一种将热能和电能相互转换的功能材料。

2.9.1　泽贝克效应

1823 年，德国人泽贝克（Seebeck）发现了热电现象，当两种材质不同的导体两端连接成回路时，将两个连接接头置于不同温度下，则两个接头之间产生电动势，回路中会有电流存在，这个现象被称为泽贝克效应，也称为第一热电效应。如图 2-43 所示，a、b 两种导体构成回路，两接头间产生的电势称为温差电势或热电势，回路中的电流称为热电流。热电势的大小 V 和两端的温度差 ΔT 之间近似呈线性关系：

$$V = S\Delta T \tag{2-104}$$

式中，S 为热电势率或泽贝克系数。

产生热电势和热电流的原因与两种材料连接引起的接触电位及同一材料两端因温度差异引起的温差电位相关。首先，两种不同材料接触，因两种材料中电子逸出功不同，自由电子密度也存在差异。若金属 a 电子密度高，电子会从金属 a 向 b 扩散，结果接触界面金属 a 侧为正电位，金属 b 侧为负电位，接触面附近形成一个空间电荷区，产生了一个由金属 a 指向金属 b 的结内电场，如图 2-44 所示。结内电场的形成将阻止自由电子继续扩散，最终达到动态平衡，产生一定大小的结内电场和接触电位差。

如高温 T_1 端产生的接触电位差可表达为

$$V(T_1) = (W_a - W_b) + \frac{k_B T_1}{e} \ln \frac{n_a}{n_b} \tag{2-105}$$

式中，W_a 和 W_b 分别为 a、b 两种导体的电子逸出功；n_a 和 n_b 分别是它们的电子密度。

另外，同一导体两端如存在温度差，存在热流的同时会产生自由电子流动。因为高温端的电子能量高，会向低温端扩散。宏观上造成低温端堆积负电荷，高温端带正电荷，引起导体两端产生的电位差称为温差电位差。这样导体内部会形成一个温差电场阻止电子进一步从高温端向低温端流动，导体内部达到一个动态平衡，两端就建立起一个稳定的温差电位差。

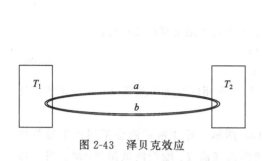

图 2-43 泽贝克效应

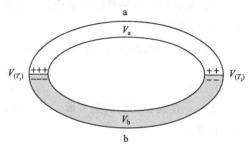

图 2-44 泽贝克效应原理

这样，回路中总的热电势

$$\varepsilon = V_{(T_1)} - V_{(T_2)} + (V_a - V_b) \tag{2-106}$$

其中，前两项是两个接头的接触电位差的差，后一项是两种导体的温差电位差的差。

2.9.2 佩尔捷效应

1834 年法国钟表匠佩尔捷（Peltier）发现了泽贝克效应的逆效应，即外加电流通过两个不同导体连接形成的回路时，两个连接接头一个放热另一个吸热的现象称为佩尔捷效应，也称第二热电效应。如改变电流方向，则吸热、放热端也随之反转。很明显，佩尔捷效应是泽贝克效应的逆效应。

接头上流出或流入的热流量 dQ/dt 与通过的电流 I 成正比：

$$dQ/dt = \pi I \tag{2-107}$$

式中，系数 π 为佩尔捷系数，规定发生吸热时 π 取值为正，反之为负。

如图 2-45 所示，a 和 b 两导体在接头处有接触电位差 V，假设其方向是由金属 a 指向金属 b。在接头 I 处，电子是由金属 a 流向金属 b，接触电位构成的电场将阻碍外加电流的电子流动，载流电子需反抗电场力做功，动能减小，造成电子和晶格原子两个系统能量不平衡。大量被减速的电子在运动中受到接头处的晶格原子散射，电子会从原子散射中获得动能，结果使接头处温度降低，相应会从外界吸收热量。

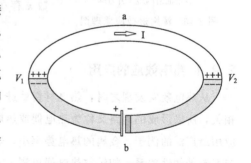

图 2-45 佩尔捷效应原理图

接头 2 处，接触电位电场使电子加速，电子越过时动能增加，被加速的电子与接头附近的原子散射时，把增加的动能部分传递给晶格原子，从而使接头 2 处局部温度升高，释放热量。

2.9.3 汤姆逊效应

当一个均匀导体上存在温度梯度时，如果有电流通过，会在导体的侧面横向产生放热或吸热现象，吸热或放热视电流的方向和温度梯度的方向而定，电流和温度梯度方向相同为吸热，反之是放热。此种热电现象称为汤姆逊效应或第三热电效应，是汤姆逊（Thomson）于1854年发现的。

吸热或放热的热流量 dQ/dt 与导体上的电流 I 大小及其温度梯度成正比：

$$\frac{dQ}{dt} = \mu I \frac{dT}{dx} \qquad (2\text{-}108)$$

式中，系数 μ 为汤姆逊系数。当 I 和 dT/dx 的方向相同时为吸热效应，μ 取正值，反之为负数。

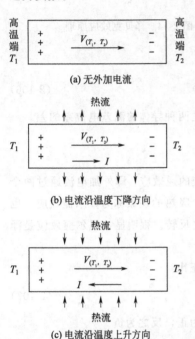

(a) 无外加电流

(b) 电流沿温度下降方向

(c) 电流沿温度上升方向

图 2-46 汤姆逊效应原理图

如图 2-46（a）所示，导体两端温度不同产生温差电位差 $V_{(T_1, T_2)}$，方向由高温 T_1 端指向低温 T_2 端。当外加电流 I 与 $V_{(T_1, T_2)}$ 同向时，电子被温差电场加速，电子从温差电场获得能量，一部分用于增加电子达高温端所需的动能，其余的能量通过电子与晶格原子碰撞传递给原子，使导体温度升高而放出热量，如图 2-46（b）所示。当外加电流 I 与 $V_{(T_1, T_2)}$ 反向时，电子将从 T_1 向 T_2 定向流动，被温差电场减速，这些电子与晶格原子碰撞时，从原子中获取能量，使晶格能量降低，整个导体温度就会降低，因低于环境温度从而从外界吸收热量，如图 2-46（c）所示。

当两种导体组成的回路，在两接触端温度不同时，三种热电效应会同时产生。泽贝克效应产生热电势和热电流，热电流通过接触点时要吸收或放出佩尔捷热，电流通过导体时要吸收或放出汤姆逊热。热电势率 S、佩尔捷系数 π 存在如下关系：

$$\pi = ST \qquad (2\text{-}109)$$

2.9.4 热电效应的应用

从热电效应发现之时，热电材料就进入研究者的视野。根据泽贝克效应，热电势和温差相关，所以形成的回路又称为热电偶或热电池。热电偶广泛用于温度测量，这是泽贝克效应应用最广泛的例子。金属的热电势率小，热电特性重现性好，可在较大温区范围保持热电势与温差的线性关系。如铂铑热电偶可测 1700℃ 高温，铜-康铜热电偶在高于室温直至 15K 的温度范围内具有高灵敏度。多个热电偶串联成热电堆可获得更高灵敏度，用于探测微弱的温差甚至红外辐射。

半导体泽贝克效应比金属导体显著，金属热电势率只有几个 $\mu V/℃$，而半导体热电势率有几个 $mV/℃$。所以用于温差发电的材料一般使用半导体材料，如将多个 p-n 结串联可得到可观的电压。温差发电是泽贝克效应的另外一个应用领域，如图 2-47（a）所示。到目前为止，温差发电的效率还是很低，一般不超过 4%。

佩尔捷效应将电能转化为热能，所以可利用这个效应制造制冷器。制冷器一般采用热电势率高的半导体材料，因此常称为半导体制冷。如图 2-47（b）所示，在 p-n 结接头热端外加电流，在冷端发生吸热现象而产生制冷效果。常见于实验室和医院小型制冷设备。以及低温恒温器和光电探测器的制冷等。

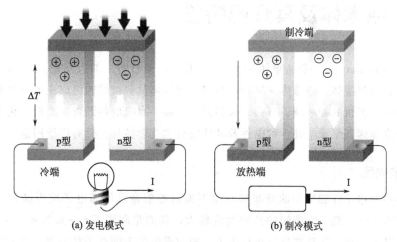

(a) 发电模式 (b) 制冷模式

图 2-47 热电效应的应用示意图

图 2-47（b）给出热电制冷过程，回路中由 n 型半导体中的电子或 p 型半导体中的空穴导电，从冷端带到热端的佩尔捷效应热流大小和温度梯度关系

$$J_{con} = S^2 \sigma T \frac{dZ}{dT} \tag{2-110}$$

式中，Z 为一个无量纲；S 为热电材料的泽贝克系数；σ 为电导率；T 为绝对温度。

同时，由热端到冷端存在扩散热流，即

$$J_{th} = K \frac{dZ}{dT} \tag{2-111}$$

显然，制冷过程需要 $J_{con} > J_{th}$。两种热流之比表达了热电材料的制冷效应大小，称为热电优值 Z_T，则

$$Z_T = \frac{S^2 \sigma T}{K} \tag{2-112}$$

式中，K 为热导率。

显然，提高材料的热电优值 Z_T 才能提高材料的制冷效率。式（2-112）显示，材料的热电优值 Z_T 与电导率成正比，与热导率成反比，这对多数的导体和半导体材料来说是一对矛盾。

理论上实现半导体制冷只需要满足 $Z_T > 1$，而研究认为，当热电材料的 Z_T 值达到 3 时，热电制冷元器件的制冷效率才能与传统的压缩机制冷相比拟。热电技术是实现热能和电能直接相互转化最简单的技术，可以把太阳能、地热、工业废热转化成电，反之也能作为热泵实现制冷。热电器件具有全固态、质量小、响应快、无运动部件和无有害工作介质等优点，

热电转换技术的核心问题是寻求高热电优值材料。希望材料具有低的热导率、高的电导率和高温差电势率，但是在一个晶体材料中难以同时拥有这些特性，因为三个热电参数之间是相互关联的，优化一个参数就会导致其他参数恶化。追求高优值热电材料一直是研究的焦点，尽管已经取得了显著进展，但仍然不能满足工业应用的要求。为实现热电技术的规模化应用，仍需热电研究者不断努力。

2.10 绝缘体及其介电特性

绝缘体（insulator）一般指电阻率大于 $10^9 \Omega \cdot m$ 的材料，如天然的金刚石、陶瓷、云母、橡胶等都是绝缘体。绝缘体材料种类很多，绝缘体材料按结构组成主要分为有机绝缘体和无机绝缘体。无机的如玻璃、石棉、大多数氧化物，有机的如沥青、塑料、化学纤维等石化产品。绝缘体因其绝缘电性、耐电性及其他物理和化学特性，具有广泛用途。

2.10.1 绝缘体

绝缘体中的电子在能带中的分布特点是下面基态能带已填满电子成为满带，而上面能带是空带没有电子。两个能带间的禁带宽度较大，其能量间隔 Eg 一般为 $4 \sim 5 eV$，宽禁带是绝缘体的基本特征。即使在外电场作用下，被占满能带上的电子状态也不会发生改变，满带的电子以相同概率在波矢空间各个方向运动，宏观上不产生电流，即满带中的电子不参与导电。空带中没有电子，当然更谈不上导电。绝缘体的禁带宽，一般外电场不足以使电子越过禁带从满带跃迁到空带上去，因此一般情况下绝缘体不导电。当然，如果给绝缘体施加很高的电压，也可以把绝缘体击穿，而呈现一定导电性。绝缘体的纯度越高，其绝缘性越好。若绝缘材料中存在杂质，则会在禁带中间产生杂质能级，使其绝缘性能下降，即电阻下降。这正好同金属导体相反，在金属中含有杂质，会使电阻率大。因为前者杂质提供载流子，而后者杂质对电子运动有散射作用。

2.10.2 电介质及介电极化行为

电介质（dielectric materials）是指在外电场中可以被极化的绝缘体，可以被极化的绝缘体材料被称为介电材料，通常两者是等同的。根据电介质中束缚电荷的分布特征，可将组成电介质的分子分为非极性分子和极性分子两大类。非极性分子是指分子结构中的束缚电荷对称分布，正电荷与负电荷的中心重合，对外不显示电性，由非极性分子构成的电介质称为非极性电介质。极性分子是指其内部束缚电荷分布不对称，正电荷与负电荷的中心不重合，分子本身构成一个电偶极矩，称为电偶极子。由极性分子构成的电介质称为极性电介质。

非极性分子不受外电场作用时没有电偶极矩。置于外加电场中时，非极性分子在电场作用下使正、负电荷的中心被拉开微小的距离，即正、负电荷中心产生相对位移，如图 2-48（a）所示，形成了一个电偶极子或产生一个电偶极矩，电偶极矩的方向与外电场方向平行。外电场越强，分子中正、负电荷中心偏离越大，电介质分子电偶极矩的矢量和也越大。非极性分子电介质在外电场中显现出来的这种极化特性称为位移极化，也称为电子位移极化或简称电子极化。

极性分子结构的正、负电荷中心不重合致使其本身具有一个固有电偶极矩。由于电介质分子的无规则热运动，使得每个极性分子的电偶极矩取向无规则分布。因此极性电介质中所有分子电偶极矩的矢量和为0，宏观上对外不产生电场，对外不显示电特性。有外加电场时，每个极性分子的电偶极矩都受到电场力的作用，使得极性分子的电偶极矩在一定程度上转向外电场方向，最终使得电介质中分子电偶极矩的矢量和不等于0。外电场越强，分子电偶极矩排列越整齐，电介质中电偶极矩的矢量和也越大。极性电介质的这种极化类型称为取向极化或转向极化，如图2-48（b）所示。

由正、负离子构成的离子型电介质也可看成是一种极性电介质，如碱卤化物晶体就是典型的离子型介电材料。离子型介电材料在电场作用下，正、负离子偏移平衡位置所产生的极化称为离子位移极化，相当于正、负离子形成一个感生偶极矩，也可以理解为离子晶体在电场作用下离子键被拉长，如图2-48（c）所示。这种离子晶体的极化称为离子极化。还有一种介电材料中有可移动的带电粒子，如杂质离子或载流子，在外电场作用下发生正、负电荷分离而分别向反方向移动，这种极化方式称为空间电荷极化或界面极化，如图2-48（d）所示。

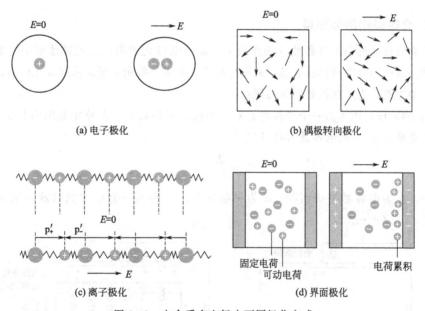

(a) 电子极化

(b) 偶极转向极化

(c) 离子极化

(d) 界面极化

图 2-48　电介质在电场中不同极化方式

另外，在多晶体介电材料结构的缺陷处，如晶界、位错、空位等位置往往存在空间电荷。所谓空间电荷是指介电材料中存在多余的电荷分布在特定的空间区域，往往因结构缺陷处势场低，成为电荷的陷阱而构成空间电荷。这些空间电荷在外电场作用下产生运动，即空间电荷的正、负电荷质点分别向外电场的负极或正极方向移动，从而表现为一种特殊的极化现象，也称为空间电荷极化或界面极化。介电材料化学成分或结构的不均匀性也可形成空间电荷极化，所以空间电荷极化常常发生在不均匀介质中。由于空间电荷的积聚，可形成很高的与外场方向相反的电场，有时又称这种极化为高压式极化。空间电荷极化一般随温度升高而下降。这是因为温度升高，离子运动加剧，离子容易扩散，空间电荷量减小。空间电荷极化需要较长时间，从数秒至数十小时，因此空间电荷极化只对直流和低频下的极化有贡献。

一般地，在外加电场作用下，电介质中非极性分子的束缚电荷发生位移产生的位移极化，极性分子的固有电偶极矩趋于场方向而产生的取向极化，以及离子型介质中正、负离子偏离平衡位置造成的离子极化和空间电荷极化统称为电介质的极化。以上介电材料在外电场中由内部的束缚电荷发生弹性位移或电偶极子产生取向转向的现象就是所谓的电极化现象。根据极化方式可以把绝缘体分为非极性材料和极性材料，前者指位移极化的介电质，后者指转向极化的介电质。电介质的极化使得电介质表面带电，表面电荷改变了电介质中的电场大小，这种电介质表面电荷称为极化电荷。极化电荷与导体中的自由电荷不同，不能自由移动，因此也称为束缚电荷。但是极化电荷与自由电荷一样是产生电场的来源，极化电荷对外电场有影响，会引起电介质体内电场的变化。

电介质极化过程受到外电场、温度等外在条件的影响，建立极化平衡过程或改变外在条件建立新平衡往往需要一定的时间，此过程是个弛豫过程，所以介电极化过程一般是弛豫极化。另外，介电材料中有一类极性材料在一定温度范围内会自发产生极化，在外电场的作用下其极化方向也可以改变，这类介电材料称为铁电体，将在后面章节专门讨论。

2.10.3 介电极化的物理量

由于介质材料的高阻抗和处电场作用下表现出电极化现象，被大量地用于电绝缘体和电容元件。为描述介电材料在电场中的极化行为，常用一些物理量来描述极化性能。下面以平板电容器为例，引入这些物理量的概念。

如图 2-49（a）所示为一个平板电容器，平板之间是真空。在外加电压为 U 的条件下，电容器带电量为 Q_0，则电容器的电容 C_0 为

$$C_0 = \frac{Q_0}{U} = \varepsilon_0 \frac{A}{d} \tag{2-113}$$

式中，A 为电容器平板面积；d 为平板间距；ε_0 为真空介电常数（或真空电容率），$\varepsilon_0 = 8.85 \times 10^{-12} \, \mathrm{F/m}$。

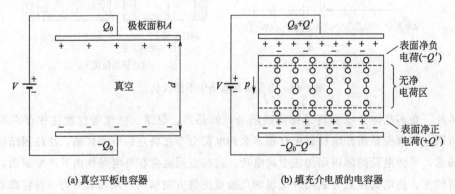

(a) 真空平板电容器　　　　　　　(b) 填充介电质的电容器

图 2-49　平板电容器

图 2-49（b）所示为相同尺寸的平板电容器，平板之间充满介电材料。相同外加电压为 U 的条件下，因介电材料发生电极化，介电材料的表面会带有一部分净电荷，电荷量为 Q'，

在介电材料内部形成一个和外电场方向相反的感生电场。相应地，在电容器平板上会产生等量的异种电荷。这时，平板电容器带电量为 $Q_0 + Q'$，则电容器的电容 C 为

$$C = \frac{Q_0 + Q'}{U} = \varepsilon \frac{A}{d} \tag{2-114}$$

系数 ε 为介电材料的介电常数或介电电容率，表达为

$$\varepsilon = \varepsilon_r \varepsilon_0 \tag{2-115}$$

或

$$\varepsilon_r = \varepsilon/\varepsilon_0 = C/C_0 \tag{2-116}$$

ε_r 为电介质的相对介电常数。相对介电常数 ε_r 有一定的物理意义，即相对于真空条件下，电容强度提高 ε_r 倍，电容内部电场减小为原来的 $1/\varepsilon_r$。一些常见材料的介电常数：石英为 3.8、绝缘陶瓷为 6.0、PE 为 2.3、PVC 为 3.8。

实际材料的介电常数并不是常数，会随温度和外电场性质有所变化。如图 2-50 所示为尼龙 6 的介电常数随温度和外电场频率的变化曲线。

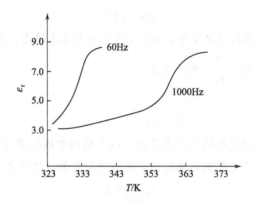

图 2-50　尼龙 6 的介电常数随温度和外电场频率的变化曲线

2.10.4　电偶极矩与极化强度

（1）介电极化强度

介电材料的电极化呈现出来的物理现象是介电材料中大量的分子在外电场作用下极化所表现出的宏观行为。从分子角度来看，可看成是一个正点电荷 e 和一个负点电荷 $-e$ 互相束缚在一起，间距为 l，这样就构成一个电偶极子。若从负电荷到正电荷作一矢量 l，则这个分子具有的电偶极矩矢量可表示为

$$\boldsymbol{p} = e\boldsymbol{l} \tag{2-117}$$

电偶极矩的单位为 C·m（库仑·米）。

在电场 $\boldsymbol{E}$ 的作用下一个电偶极子 $\boldsymbol{p}$ 的位能为

$$U = -\boldsymbol{p} \cdot \boldsymbol{E} \tag{2-118}$$

式（2-118）表明，当电偶极子的取向与外电场同向时能量低，反向时能量高。电偶极子受到电场的作用力 $\boldsymbol{f}$ 及其作用力矩 $\boldsymbol{m}$ 分别为

$$\boldsymbol{f} = \boldsymbol{p} \nabla \boldsymbol{E} \tag{2-119}$$

$$\boldsymbol{m} = \boldsymbol{p} \times \boldsymbol{E} \tag{2-120}$$

因此，电场力的作用使电偶极矩向电力线密集处平移，而力矩则使电偶极矩朝外电场方

向旋转。单位体积电介质中电偶极矩矢量和称为极化强度。

$$P = \frac{\sum_i \boldsymbol{p}_i}{V} \tag{2-121}$$

极化强度 P 是一个具有平均意义的宏观物理量，单位为 C/m^2。

（2）极化率和介电常数

在外电场 $\boldsymbol{E}_0$ 中，电介质极化在表面产生束缚电荷，束缚电荷在介电质内产生附加电场 $\boldsymbol{E}'$，因 $\boldsymbol{E}'$ 和外加电场方向相反被称为退化电场。极化强度和退化场存在如下关系：

$$E' = \frac{P}{\varepsilon_0} \tag{2-122}$$

退化场的存在，使电介质中总的电场强度

$$E = E_0 + E'$$

实际上电介质中任一处极化强度 P 和电场强度 E 关系为

$$P = \varepsilon_0 \chi_e E \tag{2-123}$$

式中，χ_e 称为电介质的电极化率，决定于介电材料本质属性，大小与外电场无关。

由于 $E = E_0 - E' = E_0 - \dfrac{P}{\varepsilon_0} = E_0 - \chi_e E$

因此

$$E_0 = (1 + \chi_e)E = \varepsilon_r E \tag{2-124}$$

式（2-124）表明，电场中填充介电质后，电介质内电场强度为真空时电场强度的 $1/\varepsilon_r$ 倍。其中 ε_r 是介质相对介电常数。电介质的相对介电常数与电极化率 χ_e 有如下关系：

$$\varepsilon_r = 1 + \chi_e \tag{2-125}$$

2.10.5 介电损耗

电介质在电场中被极化，外电场提供能量。特别是在交变电场中，电介质往复极化会发热，由电能转化为热能，这种能量损耗称为介电损耗（dielectric loss）。介电损耗一般由两方面原因引起：一是实际电介质材料并非理想绝缘体，在外电场中存在一定电导或很小的漏电电流，这一电流与电介质中自由载流子相关，由此引起的损耗称为电导损耗，静电场下的损耗基本上是这种类型；另一种损耗称为极化损耗，在交变电场中，电介质的极化方向随外电场交替改变。实际电介质材料突然加上一电场，所产生的极化过程不是瞬时完成的，极化滞后于电压，这一滞后通常是偶极子的极化和空间电荷极化所致，由此介质极化而引起的相关电流损耗称为极化损耗。

利用理想电容和电阻构成的等效电路进一步分析以上两种介电损耗问题。第一种漏电损耗的等效电路如图 2-51 所示，为一个理想电容和一个电阻并联，其中电阻上的能耗代表介质极化损耗。理想电容器在电路中的电流落后于电压 90°。因为有电导电流的存在，这一相位差变为（90°−δ），角度 δ 称为损耗角，即实际电介质的电流位相滞后理想电介质的电流 δ 角。这样，通过电阻和电容上的电流分别为

$$I_R = \frac{U}{R} \tag{2-126}$$

$$I_c = \omega UC \qquad (2\text{-}127)$$

损耗角正切值

$$\tan\delta = \frac{I_R}{I_c} = \frac{1}{\omega RC} \qquad (2\text{-}128)$$

损耗角的正切值 $\tan\delta$ 称为介电损耗因子。

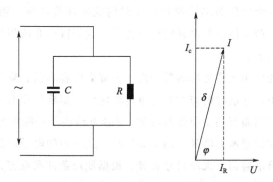

图 2-51　介电质漏电损耗等效电路

第二种极化损耗的等效电路如图 2-52 所示，为一个理想电容和一个电阻串联，它们的电流同相位，电容上的电压落后电阻电压 90°。总的电流电压相位差为（90°−δ），即实际电介质的电压位相滞后理想电介质的电压为 δ 角。这样，通过电阻和电容上的电压分别为

$$U_R = I_R R \qquad (2\text{-}129)$$

$$U_c = \frac{I}{\omega C} \qquad (2\text{-}130)$$

则损耗因子

$$\tan\delta = \frac{U_R}{U_c} = \omega RC \qquad (2\text{-}131)$$

实际电介质的介电常数一般表达为复数形式：

$$\varepsilon = \varepsilon' + i\varepsilon'' \qquad (2\text{-}132)$$

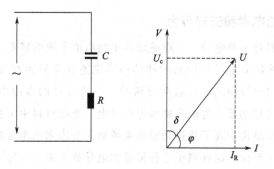

图 2-52　介电质极化损耗等效电路

其中实数部分 ε' 为等效电路中理想电容相关的介电常数，表示电容能量的存储性能；虚数部分 ε'' 和等效电路中电阻能量损耗相关，表示电介质极化损耗。相应的介电损耗因子表达为

$$\tan\delta = \frac{\varepsilon''}{\varepsilon'} \tag{2-133}$$

可见，介电损耗因子高，介电损耗就高。一般反映介电材料在交变电场中介电性能的好坏用品质因数 Q 表示。

$$Q = 1/\tan\delta \tag{2-134}$$

介电损耗因子是电介质作为绝缘材料使用时的重要评价参数，物理意义上表示介电材料在电场中获得一定电荷存储量所消耗的能量比率。为了减少介质损耗，希望材料具有较小的介质损耗角或损耗因子。

介电材料最常见的应用是作为电容器介质。为提高电容容量、降低功耗，希望介质的介电系数高、损耗因子小。介电材料作为防静电材料使用，则希望介电常数小以利于降低静电量，同时介质损耗因子高而有利于电量的耗散。表 2-9 给出了一些常见介电材料的介电常数和介电强度。电容器作为基本元器件应用十分广泛，从一般的电子产品中的小型纸质电容器到公共汽车储电的超级电容器，大小尺寸各异。根据使用条件和电容大小所选择的介电材料往往不一样，有些介电材料适于在低频条件下使用，有些材料则适于在高频条件下使用。

表 2-9　常见介电材料的性能

材料	介电常数		介电强度/(V/mm)
	60Hz	1MHz	
滑石	—	5.5~7.5	8000~14000
云母	—	5.4~8.7	40000~80000
钠钙玻璃	6.9	6.9	10000
陶瓷	6.0	6.0	1500~15000
石英玻璃	4.0	3.8	10000
尼龙-6	4.0	3.6	15000
聚苯乙烯	2.6	2.6	20000~28000
聚四氟乙烯	2.1	2.1	16000~20000

2.10.6　介电材料的电导和击穿行为

理想的绝缘体材料是不导电的，一般绝缘体中的载流子浓度极低，相应电导也极低，这是绝缘材料的特性。实际介电材料因杂质和结构不完整性等原因在外电场中会造成绝缘材料的漏电现象。介电材料微弱的电导载荷有两种，一是微量的自由电子，二是可移动的离子。以电子或空穴定向移动形成的电导称为电子导电；绝缘材料中可移动的离子来源于两个方面，一是因介电材料结构中离子热运动脱离束缚而离解出来的本征离子，二是材料中含有可动的杂质离子或离子空位，这种离子迁移形成的电导称为离子电导。一般低压条件下以离子导电为主，高压情况下以电子导电为主。

介电材料在电场中形成漏电电流，其包括体电流和表面电流两部分。体电流决定于材料本身，表面电流往往和环境相关，特别是表面潮湿条件下，会明显提高绝缘材料的表面电导。因为表面极化吸附会带有电荷，在电场作用下参与导电构成表面漏电。

绝缘体在高电压条件下会受到电击穿而失效。当外加电场超过某个阈值时，绝缘体会突然转变为导体。此阈值与材料的能隙宽度成正比。这是由于电击穿过程中，自由电子被强电场加速到足够快的速度，这些高速电子撞击原子中的束缚电子，使材料中的大量分子电离。新的自由电子又被加速并撞击其他原子，产生更多的自由电子，形成一个链式反应。这样会在绝缘体中产生高密度可移动的载流子，将介电材料的电阻率降至一个很低的水平。

2.11 介电材料的极化与电学效应

介电材料在外电场中产生极化现象，宏观上会出现一些与电学相关的物理现象，主要包括压电效应、热电效应及热释电效应等，下面一一叙述。

2.11.1 压电效应

当受到一定方向的外力作用时，介电材料产生电极化现象，在晶体相对的两个表面上产生符号相反的电荷。所产生的电荷量与晶体受到外力的大小成正比。当外力撤去后，晶体又会恢复到不带电的状态。如外力作用方向改变时，电荷的极性也随之改变。介电材料这种因受到应力而引起内部正、负电荷中心相对位移产生的极化，并导致某个方向的两端表面出现符号相反的束缚电荷的现象称为压电效应或正压电效应。压电效应和压力的关系如图 2-53 所示。

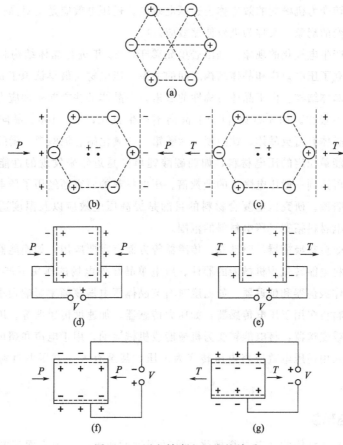

图 2-53　压电效应和压力的关系

产生压电效应的绝缘介质，主要是离子晶体，也有高分子材料和复合材料。晶体或固体分子的非中心对称性是产生压电效应的必要条件。某些各向同性晶体可以被强电场"极化"，也可以产生压电效应。图 2-53 给出了压电效应和外力之间的关系。其中图 2-53（a）显示，无压力条件下，非中心对称晶体正、负电荷中心重合，电极化强度为零，晶体表面不带电。外加压力时，晶体发生形变导致正、负电荷中心分离，分子显示出电偶极矩，晶体表面出现束缚电荷，这就是力致电极化，如图 2-53（b）所示。图 2-53（c）显示了施加拉应力时，表面产生带电情况与图 2-53（b）相反。图 2-53（d）和（e）显示表面带电产生的电位差的方向与压力或拉力的方位一致，称为纵向压电效应。图 2-53（f）和（g）的情形是表面带电产生的电位差的方位与施力的方位垂直，称为横向压电效应。图 2-53 中显示在材料表面镀上金属电极用于测量电位差，金属电极上所带的是静电感应电荷，与压电效应晶体表面出现的束缚电荷量大小相等符号相反。

压电材料因受力形变包括厚度形变、长度形变、体积形变、厚度切变、平面切变五种基本形式。压电晶体一般具有各向异性，不是所有压电材料在这五种形变状态下都能产生压电效应。例如石英晶体就没有体积形变压电效应，但有良好的厚度形变和长度形变压电效应。在一定应力范围内，压电材料受到的机械外力与表面产生的电荷量呈线性关系。

如在压电材料表面沿着某一方向加载电压，由于电场力的作用引起介电材料正、负电荷中心发生位移或转向极化，使材料内部产生足够大的内应力，并导致其宏观上发生几何形变。这种将电能转变为机械能的效应称为逆压电效应。逆压电效应是指对晶体施加外加电场引起晶体机械形变的现象，又称为电致伸缩效应。

力致形变而产生电极化的现象，是由居里兄弟于 1880 年进行晶体结构和电学行为研究时发现的，其建立了压电效应和晶体结构之间的关系。压电材料最早认识于 α-石英晶体，具有正方形闪锌矿晶体结构。由于晶体对称性的因素，在晶体某些方向施加应力产生极化，而其他晶体方向却不极化。如 α-石英 [001] 晶向不产生极化，而 [100] 晶向会产生极化现象。常见的压电晶体有石英晶体、钛酸钡、钛酸铅、二氧化碲、铌酸锂、磷酸二氢钾等。单晶压电材料是性能最稳定的压电材料，如四硼酸锂单晶是近年来发现的性能优良的压电材料，其储能密度可达到一般压电陶瓷的十数倍。压电材料的研究还经历了压电聚合物和压电复合材料等发展阶段。研究压电复合材料的目的是提高压电效应以及温度适应性和耐用性等，而聚合物压电材料拓宽了压电材料的范围。

电介质压电效应在换能器、驱动器、传感器等方面有重要应用，如换能器，是将机械能转化为电能或者将电能转化为机械能的器件。压电单晶在外电场的作用下产生形变及振动，在电子产品中用作振荡器和延迟器。如温度对石英晶体压电振荡频率影响很小，往往应用于计时器。压电材料更多用于压电传感器，如压力传感器、加速度传感器等。用逆压电效应制造的压电驱动器或变送器，将电能转变为机械能或机械运动，用于电声和超声工程。如超声波发射换能器就采用逆压电效应将电压转变为声压，甚至有人探索压电材料应用于发电的目的。

2. 11. 2　热释电现象

有些非对称分子结构的介电材料极化强度随温度而改变，出现表面带电或电荷释放现象，即温度的改变使材料相对的两端表面出现电荷和产生电压，这种极性晶体材料的电极化因温度变化而改变的现象称为热释电效应，具有热释电效应的介电材料叫热电体。热释电效应与压电效应类似，也是介电晶体的一种自然物理效应，热释电效应只发生在非中心对称极性晶体中。一般热电体的极性分子具有较强极性，可产生自发极化，体内存在很强电场，但通常对外不显电性。因为表面极化分子带电电荷被表面吸附的异种电荷抵消了，表面电偶极矩的正端表面吸附负电荷，而在其负端表面吸附正电荷，内部极化形成的电场被完全屏蔽，如图 2-54（a）所示。表面吸附电荷是一层自由电荷，主要来源于晶体微弱导电性导致一些自由电子堆积在表面，或者是吸附了异号带电离子。自发极化行为容易受到温度的影响，温度变化时自发极化强度也随之发生变化。温度升高，极化强度减小，吸附的屏蔽电荷量跟不上极化电荷减少的变化而显示宏观极性，如图 2-54（b）所示。温度下降，极化强度增大，屏蔽响应来不及，吸附电荷不足，显示相反的极性，如图 2-54（c）所示。因温度发生变化所引起的极化变化在吸附电荷不能及时被补偿时，热释电现象就表现出来了。

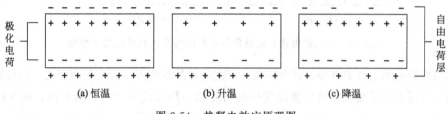

图 2-54　热释电效应原理图

当热电体受热或冷却后，温度的变化 ΔT 引起自发极化强度变化 ΔP_s，热释电强弱利用热释电系数 p 表示。

$$p = \Delta P_s / \Delta T \tag{2-135}$$

热释电系数是热释电材料的主要物理参数。热释电材料对温度敏感，可用来测量 $10^{-6} \sim 10^{-5}$℃这样十分微小的温度变化。热释电材料根据工作模式可分为两类，一类是本征热释电材料，即由于材料自身结构所具有的热释电特性，如硫酸三甘肽（TGS）单晶、$LaTiO_3$ 单晶、PZT 陶瓷、PVDF 聚合物等；另一类是场致热释电材料，是指外电场激发热释电现象，如 $Ba_{1-x}Sr_xTiO_3$（BST）、$PbSc_{1/2}Ta_{1/2}O_3$（PST）等。

热释电现象所特有的温度敏感性，广泛应用于热释电传感器和红外探测器与红外成像，如非接触式温度测量、红外光谱测量、医学热成像、红外成像，夜视仪等。

2.11.3　铁电体

在众多的介电材料中，有部分极性晶体材料会产生自发极化，这类可产生自发极化的介电材料称为铁电体。所谓自发极化是指在没有外电场的条件下，由于分子结构正、负电荷中心不重合或晶体结构不对称而具有固有电偶极矩，相邻电偶极矩相互作用使这种不对称性固定下来并同向排列，晶体结构也产生一定畸变。铁电体材料一般具有两个或多个可能的自发极化取向。极化方向在外加电场的作用下可以转向甚至反转，这是判断是否为铁电材料的重要依据。

由于体系能量最小化的要求，自发极化的铁电体内会自动分为许多极化方向不同的小区域，这样的小区域称为电畴。每个电畴内电偶极矩的极化方向相同，不同电畴的极化方向不同。如图 2-55（a）所示为铁电多晶体内的电畴结构形态。在没有加外电场时，铁电材料内大量的电畴无序或反平行排列，总的极化强度为零，对外不显示电性。图 2-56（a）是铁电体微观形貌。

在外加电场的作用下，电畴极化方向与外场方向相同或成锐角的电畴长大，而和外电场方向相反或成钝角的电畴减小，产生宏观极化。这一过程随着外电场增大而加强，直至反向电畴减小到零。整个铁电体呈现出单畴状态，极化强度接近饱和，如图 2-55（b）所示。铁电材料在外场的作用下极化结构改变的过程称为电畴运动。

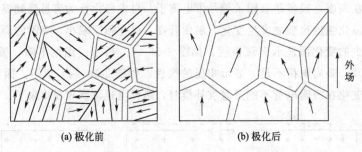

(a) 极化前   (b) 极化后

图 2-55　多晶铁电体自发极化与电畴结构及其在外电场中极化

如果外加电场是交变电场，铁电体极化方向随着外电场方向的变化而变化，因电极化过程的响应落后于电场变化，极化强度随外电场变化一周形成一个闭合的回线，称为电滞回线，如图 2-56（b）所示。图中从 O 点到 C 点是初始极化曲线，C 点接近饱和极化强度 P_s。当外电场减小时，极化强度也随之减小；在外电场为零时的极化强度 P_r 称为剩余极化强度；随电场反向增加，剩余极化强度为零时所对应的外加场强 E_c 称为矫顽场强。

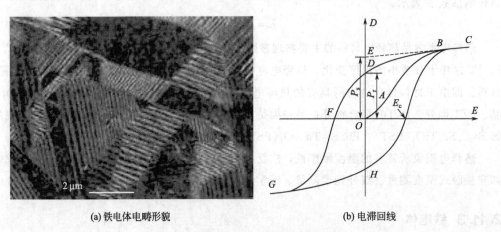

(a) 铁电体电畴形貌   (b) 电滞回线

图 2-56　铁电体电畴形貌和电滞回线

铁电体特征在于自发极化，且自发极化方向能因外电场变化而重新取向并显示宏观极化现象。另外，铁电体的自发极化存在于某个温度以下，超过此温度，自发极化消失，该温度称为居里点 T_c。这是因为温度的升高，分子热运动加剧，自发极化现象被破坏。

研究表明，铁电体都具有压电和热释电性，而且只有在极化之后才能表现出热释电效应，这就是所谓的场致热释电效应。介电材料的压电和热电特性与晶体结构相关。根据晶体结构的空间对称性分类，晶体可分为 32 种点群，其中具有中心对称的 11 种结构自然不会显示极性，其余 21 种点群属于异极对称型点群。其结构特点是不具有对称中心，而且至少有一个极轴方向，所谓极轴是指正负方向不对称的轴线。具有正负异极对称极轴的 20 种点群晶体都可能具有压电性，但并非所有异极对称型点群结构的晶体都一定具有压电性。因为压电晶体首先必须是不导电的介电材料，而且其结构还必须是离子晶体或由离子团组成的分子晶体。介电材料具有热释电效应的本质在于晶体能够自发极化。压电晶体是具有极轴的晶体，但是具有极轴的晶体并不一定存在自发极化，因为具有多个极轴的晶体晶胞中总电偶极矩之和可能为零。由此可见，压电晶体不一定是热释电晶体，只有存在唯一极轴的晶体才可能存在自发极化，才能是具有铁电特性的热释电晶体。反之，热释电晶体一定是压电晶体。

什么样点群结构才具有唯一的极轴呢？晶体结构只有唯一旋转对称轴，且没有对称面垂直于它，这样的点群才具有唯一极轴。有 10 种点群的晶体具有唯一极轴。这些具有唯一极轴的热释电晶体中，有些晶体只有在一定的温度范围内才发生自发极化，而且其自发极化方向可以因外电场改变而重新取向，此类晶体就是铁电体。所以，铁电晶体一定是热释电晶体，它只能属于具有唯一极轴的 10 种点群晶体，至于哪些晶体具有铁电性，需要实验验证。图 2-57 给出了介电材料压电、热释电和铁电效应的一般关系。

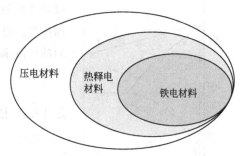

图 2-57　介电材料的压电、热释电和铁电效应相关性

热释电性一般是材料本身固有的、不需要人工处理得到的。铁电体因自发极化具有电畴结构特征，需要在强电场中极化才能得到宏观的铁电性，即人工极化或驻极处理，就是把铁电材料置于强电场中加热后冷却得到。这样电畴极化方向达到有序排列，产生宏观持久的极化强度。铁电体的高极化强度，具有显著的压电和热释电特性，铁电材料在表面换能器、探测器及储能、制冷等方面具有潜在的应用价值。

经驻极处理的铁电体处于亚稳态，在居里温度以下热释电效应一直存着。极化强度 P 随温度升高而减小，温度超过居里点时，宏观极化现象和热释电效应就会消失，回到驻极前的状态，即使降温到居里温度以下也不能恢复。

由于铁电性与铁磁性存在许多相似的对应特征，所以这类具有电畴结构和电滞回线的晶体被称为铁电体，尽管它们成分中往往并不含有铁元素。

2.12　材料电学性能应用分析

材料的电学行为主要是研究材料自身的导电、介电及其器件的电学性能。诸如导体材料的电导、电阻，半导体材料的载流子密度、迁移率，器件结构的电流-电压特性，以及绝缘体材料的介电常数、击穿电压源、电弧烧损等。从材料的电学性能及其分类可知，影响材料电学行为的主要因素是材料的化学成分和晶体结构，其次是材料中的结构缺陷。材料中各类缺陷结构中影响电性能的主要因素是点缺陷，特别是空位的影响，其次是环境温度影响。总的来说，电学性能决定于材料中载流子运动行为或输运方式。影响载流子运动的因素相对复杂,电学性能对组织结构的敏感性不强,所以很少从电学行为变化去研究材料的组织结构特性。特定条件下,材料的电学行为变化也可以间接反映材料的组织结构变化,以下给出一些不同领域应用的例子。

2.12.1 建立二元固溶体端际固溶度曲线

二元固溶体相图的建立往往需要确定溶解度曲线,通过测量电阻确定溶解度是一种很有效的方法。例如 AB 二元合金,B 在 A 中是有限溶解,且溶解度随温度的升高而增加,如图 2-58 所示,曲线 ab 即是要测量的溶解度曲线。若 B 全部溶于 A 中,某一个温度下获得的是单相 α 固溶体,其电阻率随温度基本呈线性变化。若某一温度下 B 不能全溶入 A 中,开始有新相 β 析出,形成 α+β 两相组织。测量不同温度下的电阻值,可得到某一具体成分材料的电阻-温度关系曲线。因第二相出现影响了阻值和温度之间的线性关系,曲线上出现拐点的温度就是该成分固溶体的固溶度。通过制备系列不同成分的 AB 二元合金,分别测量它们的电阻-温度关系曲线,拐点的连线就是该固溶体边际固溶度曲线。

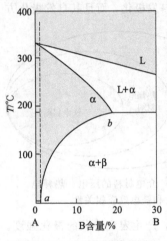

图 2-58 二元固溶体相图

2.12.2 研究材料中的点缺陷

由于导体和半导体中载流子的运动受到缺陷散射而形成电阻,特别是点缺陷空位影响明显,因此可以从材料的阻值变化反映材料结构的完整性。一般晶格的热振动涨落使间隙原子和空位产生运动,引起它们的产生和复合。在确定温度下,空位产生与复合达到动态平衡。相应地,材料中的空位平衡密度 N_V 和间隙原子平衡密度 N_I 可分别表达为

$$N_V = \exp\left(\frac{-E_f}{k_B T}\right) \tag{2-136}$$

$$N_I = \exp\left(\frac{-E_f^I}{k_B T}\right) \tag{2-137}$$

式中,E_f、E_f^I 分别为空位形成能和间隙原子形成能。

材料中间隙原子的形成能明显大于空位形成能,所以一般晶体中点缺陷主要是空位。在相对较高温度下,点缺陷迁移速度快,通过复合和流入尾闾而消失,点缺陷浓度迅速下降而接近平衡浓度,此过程称为点缺陷的退火处理。点缺陷迁移需要的能量称为缺陷激活能。如图 2-59 所示,由分段退火测量不同温度下相应的电阻变化 $\Delta\rho$,给出缺陷密度随温度变化的指数关系,根据式 (2-138) 对数关系的斜率可估算出空位迁移激活能 E_m。

$$\Delta\rho = A\exp\left(\frac{-E_m}{k_B T}\right) \tag{2-138}$$

金属材料在形变过程中,材料内部因位错运动、增殖以及晶界形变等会产生大量的空位,材料的电阻会提高。而在材料内部产生宏观裂纹条件下,有效导电截面下降,电阻会迅速提高。因此,可以利用电阻测量间接反映出材料在应力作用下产生的破坏行为。

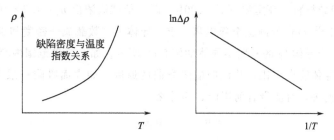

缺陷密度与温度
指数关系

T

$1/T$

图 2-59　材料中点缺陷密度与激活能

思考与练习题

1.简单图示半导体、绝缘体和金属的能带结构，并从能带结构角度分别说明其导电性差异的原因。

2.影响固溶体导电特性的因素有哪些？

3.如何理解超导状态电子的运动？

4.简述本征半导体、杂质半导体区别及其分类。

5.谈谈导体和半导体导电特征，以及两者导电性和温度关系差异，说明引起差异的物理原因。

6.在一个边长为 L 的正方形中运动的 N 个电子构成的二维电子气，能量方程为 $E_{(k)}$ $-E_{(0)} = \dfrac{\hbar^2}{2m^*_n}(k^2_x + k^2_y)$，（1）计算量子态密度函数表达式；（2）给出在绝对零度下系统的费米能级表达式。

7.简述电子或空穴的有效质量概念及其物理意义。

8.介质损耗的物理本质是什么？

9.硅本征半导体中（$E_g = 1.1 \text{eV}$），从价带激发至导带的电子和价带产生的空穴参与电导。激发的电子密度 n 可近似表示为：$n = N\exp(-E_g/2kT)$ 其中 N 为状态密度。试回答以下问题：

（1）设状态密度 $N = 10^{23} \text{cm}^{-3}$，在室温（20℃）和 500℃时所激发的电子密度（cm^{-3}）分别是多少？

（2）半导体的电导率 σ（$\Omega^{-1} \cdot \text{cm}^{-1}$）可表示为：$\sigma = n_e e\mu_e + n_h e\mu_h$。假定 Si 中电子和空穴迁移率分别为 $\mu_e = 1450$（$\text{cm}^2 \text{V}^{-1} \cdot \text{s}^{-1}$）和 $\mu_h = 500$（$\text{cm}^2 \cdot \text{V}^{-1} \cdot \text{s}^{-1}$）且不随温度变化。求 Si 在室温（20℃）和 500℃时的电导率。

10.一半导体中的电子和空穴的迁移率分别为 μ_n 和 μ_p，而且电导率主要取决于空穴密度，证明：

（1）最小电导率 $\qquad\qquad \sigma_{\min} = \dfrac{2\sigma_i(\mu_n\mu_p)^{1/2}}{(\mu_n + \mu_p)}$

（2）对应的空穴密度 $\qquad\qquad p = n_i(\mu_n\mu_p)^{1/2}$

11. 一块 n 型硅材料，在室温（$T=300\mathrm{K}$）时本征载流浓度 $n_i=1.3\times10^{12}/\mathrm{cm}^3$，如掺杂浓度 $N_D=1.5\times10^{15}/\mathrm{cm}^3$ 的施主全部电离，求半导体中多数载流子密度和少数载流子密度。

12. Si 的 n 型半导体 Si 的 n 型半导体如图 2-60 所示。如在禁带范围内存在表面态，请图示热平衡下的半导体能带变化，并说明能带弯曲的原因。如表面吸附一层 H 原子并造成禁带范围的表面态消失，对能带有何影响，为什么？

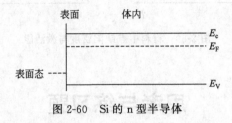

图 2-60　Si 的 n 型半导体

13. 两种不同金属接触的热电性有哪些？分别有什么应用？

14. 简述半导体形成 p-n 结形成的电学特点，从能带角度说明其单向导电的原因。

15. 简述太阳能电池工作原理。

第 3 章

材料的磁学特性

本章导读：本章阐述材料磁性的物理基础和磁化行为，理解磁性是物质的基本属性。根据磁化强弱将材料磁性分为铁磁性、顺磁性和抗磁性等不同类型；理解材料的磁性来源于原子磁矩，而原子磁矩是由核外未排满壳层中的电子自旋磁矩和轨道磁矩所决定。材料的宏观磁性强弱则由大量原子磁矩在外磁场中的定向排列方式决定，而且材料的磁性也受到材料组织结构及温度的影响。

理解铁磁材料中相邻原子间的静电作用产生交换力使原子磁矩同向排列而自发磁化；掌握铁磁性材料自发磁化的磁畴结构，以及在外磁场中的技术磁化和动态磁化过程。

理解材料磁性和组织结构相关，通过组织结构可调控材料磁性；了解磁性材料的多样性和基本分类；了解常见的磁物理效应（如磁致伸缩效应、磁弹性、磁光和磁电阻等），以及磁热、磁电、磁化学等边缘磁性及其材料的科学与技术发展。

磁性是物质的基本属性之一。严格地说，所有物质都有磁性，只是磁性强弱不同。磁性材料可以说是最古老的功能材料，在几个世纪前人类就发现自然界中存在天然磁体。公元前 4 世纪我国史册就有关于天然磁石的记载。指南针的应用也可以追溯到公元前 3 世纪左右。磁性现象的范围非常广，从宇宙天体到微观粒子都存在着磁现象。磁性材料已经应用于人类生产生活的各个方面，广泛应用于电工产品、机械产品、存储装置及日常生活中，是现实生活不可或缺的材料之一。

磁性材料主要是指过渡族元素铁、钴、镍及其合金等能够直接或间接产生磁性的物质。磁性材料按性质可分为金属和非金属两类，前者主要包括电工钢、镍基合金和稀土合金等，后者主要包括铁氧体材料。随着科学技术的不断进步，人类对磁性材料的性能提出了越来越高的要求，新型磁性材料的开发与研究成为材料研究领域的重要分支。

3.1 材料磁性的物理基础

我们知道，像电场一样，磁场存在的空间用磁场强度描述，如图 3-1 所示。磁场的大小用磁场强度 H 表示。H 是矢量，单位是安/米（A/m）或高斯（Gs）。处于磁场中的磁性材料会受到磁场力的作用，原因是受到磁场的磁化作用。

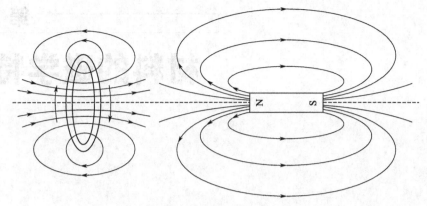

图 3-1　磁场和磁力线

3.1.1 原子磁矩

物质是由原子组成的，而原子则由原子核和核外电子构成，电子在核外绕原子核运动。从原子角度来看，物质的磁性来源于原子磁矩，原子磁矩由原子核磁矩和电子磁矩构成。由于原子核磁矩很小，可以忽略不计，因此，原子磁矩就是核外运动的电子磁矩。电子磁矩由两部分组成：一是电子绕核运动相当于闭合电流产生的磁矩，称为轨道磁矩；二是电子自旋运动产生的磁矩，称为自旋磁矩。量子理论认为，原子磁矩大小与量子化的磁量子数和自旋量子数相关。原子磁矩 p_m 可视为轨道磁矩和自旋磁矩的矢量和，物质磁性的强弱用单位体积磁矩大小表示。

有些物质原子核外轨道上运动的自旋方向相反的电子数目一样多，如图 3-2（a）所示，它们产生的磁矩会互相抵消，以致整个物体对外没有磁性，所以排满电子的壳层不显示磁性，物质的磁性决定于未排满壳层上的电子。对于大多数两自旋方向上电子数目不等的原子来说，电子自旋和轨道磁矩不能相互抵消，导致原子具有一定的磁矩，称为原子固有磁矩。构成大多数物质的原子磁矩之间的相互作用弱，它们的磁矩排列是混乱的，所以整个物体没有强磁性。只有少数物质（例如铁、钴、镍等元素），它们原子中的电子在不同运动轨道和自旋方向上的数量不一样，方向相反的电子磁矩互相抵消后还剩余一部分磁矩，原子磁矩不为零，如图 3-2（b）所示。

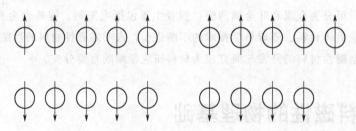

(a) 向上与向下自旋的电子数相等　　　(b) 向上与向下自旋的电子数不等

图 3-2　原子磁矩和核外电子排列关系

构成固体的原子相互接近时，相邻原子相互作用产生的静电作用力称为交换力。强交换力的作用迫使相邻原子的自旋磁矩产生有序排列，这些原子磁矩有序排列，特别是整齐同向排列起来，整个物体也就有了宏观磁性，这就是所谓的"交换作用"机理。不同原子中未成对电子的数量不同，原子磁矩不同，磁性强弱也不同。而原子磁矩是否能够同向排列则取决于相邻原子的相互作用。可见，材料的磁性来源于原子磁矩，具有宏观磁性的关键是材料中原子磁矩是否能够同向排列。材料中原子磁矩如果同向排列，则材料的宏观磁性强，否则材料的宏观磁性弱。

例如，铁原子中未被抵消的电子磁矩数最多，原子的固有磁矩大，磁性最强。而镍原子中未被抵消的电子磁矩数量少，所以它的磁性相对较弱。因此，原子磁矩是由核外未排满壳层中的电子磁矩决定的。

原子磁矩的唯象解释有两个理论：一是分子环流理论，以核外电子的轨道运动和自旋运动产生的磁矩为基础，将核外电子的轨道运动等效于环绕回路流动的电荷，由此构成的闭合电流线圈产生轨道磁矩；二是磁荷理论，把具有一定磁性的原子或分子看成小磁体，称为磁偶极子。把原子核外轨道运动的电子及其自旋都看成磁偶极子，用外磁场作用在磁偶极子上产生的最大力矩来衡量它的偶极矩大小，称为磁偶极矩 j。磁偶极矩的单位是韦·米（Wb·m）或特斯拉（T），磁矩的单位是安·米²（A·m²）。

3.1.2 磁化与磁化强度

大多数磁性材料并不表现出宏观磁性，而是在磁场作用下显现出来，物质在外磁场作用下表现出宏观磁性的现象称为磁化。通常把能磁化的物质称为磁介质。严格地说，所有物质都能被磁化，都是磁介质，只是磁性强弱不同。

衡量物质有无磁性或磁性大小的物理量是磁化强度，所谓磁化强度是指单位体积中磁矩的大小。为了描述材料的磁化状态，引入磁化强度矢量的概念，把单位体积内（或每摩尔、每克）的磁矩定义为磁化强度，即

$$M = \frac{\sum p_{\mathrm{m}}}{V} \tag{3-1}$$

式中，V 为材料的体积，$\sum p_{\mathrm{m}}$ 代表体内所有原子磁矩矢量和。磁化强度 M 反映磁介质的磁化状态，M 是矢量，单位是安/米（A/m）或高斯（Gs）。

从分子环流理论来看，当材料未磁化时，环流磁矩在空间各方向的取向相当，统计结果 $\sum p_{\mathrm{m}} = 0$。当材料磁化时，磁矩沿磁化外场有序排列，产生一个沿外场的磁化强度，磁矩定向排列的有序程度越高，磁化强度也越大。可见，磁化强度 M 是一个反映物质磁化状态的物理量。电磁学已经说明，对于一个均匀磁化的试棒，磁化的宏观效果相当于试棒侧面出现环形束缚电流，且磁化强度在数值上等于单位长度试棒上束缚电流的大小，故磁化强度 M 的单位与磁场强度一样采用"安/米"（A/m），而磁感应强度 B 的单位则为"特斯拉"（T）＝韦伯/米²（Wb/m²）。

从磁荷的观点来看，材料的磁分子是磁偶极子。然而，在介质未磁化时各磁偶极子取向处于无序状态，偶极矩的矢量和 $\sum j_{\mathrm{m}} = 0$，不显示磁性。当受外磁化场磁化时，磁偶极子受外磁场作用有序排列，相邻磁偶极子的极性两端首尾相接互相抵消，因而磁化的宏观效果表现为试棒两端出现磁极。从磁荷观点描述材料的磁化，通常引入磁极化强度概念，把单位

体积内磁偶极矩的矢量和定义为磁极化强度 J。

$$J = \frac{\sum j_{\mathrm{m}}}{V} \tag{3-2}$$

若考虑磁化试棒的一端是磁 N 极，另一端是磁 S 极，则试棒总的磁偶极矩

$$J = ml = \eta sl \tag{3-3}$$

式中，m 为棒端磁极强度；l 为试棒长度；s 为试棒截面积；η 为表面磁荷密度。将此关系式代入式（3-2）中得

$$J = \frac{\eta sl}{sl} = \eta \tag{3-4}$$

可见，试棒的磁极化强度等于棒端表面磁荷密度。

考虑磁矩的分子环流理论与磁偶极子理论的等价性，磁性材料内一个磁矩为 p_{m} 的电流环，也可以看成一个偶极矩为为 $\vec{j_{\mathrm{m}}}$ 的磁偶极子，磁偶极子的磁矩 p_{m} 和磁偶极矩 j_{m} 有如下关系：

$$j_{\mathrm{m}} = \mu_0 p_{\mathrm{m}} \tag{3-5}$$

式中，$\mu_0 = 4\pi \times 10^{-7}\,\mathrm{H/m}$，称为真空磁导率。

磁偶极矩和磁矩都是矢量，都是描述原子磁化强弱的物理量，两者是等价的。因理论基础不同，二者相差一个常数。同样地，物质磁性的分子电流观点中的磁化强度 M 和磁荷观点中的磁极化强度 J 之间的关系为

$$J = \mu_0 M \tag{3-6}$$

表 3-1 列出了采用两种不同观点相对应的概念、模型和物理量。

表 3-1　两种磁化观点对照表

分子电流观点	等效磁荷观点	附注
环电流	磁偶极子	统称"磁分子"
环电流任意取向	磁偶极子杂乱	无外场时
环电流整列	磁偶极子整列	有外场时
表面束缚电流，I	棒端磁荷，m	等效
磁矩，$\sum p_{\mathrm{m}} = NIS$	磁偶极矩，$\sum j_{\mathrm{m}} = ml = \eta sl$	$j = \mu_0 p$
磁化强度，M $M = \dfrac{NIS}{sl} = \dfrac{N}{l} = nl$	磁极化强度，J $J = \eta\dfrac{\sigma sl}{sl} = \eta$	$J = \mu_0 M$
单位棒长上的束缚电流	棒端表面磁荷密度	等效

在外磁场中，磁性介质内部的原子磁矩有序排列会产生一个附加磁场。这样，在材料内部存在外加磁场与附加磁场，两者矢量和用磁感应强度 B 表示。

$$B \equiv \mu_0(H + M) = \mu_0 H + J = \mu H \tag{3-7}$$

式中，B 为磁感应强度；μ 为磁导率。

如果磁场中没有磁介质存在，也就是磁化强度 M 为零时，磁感应强度就是磁场强度本身。这时两者之间只是差一个真空磁导率常数。

$$B \equiv \mu_0 H \tag{3-8}$$

国际单位制中将 **B** 与 **H** 的比值称为绝对磁导率 μ。

$$\mu = \boldsymbol{B}/\boldsymbol{H} \tag{3-9}$$

而 $\mu = \mu_r \mu_0$，μ_r 称为相对磁导率。

磁化强度与磁场强度之比定义为磁化率 χ：

$$\chi = \boldsymbol{M}/\boldsymbol{H} \tag{3-10}$$

磁化率和磁导率之间存在如下关系

$$\chi = \mu_r - 1 = \frac{\mu}{\mu_0} - 1 \tag{3-11}$$

3.1.3 材料的磁性分类

物质的磁性源于原子的磁性。当大量的原子集聚构成材料后，由于成分和结构的不同，原子之间以及原子和外磁场的相互作用不同，不同元素的原子磁矩大小和方向状态不同，材料显示出多种多样的磁性。

固体材料的宏观磁化行为可用磁化率 χ 来描述。当晶体处于强度为 **H** 的外磁场中时，其磁化强度 **M** 与 **H** 的关系表示为

$$\boldsymbol{M} = \chi \boldsymbol{H} \tag{3-12}$$

磁化率 χ 反映材料磁化的难易程度。对于各向同性的立方对称晶体，χ 是标量；对于各向异性晶体，χ 是二级张量。根据物质的磁化率大小，如图 3-3 所示，可以把物质的磁性大致分为如下五类。

（1）抗磁体（diamagnetism）

这类物质的主要特点是 $\chi < 0$，它在外磁场中产生的磁化强度与外磁场方向相反，它们在磁场中受微弱斥力。另外，这类物质的磁化率非常小，为 $-10^{-6} \sim -10^{-5}$。磁化率随外磁场的增大而增大，磁导率 μ 接近于常数，如图 3-4 所示。

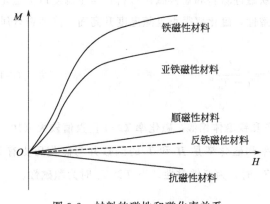

图 3-3　材料的磁性和磁化率关系

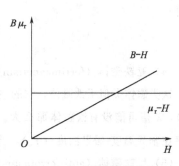

图 3-4　抗磁体的磁化曲线

（2）顺磁体（paramagnetism）

顺磁性材料的特点是 $\chi > 0$，磁化率也很小，数值为 $10^{-6} \sim 10^{-3}$，磁化强度和磁导率与外磁场的关系和抗磁体相似，但在外磁场中产生的磁化温度与外磁场方向相同。

磁化率随温度升高单边下降，符合居里-外斯定律（Curie-Weiss law）：

$$\chi = \frac{C}{T} \tag{3-13}$$

式中，C 为外斯系数，和材料相关。

如图 3-5（a）所示，是正常顺磁体的磁导率随温度变化关系。除此之外，还有磁化率与温度无关的顺磁体，以及反铁磁体因温度升高转变而来的顺磁体和铁磁性物质在高温下转变而来的顺磁体等。

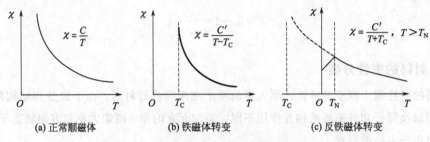

图 3-5   不同磁性材料的磁化率和温度关系

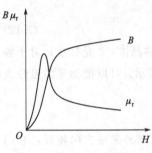

图 3-6   铁磁体的磁化曲线

（3）铁磁体 （ferromagnetic）

这是得到广泛应用的强磁性材料。铁磁性物质的主要特点是：$\chi > 0$，并且 χ 的数值很大，一般为 $10^{-1} \sim 10^5$。磁化率 χ 或磁导率 μ 与磁化历史有关，如图 3-6 所示，磁导率初始比较大，定义为初始磁导率 $\mu_i = \lim\limits_{H \to 0} \frac{\Delta B}{\Delta H}$。磁化强度随外磁场增强而增大并趋于饱和，磁导率随外磁场增大达到最大值后开始减落。

铁磁体的磁性随温度变化而变化，存在一临界温度，称为居里温度或居里点（Curie temperature，T_c）。当温度低于居里温度时，呈铁磁性。如图 3-5（b）所示，铁磁性材料和亚铁磁性材料在居里温度以下磁化率很高。当温度高于居里温度时，转变为顺磁性，磁化率很小且随温度升高而下降并符合居里定律：

$$\chi = \frac{C'}{T - T_c} \tag{3-14}$$

（4）亚铁磁体 （ferrimagnetism）

这类磁体类似于铁磁体，它的主要特点和铁磁体相似：磁化率 $\chi > 0$ 且数值较大（$10^{-1} \sim 10^4$），χ 值可能没有铁磁体那么大。磁导率和磁化率是 H 和 T 的函数并与磁化历史有关。也存在临界温度-居里温度（T_c），当 $T < T_c$ 时，为亚铁磁性；当 $T > T_c$ 时为顺磁性。

（5）反铁磁体 （anti-ferromagnetism）

反铁磁性物质的 $\chi > 0$，反铁磁体的磁化率也很小，χ 的数值为 $10^{-5} \sim 10^{-3}$。反铁磁性类似于顺磁性，与顺磁性最主要的区别在于：反铁磁的 χ-T 关系曲线上 χ 存在一极大值，如图 3-5（c）所示。χ 极大值所对应的临界温度称为奈尔温度（Néel temperature，T_N）。当温度低于奈尔温度时，反铁磁表现为磁有序结构（晶格中近邻离子磁矩反平行排列）。当温度高于奈尔温度时，反铁磁性转化为顺磁性，磁化率随温度变化符合居里定律：

$$\chi = \frac{C'}{T + T_c}, T > T_N \tag{3-15}$$

3.2 磁性的物理本质

铁磁性现象虽然很早被古人认识并加以利用，但对于磁性本质的认识直到 20 世纪初才逐步被理解。早在 1907 年法国科学家外斯（P. E. Weiss）提出了铁磁现象的唯象解释，他假定铁磁体内部存在强大的"分子场"使原子磁矩同向排列，从而产生自发磁化。自发磁化的小区域称为磁畴，只是磁性物质中大量磁畴的磁化方向无序排列而不显现磁性。此后，海森伯（W. K. Heisenberg）给予外斯的"分子场"理论做出量子力学解释，海森伯和布洛赫（E. Bloch）的铁磁理论认为，铁磁性来源于不配对电子的自旋直接交换作用。物质的磁性是组成物质的大量原子在外磁场作用下的宏观表现，磁性能的差异来源于原子磁矩及其相互间作用。本节从基本物理原理理解原子磁矩和抗磁性的来源。

3.2.1 原子磁矩的物理理论

如前所述，物质的磁性来源于原子核外未排满壳层上的电子磁矩。电子磁矩由电子绕核运动产生的轨道磁矩和电子自旋运动产生的自旋磁矩构成。原子磁矩可视为轨道磁矩和自旋磁矩的矢量和。

原子的轨道磁矩如看成是核外电子的轨道运动构成的闭合电流线圈，线圈电流大小为

$$I = \frac{ve}{2\pi r} \tag{3-16}$$

式中，v 是电子运动速度，r 是轨道半径，e 是电子电荷量。原子的轨道磁矩大小为

$$p_l = IS = \frac{ev}{2\pi r} \cdot S = \frac{e}{2\pi r}\omega r \cdot \pi r^2 = \frac{e}{2m} \cdot m\omega r^2 = \frac{e}{2m} \cdot L \tag{3-17}$$

式中，L 是电子轨道运动的角动量。基于微观粒子运动的量子化特征，现代物理理论将轨道磁矩大小表达为

$$p_l = \frac{e}{2m} \cdot L = \frac{e\hbar}{2m} \cdot l = \mu_B \cdot l \tag{3-18}$$

式中，l 是轨道角动量量子数，取正整，$l = 0, 1, 2, \cdots, n$；常数 $\mu_B = \frac{e\hbar}{2m} = 9.27 \times 10^{-24} \text{J} \cdot \text{T}^{-1}$ 称为波尔磁子。轨道磁矩在外磁场方向的投影才是磁化轨道磁矩。

$$p_{lm} = m\mu_B, \quad m = 0, \pm 1, \pm 2, \cdots, \pm l$$

式中，m 为磁量子数。

电子的自旋磁矩

$$p_s = 2\mu_B$$

所以，原子磁矩或原子核外电子的总磁矩为

$$p_z = (m + 2s)\mu_B = (j + s)\mu_B \tag{3-19}$$

式中，p_z 为原子的固有磁矩；j 为轨道和自旋耦合形成的总角动量量子数；$s = \pm 1$，是

自旋量子数。

3.2.2 抗磁性来源

在外磁场中，核外电子受到磁场作用，不仅会对原子固有磁矩的取向产生影响，而且会对电子的轨道运动产生影响。因外磁场中核外电子运动速度产生少量变化而影响微观环流电流，相应地产生与外磁场方向相反的感生磁矩，形成所谓抗磁性。

核外电子轨道运动的向心力

$$f = mr\omega^2 \tag{3-20}$$

相应的轨道磁矩

$$p_1 = \frac{e}{2m} \cdot m\omega r^2 \tag{3-21}$$

在磁场强度 H 的外磁场作用下产生附加向心力

$$\Delta f = mr\omega H$$

因附加向心力影响很小，可以认为 r、m 不变。这时，w 变化为

$$\Delta\omega = \frac{e}{2m}H$$

由此引起轨道磁矩的变化量为

$$\Delta P = -\frac{1}{2}e\Delta\omega r^2 = -\frac{e^2 r^2}{4m}H \tag{3-22}$$

如图 3-7 所示，在外磁场作用下，轨道磁矩的变化量始终和外磁场方向相反。无论分子环流方向如何，外磁场对轨道磁矩的影响都是引起轨道磁矩减小，所以抗磁性具有普遍性。

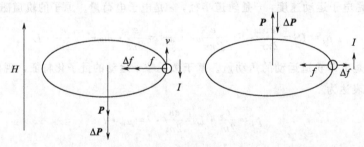

图 3-7　抗磁性的原理

P—磁矩；ΔP—附加磁矩；f—向心力；Δf—附加向心力

3.2.3 抗磁性、顺磁性和铁磁性

外磁场作用下，物质表现为顺磁性还是抗磁性，主要看抗磁磁矩和顺磁磁矩的大小。在外磁场的作用下，电子轨道会产生一个很小的感生附加磁矩 ΔP，如图 3-8 中虚线箭头所示，这个感生磁矩与外磁场的方向相反。如果宏观上原子磁矩叠加的结果使物质产生与外场方向相反的磁矩，即 $\Delta P > P$，则表现为抗磁性。外层填满电子的物质的原子没有净磁矩，这些物质大都表现为抗磁体。当一般抗磁性物质的磁化强度随外磁场的增加缓慢线性提高，磁

化率为负值，磁化率很小。如大多数非金属元素、所有的有机化合物以及石墨、水等都是抗磁性物质。

顺磁性物质具有固有原子磁矩，在无外磁场条件下，原子或分子的固有磁矩无序排列，磁矩的矢量和为零，不表现出磁性。外磁场中，物质的磁化率小且 $\Delta p < p$ 时，即顺磁磁矩大于抗磁磁矩时就表现为顺磁性。在外磁场作用下，顺磁物质的原子磁矩只能在外磁场作用下向外磁场方向转动一个非常小的角度，沿

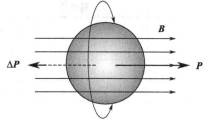

图 3-8　抗磁性示意图

外场方向产生较低程度的有序排列而发生弱磁化，磁化强度一般随外磁场的增加而缓慢增加。如果把外加磁场撤离，磁化强度归零，磁性消失。顺磁性物质因热运动使原子磁矩有序化十分困难，常温下无法达到磁饱和，只有在极低温度下才能达到。顺磁体的磁化率很低，一般 $\chi < 10^{-3}$。

铁磁物质中原子间的强相互作用致使原子磁矩自发同向排列，产生自发磁化，磁化率很高，$p \gg \Delta p$，这是铁磁性材料最重要的特征。可见，不同原子的原子磁矩不同，而宏观材料的磁性不仅决定于原子磁矩，还决定于原子间的相互作用。

3.2.4 金属原子磁矩与磁性能

金属是由点阵离子和自由电子构成的，这种结构的特殊性自然也会引起金属原子磁矩的特殊性，即金属的磁性是由点阵离子及自由电子的磁性共同决定的。所以，外磁场中金属的磁性决定于 4 个方面，包括点阵离子固有磁矩的顺磁性、点阵离子上电子轨道运动产生的抗磁性，以及自由电子的顺磁性（自由电子自旋磁矩）和抗磁性（来自于自由电子在外磁场中洛伦兹力引起的螺旋线运动）。因此，金属体的磁性源于以上 4 个磁性分量，并决定于其中影响因素最大的那一个。

如 Cu、Ag、Au、Zn 等抗磁性大，是抗磁体。碱金属和碱土金属因自由电子顺磁性较强，多为顺磁体。大多数过渡族金属和稀土金属顺磁性也很强，源于未抵消的自旋磁矩。需要强调的是，晶体材料的磁性主要决定于原子上未被抵消的自旋磁矩，轨道磁矩对铁磁性几乎没有贡献。因为晶体中原子核外层电子轨道运动受周期点阵势场的作用，轨道运动方向是对称，不产生联合磁矩，所以轨道磁矩对总磁矩没有贡献。Fe、Co、Ni 等元素在常温下表现出强磁性，是铁磁体。这是因为它们原子间的相互作用致使原子磁矩自发同向排列产生自发磁化的结果。

表 3-2 给出了抗磁性和顺磁性金属材料的磁化率。

表 3-2　一些抗磁和顺磁体材料的磁化率

抗磁体		顺磁体	
Al_2O_3	-1.81×10^{-5}	Al	2.07×10^{-5}
Cu	-9.6×10^{-6}	Cr	3.13×10^{-4}
Au	-3.44×10^{-5}	$CrCl_3$	1.51×10^{-3}
Hg	-2.85×10^{-5}	MgS	3.70×10^{-3}

抗磁体		顺磁体	
Si	-4.1×10^{-6}	Mn	1.19×10^{-4}
Ag	-2.38×10^{-5}	Na	8.48×10^{-6}
NaCl	-1.41×10^{-5}	Ti	1.81×10^{-4}
Zn	-1.56×10^{-5}	Zr	1.09×10^{-4}

3.3 铁磁性与自发磁化

尽管外磁场中原子磁矩是轨道磁矩、轨道抗磁磁矩和自旋磁矩的矢量和，但大量原子构成的固态物质的磁性并不完全决定于原子磁矩，原子磁矩的排列方式才是产生宏观磁性能的关键因素，而原子磁矩的排列方式决定于相邻原子间的相互作用的强弱。铁磁体材料具有强磁性的关键在于原子磁矩的自发同向排列产生的自发磁化。

3.3.1 铁磁性的自发磁化

由磁性的本质可知，磁性来源于原子核外未排满轨道上的电子磁矩。如果材料中所有原子的磁矩是混乱排列，那么材料不具有宏观磁性，只有原子的磁矩沿同一个方向整齐地排列才能对外显示宏观磁性。这种原子磁矩自发整齐排列的现象，称为自发磁化。

既然材料中原子磁矩同向整齐排列可以产生自发磁化，那么是不是具有固有磁矩的原子构成的材料都能自发磁化呢？答案是否定的。如果都能产生自发磁化，那么大多数物质都会具有强磁性。事实上，即使是钢铁材料也不都是具有强磁性的铁磁体。

键合理论认为固体中原子之间存在强相互作用，相邻原子的电子云相互重叠而产生的静电作用称为交换力。交换力的作用会迫使相邻原子的自旋磁矩平行或者反向平行整齐有序地排列。原子间相互作用出现附加作用能，称为磁交换能 J_{ex}。

$$J_{ex} = -A\cos\varphi \tag{3-23}$$

式中，A 为交换能积分常数，φ 为相邻原子的自旋磁矩夹角。交换能的大小和正负取决于 A 和 φ。$A>0$，$\varphi=0$，J_{ex} 有较高的负值，自旋磁矩将自发地同向排列，产生自发磁化；若 $A<0$，$\varphi=180°$，J_{ex} 为正，自旋磁矩将反向平行排列，这种排列产生所谓反铁磁性。

磁交换能的正负与原子结构和晶体点阵结构有关，强烈依赖于原子间距 a 和原子与未填满电子壳层的半径 r。如图 3-9 所示，在 $a/r<3$、$A<0$ 时，原子磁矩反平行排列，为反铁磁性，如 Cr、Mn 等金属具有反铁磁性；$a/r>3$ 时，A 为较大的正值时，交换能为负并且数值大，满足自发磁化条件。如 Fe、Co、Ni 及某些稀土元素，它们是铁磁性金属。大部分稀土元素虽然 $A>0$，交换能为负，但 a/r 太大，即原子间距太大，静电交换作用弱，对电子自旋磁矩取向影响小，不能产生自发磁化，常温下为顺磁性。所以，铁磁性产生的充要条件为：原子内部要有未填满的电子壳层，且 $a/r>3$ 并使 $A>0$。前者指原子固有磁矩或本征磁矩不能为零，后者指晶体要有一定的点阵结构，产生交换能为负且数值较大。也就是说，材料是否是铁磁性，原子具有未填满的电子壳层（即有未抵消的自旋磁矩）是产生铁磁性的必要条件，能够产生自发磁化是铁磁性的充分条件。

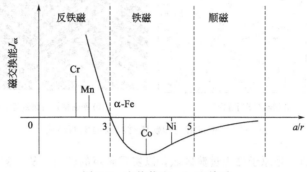

图 3-9　交换能和 a/r 比关系

基于泡利不相容原理，原子核外未排满壳层上的电子自旋按照一定方式排列，相邻原子相互作用造成自旋磁矩平行或者反平行排列，这种磁交换能是自发磁化的根源，磁交换能在电子自旋磁矩平行或者反平行排列时达到最小。

3.3.2　磁畴及其结构

经验告诉我们，软铁、硅钢之类的强磁性材料在不受外磁场作用时并不具有明显的磁性，但在外磁场中会显现出强烈的宏观磁性。实验观察证实，材料中产生了磁畴结构。所谓磁畴（magnetic domain），是指在没有外磁场时，铁磁体内部形成许多自发磁化到饱和状态的小区域。在每个磁畴内，因自发磁化使原子磁矩相互平行排列。磁畴的形成原因在于材料体系稳定态下的能量最低原则。

每个磁畴区域都包含大量原子，这些原子的磁矩都像一个个小磁体那样整齐排列，但相邻区域原子磁矩排列的方向是不同的，如图 3-10（a）所示。宏观磁体包含很多磁畴，磁畴的磁矩方向各不相同，结果相互抵消，磁矩的矢量和为零，整个材料的磁化强度为零，不表现出宏观磁性，所以磁性材料在一般情况下大多不显示磁性。只有当磁性材料被磁化以后，它才能对外显示出明显的磁性。

图 3-10（b）所示为显微镜中观察到的软磁材料常见的树枝状或楔形磁畴结构，其中亮线是相邻磁畴的交界面，称为磁畴壁。实际磁性材料的磁畴结构形态五花八门，诸如条形畴、楔形畴、环形畴、树枝状以及磁性薄膜材料中的泡状畴等。

相邻两个磁畴的磁化强度指向不同的方向，从一个磁畴到另一个磁畴的磁化方向变化并不是在一个原子层厚度的界面上突然完成的，而是在一定厚度范围内逐步过渡形成的磁畴壁，畴壁就是由一个磁畴的磁化方向转到另一个磁畴化方向的过渡区。畴壁厚度因材料而异，通常为几十到上千个原子层厚（$10^{-7} \sim 10^{-5}$ cm）。磁性材料中磁畴与畴壁的组合称为磁畴结构。

每一个磁畴内部的磁矩排列都是整齐的，那么在磁畴壁中原子磁矩又是怎样排列的呢？在畴壁的一侧，原子磁矩指向某个方向，在畴壁的另一侧原子磁矩指向另一个方向。畴壁是

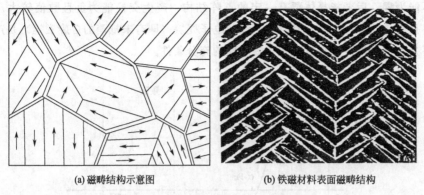

| (a)磁畴结构示意图 | (b)铁磁材料表面磁畴结构 |

图 3-10　磁畴结构和铁磁材料表面磁畴结构

由多个原子层构成的，是原子磁矩过渡区域，以实现磁矩的转向。从一侧开始，每一层原子的磁矩都相对于临近原子层的磁矩偏转一个小角度，直到和另一侧磁畴的磁矩方向相同。图 3-11 给出了一种磁畴壁结构的示意图。

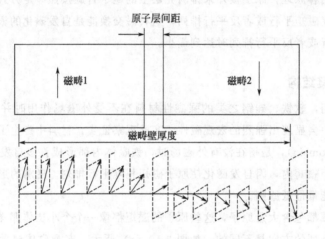

图 3-11　磁畴壁中原子磁矩方向的变化

　　磁畴两边的自发磁化方向大多平行于畴壁，但也有磁化方向互为垂直关系或和畴壁呈一定夹角，两边磁化方向呈垂直关系。

　　从系统的能量角度来看，畴壁结构的存在提高了系统的能量。首先，畴壁内原子磁矩逐渐转向，原子磁矩由一个磁畴的磁化方向逐渐转到相邻畴的磁化方向，畴壁中原子磁矩自发平行排列遭到破坏，造成交换能增大。其次，畴壁中原子磁矩逐渐转向使原子磁矩偏离了易磁化方向，磁晶能增加。所谓磁晶能与磁的各向异性相关，磁化强度矢量沿晶体易磁化方向能量最低，沿难磁化方向时能量高。磁化强度矢量偏离易磁化方向能量的增加称为磁晶能。再次，畴壁中的原子磁矩逐渐转向过渡时，因磁化方向改变造成原子间距发生弹性变化，产生所谓磁弹性能。以上能量之和称为畴壁能，所谓畴壁能是指增加单位面积磁畴壁所需的能量大小，包括畴壁中的交换能、磁晶能及磁弹性能等。畴壁能主要决定于畴壁原子的交换能和磁晶能，前者倾向于增加壁厚，后者倾向于减小壁厚。显然，单位面积畴壁能与其厚度和面积成比例，所以畴壁能与壁厚存在平衡关系，畴壁能最小值所对应的畴壁厚度是平衡畴壁厚度。以上磁化过程引起的系统能量问题在下一节中将进一步阐释。

　　磁体分畴的原因是系统能量最低的要求。因晶体有一定的形状和尺寸，如整个晶体均匀磁化只有一个自发磁化区的话，结果必然会产生磁极，如图 3-12（a）所示。有磁极就必然会在磁体内产生和外磁场方向相反的退磁场，减弱磁化强度，从而给系统带来退磁能，退磁场有破坏自发磁化的趋势。矛盾相互作用的结果将使大磁畴分割为小磁畴，如图 3-12（b）和（c）所示，把晶体分成若干个磁化方向反向平行的磁畴，可以大大地降低退磁能。如果磁体内部形成封闭畴结构，如图 3-12（d）所示，因磁通的连续性会显著地降低退磁能。分畴可使退磁能减少，但畴壁能增加了，因此不能无限制地分畴下去。随着磁畴数目的增加，退磁能减少但畴壁能增加，当退磁能与畴壁能之和达到最小值时，分畴就停止了。形成图 3-12（e）所示的封闭式的磁畴结构，系统总能量最低，形成稳定的磁畴结构。

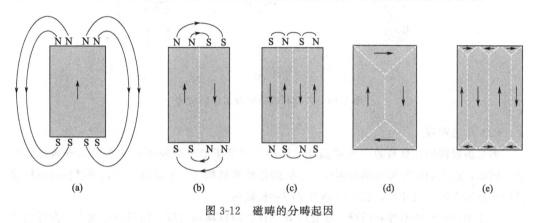

(a)　　　　　(b)　　　　　(c)　　　　　(d)　　　　　(e)

图 3-12　磁畴的分畴起因

3.3.3 实际磁性材料中的磁畴结构

　　（1）结构缺陷对磁畴的影响

　　实际的铁磁体材料一般是多晶体，晶粒的取向是杂乱无章的，每一个晶粒往往又包含多个树枝状或片状磁畴，如图 3-10 所示。实际磁畴结构主要为片状，还有许多附加畴以实现体系能量的最低原则。多晶体的每个晶粒往往分为多个片状磁畴，晶界两侧的磁化方向不同，但磁通会保持连续，以确保晶界上不易出现磁极，减少退磁能，磁畴结构稳定。

　　实际多晶铁磁体中存在着多种结构缺陷，以及应力、成分差异等不均匀性。这些现象对磁畴结构有显著影响，导致磁畴结构复杂化。尤其是非磁性夹杂、孔洞处磁通是不连续的，会引起磁极而产生退磁场。在这些夹杂或孔洞处，往往会形成附着在夹杂或孔洞上的楔形磁畴。楔形畴的磁化方向一般垂直于主畴。虽然在缺陷的界面仍会出现磁极，但因楔形附加畴的存在，将磁极分散在较大的面积上，两极间距变大，从而减小磁极强度、降低退磁能，更好地实现了体系能量最低原则，如图 3-13（a）所示。

　　磁畴壁经过非磁性夹杂或孔洞时，会减少畴壁面积，降低畴壁能。所以，畴壁经过夹杂或孔洞时系统的退磁能和畴壁能相对较小，就像夹杂对畴壁有吸引力作用，如图 3-13（b）所示。畴壁经过夹杂或孔洞时，畴界面两侧磁极的方向相反。相对于磁畴内部的夹杂物或孔洞，其界面上的 N、S 极分别集中在一边。如图 3-13（c）所示，显然，前者退磁能小。从畴壁面积看，夹杂或孔洞在畴壁上，畴壁面积减小，畴壁能也小。这些夹杂物或孔洞对畴壁的移动存在明显影响，欲把畴壁从经过夹杂或孔洞的位置上移开必须提供能量，需外磁场做功。材料中夹杂物或孔洞越多，磁化过程的畴壁移动就越困难，磁化率也就越低。无磁性夹杂或孔洞对铁氧体磁性的影响最为显著，铁氧体的磁化率很大程度上决定于其内部结构的均匀性以及夹杂物和孔洞的多少。

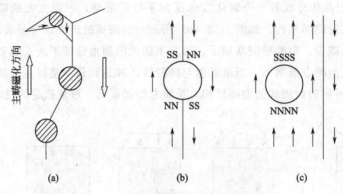

图 3-13　夹杂和磁畴壁及附加畴结构

（2）单畴颗粒

如果组成铁磁性材料的颗粒或晶粒足够小，以至于单个颗粒或晶粒不足以分畴而是个单一磁畴，这样的颗粒称为单畴颗粒。不同的磁性材料都有一个临界尺寸，当材料的颗粒或晶粒小于这个临界尺寸时，就可以称为单畴颗粒结构。

由于单畴颗粒中不存在畴壁，磁化时就不存在畴壁移动过程，而只有极化方向向外磁场方向转动的过程。由于畴转需要克服磁晶能，单畴结构的铁磁材料进行技术磁化和退磁都不容易。硬磁材料应具有低磁导率和高矫顽力，所以硬磁材料的生产普遍采用粉末冶金方法，有意形成单畴结构，以减少或消除磁畴畴壁，提高材料的矫顽力。相反，软磁材料的颗粒不能太小，以免形成单畴结构导致矫顽力提高和磁导率降低。如果单畴颗粒尺寸太小，表面积大大增加，这种足够小的磁性颗粒存在一特征温度 T_B，该特征温度 T_B 一般低于居里温度，如超过这一特征温度，因热运动加剧，致使磁性单畴颗粒磁化方向不再同向排列，磁化现象消失。当温度 $T < T_B$ 时，单畴颗粒呈现强磁性；当 $T \geqslant T_B$ 时，单畴颗粒呈现为顺磁性，且在外磁场作用下其顺磁性磁化率远高于一般顺磁材料的磁化率。这一现象就是所谓超顺磁性（superparamagnetism）。

（3）磁泡畴

对于薄膜或薄晶片磁性材料，表面磁畴结构如图 3-14 所示。如果施加一个与磁性薄膜厚度方向一致的偏置磁场磁化，表面会形成稳定的小尺寸的圆形磁畴（直径为 $1 \sim 100 \mu m$）。在显微镜下观察这种磁畴很像气泡，故称为磁泡。因这类磁性材料的厚度尺寸小，不足以在厚度方向分畴，所以磁泡畴实际上是个圆柱状磁畴。铁磁性膜材料的易磁化方向一般和表面垂直，磁化前为无磁性状态，两个方向自发磁化的磁畴面积相当，如图 3-14（a）所示。外加磁场开始磁化，与磁场方向一致的磁畴变大，反之变小。在外磁场持续增强时，反向畴最终缩小为分立的小圆柱形磁畴，称为磁泡。这些磁泡位置一般处于结构的缺陷处，如图 3-14（b）所示。

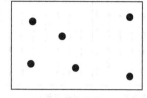

(a) 薄膜磁畴　　　　　　　　　(b) 磁泡结构

图 3-14　薄膜磁畴与磁泡结构

　　磁性膜材料中磁化的磁泡尺寸小且能随外磁场的变化而高速变化，这是高密度磁记录存储器工作的基本原理。如图 3-15 所示，记录信息过程就是通过磁头励磁信号电流改变存储器上磁性膜的磁化状态，读出时就是存储器磁场感应磁头产生感应电流而读出。

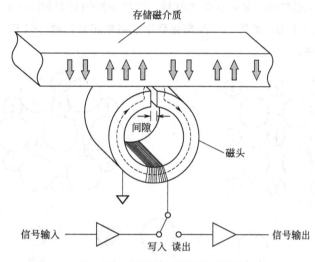

图 3-15　磁记录存储和读出原理

3.3.4　亚铁磁性与反磁性

　　从原子磁矩角度来说，材料的铁磁性、亚铁磁性和反铁磁性可简单地如图 3-16 所示。如自旋磁矩自发地同一方向排列，交换能大，实现自发磁化而产生铁磁性，如图 3-16（a）所示。如自旋磁矩呈反向平行排列且相邻原子的反向磁矩相等，磁矩相互抵消，自发磁化强度等于零，这种排列就是所谓反铁磁性，如图 3-16（b）所示。如反向磁矩不等，也表现出明显的宏观磁性，即亚铁磁性，如图 3-16（c）所示。反铁磁和亚铁磁体的晶体结构也可看成是由两个亚点阵组成的，每一亚点阵中的点阵磁矩平行排列，两点阵间的磁矩方向反平行。如两个亚点阵磁矩大小相等方向相反，$M_A + M_B = 0$，自发磁化强度等于零，是反铁磁的磁矩结构。若 $M_A + M_B \neq 0$，即两亚点阵磁矩方向相反大小不等，不能完全抵消，存在着自发磁化强度 $M = M_A + M_B$，表现出宏观磁性，这是亚铁磁性的磁矩排列。相对而言，顺磁体因原子间交换能微弱，磁矩排列混乱，图 3-16（d）所示。

　　反铁磁体相邻原子间的静电交换作用也使原子磁矩有序排列，因交换积分 A 为负，原子磁矩反向平行排列。相邻原子的磁矩相等，相互抵消，自发磁化强度趋于零。如 Mn、

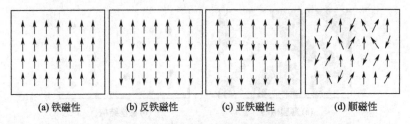

| (a) 铁磁性 | (b) 反铁磁性 | (c) 亚铁磁性 | (d) 顺磁性 |

图 3-16　不同磁性材料中原子磁矩排列

Cr 是反铁磁体，有些金属氧化物如 MnO、CuO、NiO 等也属反铁磁体，如图 3-17（a）所示为 MnO 的原子磁矩平面排列示意图。相邻的 Mn^{2+} 通过 O^{2-} 的间接作用反向排列，O^{2-} 原子磁矩为零，总磁矩为零，所以是反铁磁性材料。

　　四氧化三铁是天然磁体，是亚铁磁性材料，其原子磁矩排列如图 3-17（b）所示。Fe^{2+} 和 Fe^{3+} 通过 O^{2-} 间接作用，虽然 Fe^{3+} 反向排列原子磁矩相互抵消，但 Fe^{2+} 同向排列，产生净磁矩，具有铁磁性。

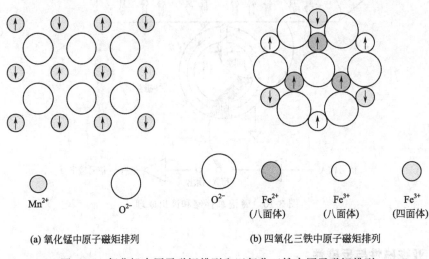

| Mn^{2+} | O^{2-} | O^{2-} | Fe^{2+}
（八面体） | Fe^{3+}
（八面体） | Fe^{3+}
（四面体） |

(a) 氧化锰中原子磁矩排列　　　　　(b) 四氧化三铁中原子磁矩排列

图 3-17　氧化锰中原子磁矩排列和四氧化三铁中原子磁矩排列

　　目前发现的亚铁磁体一般都是 Fe_2O_3 与二价金属氧化物组成的复合氧化物，俗称"铁氧体"，所谓铁氧体是指以氧化铁为主要成分的磁性氧化物。铁氧体中磁性离子被氧离子隔离，磁性离子间相距较远，不存在直接交换作用。铁氧体自发磁化是磁性离子通过中间的氧离子间接交换作用使磁矩同向排列的，这种间接交换作用称为超交换作用。即经中间氧离子的传递交换作用，把相距较远而无法直接交换作用的两个金属离子磁矩联系起来。这种超交换作用使每个亚点阵内原子磁矩平行排列，两个亚点阵磁矩方向相反大小不等，抵消一部分，剩余部分显现出自发磁化。

　　材料的磁性并不是在任何温度下都一直存在的，材料的铁磁性明显受到温度的影响，磁性一般随温度升高而下降，如图 3-18 所示给出了铁磁性材料纯铁和亚铁磁材料四氧化三铁的磁化强度和温度关系。每一铁磁体都有一确定的温度，达到此温度时，自发磁化消失，由铁磁性转变为顺磁性，该临界温度 T_c 是磁性转变点，也称为居里温度或居里点。这是由于温度升高时，一方面原子间距加大，交换作用降低，同时热运动加剧原子磁矩的规则取向遭到破坏，自发磁化强度迅速降低。直至居里点，完全破坏了原子磁矩的规则取向，自发磁化消失，材料即由铁磁性转变为顺磁性。居里温度确定了磁性材料工作的上限温度。

如图 3-18 所示，铁磁性材料纯铁和四氧化三铁居里温度分别为 760℃ 和 585℃。

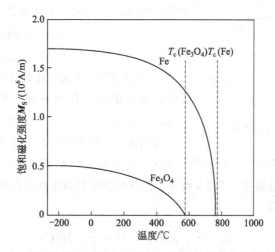

图 3-18　铁磁性材料纯铁和四氧化三铁的磁化强度和温度关系

3.4　铁磁性材料在外磁场中磁化效应和影响因素

如前所述，一般情况下，磁性材料中各个磁畴的自发磁化方向不一，互相抵消，整个材料对外不显示宏观磁性。这些磁性材料在磁场作用下会获得显著的磁性，这种现象就是磁化现象。所谓磁化就是使磁性材料在外磁场中让磁畴的磁矩方向趋于一致。磁性物质在磁场作用下，其磁化状态发生变化的过程称为磁化过程。从体系的能量角度来说，外磁场中铁磁体磁化过程是体系自由能不断发生变化的过程，体系的能量包含静磁能、畴壁能、退磁能、磁晶能和磁弹性能。在静态或准静态磁化过程中，稳定磁化状态的磁畴结构和畴壁的平衡位置是以体系自由能达到极小值为条件的。

3.4.1　静磁能与磁化功

如同重力场中的物体存在势能一样，磁体处于外磁场中也存在相似的能量，即所谓静磁能。静磁能与原子磁矩和外磁场相互作用相关，是外磁场对对铁磁体作用能的密度（magnetostatic interaction energy density），用 E_h 表示。

$$E_h = -\boldsymbol{H} \cdot \boldsymbol{M} \tag{3-24}$$

本质上，磁化过程是原子磁矩转向，单位体积的静磁能变化就是外磁场对磁体做功的大小，即

$$\Delta E_h = W = \boldsymbol{H} \cdot \boldsymbol{M} = 2HM\cos\theta \tag{3-25}$$

式中，θ 为磁化方向和外磁场方向之间的夹角。

3.4.2 退磁能与磁性的形状各向异性

铁磁体磁化表面以及磁体中非磁性夹杂和孔洞位置会出现磁极。磁极会在磁体内部产生一个与外磁场反向的磁场，它起到减弱外磁场的退磁作用，故称为退磁场，其强度用 H_d 表示，如图 3-19 所示。退磁场强度正比于磁化强度

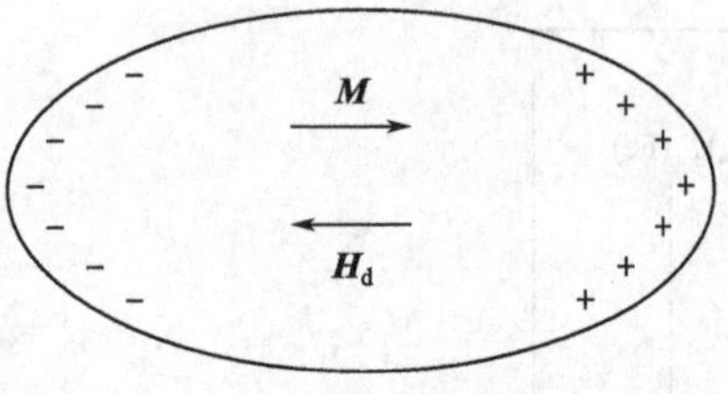

$$H_d = -NM \qquad (3-26)$$

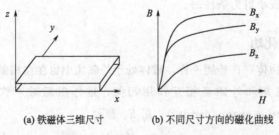

图 3-19　表面磁荷与退磁场

式中，负号表明退磁场与磁化外场反向，退磁场强度 H_d 与磁化强度 M 成正比，即磁化强度越高，退磁场对外磁场的削弱作用也越强；系数 N 称为退磁因子（demagnetizing factor），是一个沿外磁场方向的形状系数，与磁体的几何形状及尺寸有关。沿外磁场方向磁体尺寸细长，退磁磁极间距大，N 值小；反之，磁体短粗，N 值大。N 值越大，作用在磁体上的退磁场和退磁能也越高，表 3-3 给出了圆柱形磁性材料纵横形态比和退磁因子关系。

退磁能大小表达为

$$E_d = -\int_0^M \mu_0 H_d \cdot dM = \frac{1}{2}\mu_0 NM^2 \qquad (3-27)$$

式中，μ_0 为真空磁导率。

表 3-3　不同形态的圆柱形磁性材料退磁因子实验值

纵横形态比	0	1	2	5	10	20	50	100	200
退磁因子 N	1.0	0.27	0.14	0.040	0.017	0.0062	0.0013	0.00036	0.000090

磁性材料的形状对磁化有重要影响，实际铁磁体在磁场中一般呈开路状态，由于磁体的退磁场或退磁能的影响，形状不同的磁性材料或在不同方向上的磁化曲线也是不同的。即磁场中磁化强度和磁体形状相关，这种现象称为磁材料的形状各向异性。磁体的三维尺寸和各方向的磁化曲线关系如图 3-20 所示。相同外磁场中，沿 x 轴方向长度尺寸大，退磁能弱，磁化强度大；沿 z 轴方向的厚度尺寸最小，退磁场强，削弱磁化强度明显，磁化强度低；y 轴方向宽度尺寸处于中间，磁化曲线居中。

(a) 铁磁体三维尺寸　　(b) 不同尺寸方向的磁化曲线

图 3-20　磁体的三维尺寸和各方向的磁化曲线关系

3.4.3 磁的各向异性与磁晶能

磁性晶体取向不同，的磁化曲线也不相同，这种在不同晶向上磁性能不同的性质，称为

磁晶各向异性。图 3-21 和 3-22 分别显示铁和镍的磁化曲线和晶向关系。沿铁＜100＞、镍＜111＞晶向磁化容易，较小的外磁场作用下即可达到磁饱和，是易磁化方向；而沿铁＜111＞、镍＜100＞晶向磁化需非常强的外磁场才能达到磁饱和，是难磁化方向。由于沿铁磁体不同晶向磁化时所增加的自由能不同，这种与磁化方向有关的自由能称为磁晶各向异性能。饱和磁化强度 M_S 沿易磁化轴方向能量最低、沿难磁化轴时能量高。磁化强度沿不同晶轴方向的能量差代表了磁晶各向异性能，简称磁晶能，用 E_k 表示。

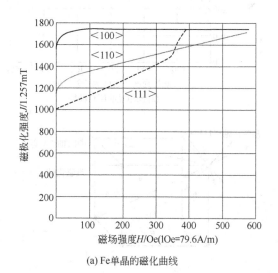

(a) Fe 单晶的磁化曲线

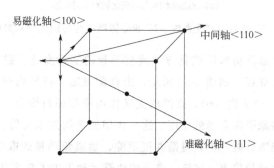

(b) Fe 的晶体结构与易磁化轴和难磁化轴

图 3-21　Fe 单晶的磁化曲线、Fe 的晶体结构与易磁化轴和难磁化轴

晶体磁晶能 E_k 用自发磁化方向与晶体学主轴间的方向余弦（α_1，α_2，α_3）的函数来表示。利用方向余弦的数学关系式 $\alpha_1^2 + \alpha_2^2 + \alpha_3^2 = 1$，考虑到晶体对称性，立方晶体磁晶能 E_k（J/m^3）可表示为

$$E_k = K_1(\alpha_1^2\alpha_2^2 + \alpha_2^2\alpha_3^2 + \alpha_3^2\alpha_1^2) + K_2\alpha_1^2\alpha_2^2\alpha_3^2 +$$
$$K_3(\alpha_1^2\alpha_2^2 + \alpha_2^2\alpha_3^2 + \alpha_3^2\alpha_1^2) + \cdots \tag{3-28}$$

式中，K_1、K_2、K_3 称为立方结构磁体磁各向异性常数，通常仅考虑第一项或前两项即可。如果第二项也忽略，则 $K_1 > 0$ 时，＜100＞方向为易磁化轴；如 $K_1 < 0$ 时，＜111＞方向为易磁化轴。

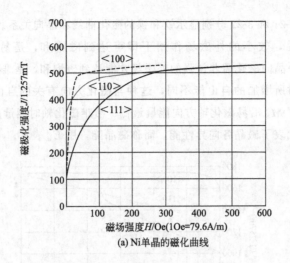

(a) Ni单晶的磁化曲线

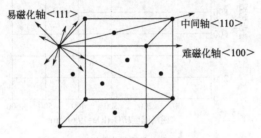

(b) Ni的晶体结构与易磁化轴和难磁化轴

图 3-22　Ni单晶的磁化曲线、Ni的晶体结构与易磁化轴和难磁化轴

　　磁晶各向异性能是磁性材料因磁化方向改变导致的能量变化。磁体的磁晶各向异性的原因可从交换能模型去解释。如图 3-23 所示，由自旋磁矩平行排列的铁磁体自发磁化，从一个方向（a）转到另一个方向（b），强烈的交换作用使相邻自旋磁矩始终保持平行。电子的轨道运动要受到晶格原子库仑场的作用，这一作用的平均效果可等价为一个周期性势场，该势场引起电子轨道能级分裂，使轨道简并度消除，轨道角动量的取向处于"冻结"状态，这就是所谓电子轨道角动量猝灭。这样，电子的轨道运动失去了自由状态下的各向同性，变成了与晶格有关的各向异性。电子自旋运动和轨道运动存在耦合作用，轨道运动随自旋取向发生变化，由于电子云的分布一般为各向异性，因此电子自旋在不同取向时，电子云的交叠

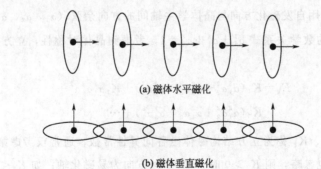

(a) 磁体水平磁化

(b) 磁体垂直磁化

图 3-23　磁晶各向异性 Kitter 模型

程度与交换作用也不相同，这样磁体在不同晶体方向磁化时需要外磁场提供的能量也不同，这就是磁晶各向异性的起源。其物理模型如图 3-23 所示，称为基特（Kitter）模型。该模型解释了不同晶向磁化难易的原因。不同晶向上相邻原子的间距不同，在不同磁化方向上的交换作用也不同，如果在某个晶向上邻近原子作用力大，电子运动重叠大，彼此交换作用就强；反之则邻近原子间电子运动重叠少，交换作用弱。图 3-23（a）所示为磁体水平磁化时，原子间交换作用弱，是难磁化方向；图 3-23（b）所示为磁体在垂直方向磁化时，交换作用强，是易磁化方向。

3.4.4 磁致伸缩与磁弹性能

铁磁体在磁场中被磁化时，其形状和尺寸发生变化的现象称为磁致伸缩。磁致伸缩的大小可用磁致伸缩系数 λ 表示。

$$\lambda = \Delta l / l \tag{3-29}$$

式中，l 为铁磁体的原长；Δl 为磁化引起的长度改变量。

$\lambda > 0$ 时，表示沿磁场方向的尺寸伸长，为正磁致伸缩；$\lambda < 0$ 时，表示沿磁场方向的尺寸缩短，为负磁致伸缩。所有铁磁体均有磁致伸缩特性，磁致伸缩系数一般为 $10^{-6} \sim 10^{-3}$。

磁性材料的磁致伸缩系数 λ 和外磁场强度大小 H 关系表明，随外磁场的增强，材料将伸长或缩短并最后稳定在某一尺寸上，即磁致伸缩达到了饱和，相应的磁致伸缩系数 λs 称为饱和磁致伸缩系数，对具体材料来说磁致伸缩系数是个常数。

磁致伸缩起源于原子磁矩间的相互作用。磁致伸缩效应是磁化过程中原子磁矩有序化排列时，原子间相互作用力发生改变而导致原子间距自发调整引起的，也可以认为磁致伸缩效应是材料内部磁畴变化的外观表现。在不同晶向磁化时原子间距的变化情况不一，故在不同晶向上的磁致伸缩性能有差异，所以单晶体的磁致伸缩有各向异性。如图 3-24 所示，铁、镍单晶体沿不同晶向的磁致伸缩系数不同且相差很大。

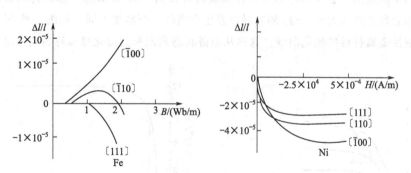

(a) 铁单晶体不同晶向的磁致伸缩系数　　　　　　(b) 镍单晶体不同晶向的磁致伸缩系数

图 3-24　铁和镍单晶体不同晶向的磁致伸缩系数

磁致伸缩是一种弹性形变，没有外磁场时会回复到原来状态。磁致伸缩效应会在磁体内部产生应力，形成一种弹性能，称为磁弹性能。磁致伸缩效应可以将磁能转变为机械能，而逆效应可以使机械能转变为磁能，磁致伸缩效应有广泛应用。研究表明，通过对过渡族磁性金属铁、钴、镍与重稀土元素合金化，可提高材料的居里温度，一般在很低温度下才能发生的磁致伸缩现象在室温下也能发生。研究发现，具有立方结构的 Laves 相 $TbFe_2$、$DyFe_2$ 等二元稀土铁化合物，其室温下磁致伸缩系数可达到 10^{-3} 数量级，比传统材料的磁致伸缩系数高两个数量级。低温下磁致伸缩系数更高，因此称为超磁致伸缩材料。

利用磁致伸缩正效应可制作磁致伸缩制动器，利用磁致伸缩逆效应可制作磁致伸缩传感器。所谓磁致伸缩逆效应就是对铁磁性材料施加应力，在材料发生弹性形变的同时，产生磁化现象。磁致伸缩材料广泛应用于超声波、控制器、换能器、传感器、微位移器、精密阀和防震装置等领域。

3.5 磁性材料的磁化曲线和技术磁化

3.5.1 磁化曲线

无宏观磁性或退磁状态的磁性物质在外磁场中，其磁化强度 M、磁极化强度 J 和磁感应强度 B 随外磁场强度 H 的增强而增加，所构成的关系曲线称为磁化曲线或起始磁化曲线。如图 3-25 所示，铁磁体具有很高的磁化率 χ，在较弱的外磁场中也可以引起激烈的磁化并容易达到磁饱和。

如图 3-26 所示为软钢的 M-H 磁化曲线。若起始状态完全退磁（$H=0$ 时，$M=0$），可以看到，随磁场强度 H 的增大，磁化强度 M 开始增加缓慢。当 H 达到 $0.6 \times 10^{-3} \mathrm{A \cdot m^{-1}}$ 之后，M 开始急剧上升。在磁场强度为 $1.2 \sim 2.4 \times 10^{-3} \mathrm{A \cdot m^{-1}}$ 时，磁化强度从 $0.8 \times 10^{-4} \mathrm{A \cdot m^{-1}}$ 增大到 $1.2 \times 10^{-3} \mathrm{A \cdot m^{-1}}$。继续增大磁场，$M$ 的增加变得越来越缓慢。在磁场强度约为 $3.2 \times 10^{2} \mathrm{A \cdot m^{-1}}$ 时，磁化强度的增加实际上已经停止，即达到饱和磁化强度 M_{s}。所有铁磁物质从退磁状态开始的基本磁化曲线都有如图 3-27 所示的形态。它们之间的差别仅在于开始阶段的区间大小、M_{s} 的差异以及磁化曲线上升陡度不同。如图 3-27 所示为一些工业化铁磁性金属材料的磁化曲线。这种从退磁状态到饱和的磁化过程称为技术磁化。

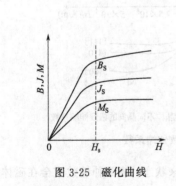

图 3-25　磁化曲线　　　　　　　　图 3-26　软钢的磁化曲线

3.5.2 技术磁化

铁磁性材料处在外磁场中磁化，自发磁化方向和外磁场方向一致的磁畴会长大，和外磁

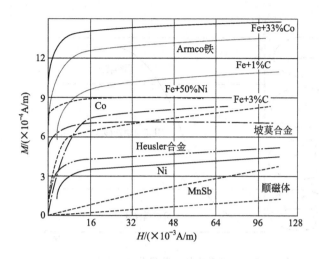

图 3-27　一些常见软钢和合金材料的磁化曲线

场方向相反的磁畴会变小。在强磁场中磁畴的磁矩还会向外磁场方向转动，结果导致材料中磁矩的矢量和增加，呈现显著的宏观磁性。外磁场作用下铁磁体从完全退磁状态磁化至饱和的变化过程称为技术磁化。技术磁化与自发磁化有本质的不同，自发磁化是原子间强交换力的作用使原子磁矩同向排列，自发地达到磁饱和。技术磁化过程是外磁场对磁畴作用的过程，是外磁场把各个磁畴的磁矩方向转到和外磁场方向一致或接近的过程。

当外磁场强度 $H=0$ 时，各磁畴的磁矩矢量等于零。

$$\sum_i \boldsymbol{M}_{\mathrm{S}} V_i \cos\theta_i = 0 \tag{3-30}$$

式中，V_i 为第 i 个磁畴的体积；θ_i 为第 i 个磁畴的自发磁化磁矩 $\boldsymbol{M}_{\mathrm{s}}$ 与外磁场方向之间的夹角。

实验证明，磁性材料的磁畴结构对外场有强烈响应，很小的磁场就能显著地改变磁畴状态。当外磁场存在时，铁磁体被磁化，沿 H 方向的磁化强度 M_{H} 可表达为

$$\boldsymbol{M}_{\mathrm{H}} = \sum_i (\boldsymbol{M}_{\mathrm{S}}\cos\theta_i \delta V_i + \boldsymbol{M}_{\mathrm{S}} V_i \sin\theta_i \delta\theta_i + V_i \cos\theta_i \delta\boldsymbol{M}_{\mathrm{S}}) \tag{3-31}$$

式中，δV_i、δM_{S} 和 $\delta\theta_i$ 分别为第 i 个磁畴在磁化过程中体积、磁化强度及其磁矩方向与外磁场之间夹间的变化。

考虑磁化机理差异，表达式（3-31）将技术磁化过程分为三个阶段，其中第一项表示各磁畴的 $\boldsymbol{M}_{\mathrm{S}}$ 的大小和方向不变，但各个磁畴的体积 V_i 发生变化。这是磁化的起始阶段，磁场作用弱，自发磁化强度 $\boldsymbol{M}_{\mathrm{S}}$ 的方向接近外磁场方向的磁畴因其静磁能低而长大，而 $\boldsymbol{M}_{\mathrm{S}}$ 方向与 H 夹角呈钝角的磁畴缩小。这一过程是通过磁畴壁的迁移实现的，故称为壁移磁化过程。此过程即是图 3-28 所示的技术磁化第一阶段，磁化曲线较为平坦，磁导率不高，宏观上使材料表现出较弱的磁化。这种畴壁的迁移是可逆的，即外磁场撤去后磁化现象消失，磁畴壁回到原来状态。图 3-29 所示为铁单晶磁化初期畴壁位置随外磁场增强而迁移的磁化过程。

式（3-31）中第二项表示各畴的 $\boldsymbol{M}_{\mathrm{S}}$ 的大小和体积 V_i 不变，但磁畴的 $\boldsymbol{M}_{\mathrm{S}}$ 方向都转向外

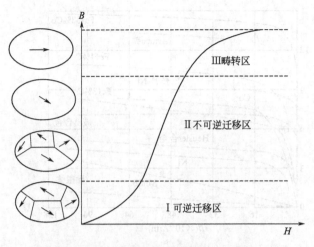

图 3-28　技术磁化的三阶段分区示意图

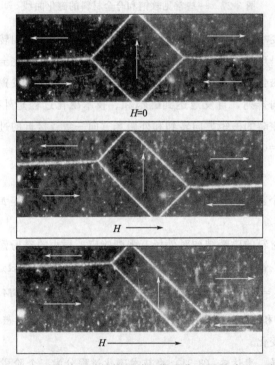

图 3-29　Fe 单晶体磁畴结构及其初期磁化过程的畴界迁移现象

磁场的方向。当外磁场继续增强时，与磁场成钝角的磁畴磁化方向都不断地反转，变成与磁场成锐角的易磁化方向。表现出强烈的磁化，磁化曲线急剧上升，磁导率很高。磁畴的磁化方向反转是瞬时完成的，大量磁畴的磁化方向集中反转，造成此过程畴壁迁移是跳跃式的，称为巴克豪森跳跃（Barkhausen jump）。这一极化过程中的畴壁迁移是不可逆的，所有的磁畴都转向与磁场方向成锐角或一致的易磁化方向，使磁体整体上成为单畴。磁畴磁化方向反转是个特殊的磁畴转动过程，也称为畴转磁化过程。基于磁畴反转的结果是增加和外磁场方向接近的磁畴体积，如图 3-28 所示，所以一般认为磁化第二阶段还是壁移磁化过程。

材料物理性能

式（3-31）中第三项表示体积不变但 M_S 本身数值在增加。上一步磁化成单畴磁体的磁化方向沿易磁化方向，而易磁化方向通常与外磁场方向并不一致。当外磁场继续增大时，单畴磁体的磁化方向发生转动，向外磁场方向靠近。即通过畴转过程使 M_S 几乎沿 H 方向取向而接近技术磁化饱和。技术饱和磁化强度就等于该温度下的自发磁化强度。即极强磁场中铁磁体的磁化强度趋于自发磁化强度。此过程即为图 3-28 所示的磁化第三阶段。此阶段对磁化强度的贡献较小，所以铁磁体磁化曲线的进程主要取决于前两个技术磁化过程。一般地说，在弱磁场中，壁移过程占主导，只有在强磁场中才会出现畴转过程。

以上从退磁状态到磁化饱和状态的技术磁化过程经过三个阶段，包含畴壁的迁移磁化（壁移磁化）和磁畴的旋转磁化（畴转磁化）两种机制。技术磁化过程中，外磁场是磁化的原动力，静磁能在技术磁化中起主导作用，而磁晶能、畴壁能、磁致伸缩等能量大都与磁化的阻力有关。

3.5.3 磁滞现象和磁滞回线

铁磁性或亚铁磁性材料在外磁场中磁化，磁化强度 M 或磁感应强度 B 随外磁场强度 H 的变化一般来说是非线性的，磁化过程具有两个特征：磁饱和现象及磁滞现象，如图 3-30 所示。

当磁场强度 H 足够大时，磁感应强度 B 达到饱和值 B_S。继续增大 H，B_S 保持不变。磁体磁化过程中能达到的饱和磁感应强度 B_S 大小主要取决于材料的成分，它所对应的物理状态是材料内部的磁化矢量整齐地沿外磁场方向排列。

磁性材料磁化强度随着外磁场变化的整个磁化过程可以用图 3-30 中的曲线 O-S 表示。磁化饱和后如不断地减小外磁场强度，随外磁场减小，磁化强度或体内磁感应强度也随之减弱，但磁感应强度降低并不沿 S-O 原路返回，而是沿曲线 S-R 降低。也就是说，从磁饱和点减小外磁场，磁体的磁感应强度要高于相同磁场强度下技术磁化的磁感应强度，即磁感应强度降低的速度明显比外磁场减小"落后"或者"滞后"。磁性材料的这种特性称为磁滞现象。

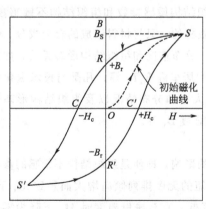

图 3-30　磁滞回线或磁导率随磁场
强度的变化曲线

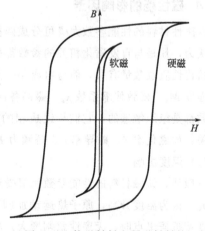

图 3-31　软磁材料和硬磁材料的
磁滞回线

由于磁滞现象，磁性材料达到磁化饱和后撤去外磁场，外磁场为零，材料的磁感应强度不会同时降低到零，而是仍然保持一部分磁感应强度 B_r，称为剩余磁感应强度，即磁化材料仍保持一定的剩余磁化强度 M_r，简称剩磁。之所以存在剩磁现象，是因为外磁场减小后，材料的磁化强度不能完全回到为零的初始状态。由于多种阻力会使磁畴停留在极化过程中某个低能量状态，无法回到初始状态，这就是所谓的不可逆磁化。一般情况下磁化都不是完全可逆的，只有在很低磁场中初始磁化阶段才可能是可逆的。磁滞现象是磁性材料的一个极其重要的特征，剩余磁感应强度 B_r 和剩余磁化强度 M_r 是磁滞回线的特征参数。

如果人为地将磁体的磁感应强度减小到零，需要对磁体施加反向磁场。反向磁场作用下会进一步降低磁感应强，并且在反向外磁场强度为某个数值 H_c 时磁感应强度恰好为零，这时外磁场强度称为矫顽力。如果继续增大反向磁场，磁感应强度则会反向增加，并且随着反向磁场的增大而逐渐趋于反向饱和达到 S' 点。同样，从 S' 点施加反向磁场，磁感应强度会沿曲线 S'-R'-C'-S 变化，又到达正向饱和 S 点。

这样，外磁场正负变化一周，磁感应强度会沿 S-R-C-S'-R'-C'-S 变化一周，这条闭合曲线称为磁滞回线。磁滞回线所包含的面积代表外磁场对磁体磁化所做的功，就是磁化一周所消耗的能量，称为磁滞损耗。

需要指出的是，不同于饱和磁化强度 M_s 等自发磁化参数，和磁化过程相关的物理量包括剩磁 M_r、矫顽力 H_c 和磁化率 χ 等都是"组织敏感"参数。它们不但决定于材料的组成（化学组分与相组成），而且受到组织结构因素的影响，即与材料的制造工艺密切相关。如磁矫顽力 H_c 的大小受到材料的成分及缺陷、杂质、应力等因素影响。

磁滞回线 B_r/B_s 比值大小称为矩形比，可以反映回线形状，如图 3-31 所示。人们通常将矫顽力 H_c 大和 χ 小的材料称为硬磁（或永磁）材料，磁滞回线呈矩形，矩形比大是硬磁材料的特征。磁滞回线趋于矩形的材料则称为"矩磁材料"。将 H_c 很小而磁化率 χ 很大的材料称为"软磁材料"，矩形比小是软磁材料的特征。通过材料的组分和制备工艺的选择可以得到性能各异、品种繁多的磁性材料。

3.5.4 磁性能的影响因素

铁磁性材料的性能参数大概可分成两类，即组织结构敏感参数和组织结构不敏感参数。一般认为，凡是与自发磁化相关的参数都是组织不敏感的，只与材料组成的合金成分、铁磁相的结构性质及数量有关，而与组成相的晶粒大小、分布情况和组织结构形态无关，如饱和磁化强度 M_s、磁致伸缩系数 λ_s、磁晶各向异性 K 和居里温度 T_c 等；凡是与技术磁化相关的参数都是组织敏感的，它们与组成相的晶粒形状大小和分布情况以及组织结构形态等密切相关，如磁化率 χ、磁导率 μ、矫顽力 H_c 和剩磁强度 B_r 等。

（1）温度影响

一般地，铁磁材料的性能参数明显受环境温度的影响，即使是组织结构不敏感的参数也是如此。因为温度升高，原子热运动加剧，原子磁矩的无序排列倾向增大而导致 M_s 下降。在温度接近居里点时，无序性急剧增大，M_s 迅速降低，直至居里温度时 M_s 下降为零，由铁磁性转变为顺磁性。包括饱和磁感应强度 B_s、磁矫顽力 H_c 等均随温度升高而下降，到居里温度降为零，这是铁磁体性能变化的共性规律。

实际材料的磁性能的变化和影响是复杂的，往往需要具体问题具体分析。图 3-32 是纯铁在不同磁场强度下磁导率随温度的变化。当外磁场强度 $H = 320A \cdot m^{-1}$ 时，磁导率 μ 随温度升高而降低，这和温度升高导致磁化强度下降的一般规律相吻合。与此相反，外场强度 $H = 24A \cdot m^{-1}$ 时，磁导率 μ 随温度升高而增大。这是因为在磁化方向的热膨胀和磁致伸缩一致，从而有利于磁化，使磁导率 μ 随温度升高而增高。当温度接近居里点时，B 值急剧降低，μ 迅速下降。

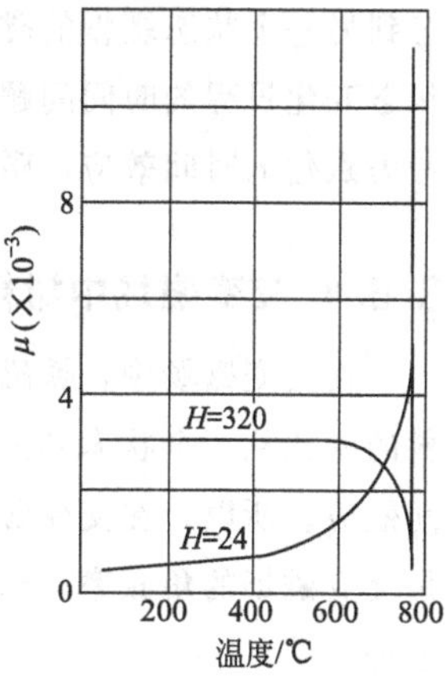

由上面的例子可以看出，材料内部的弹性应力对磁化有显著影响。当应力的方向与材料的磁致伸缩为同向时，应力对磁化起促进作用，反之则对磁化起阻碍作用。

图 3-32　铁的磁导率与温度和外磁场关系

（2）组织结构因素

铁磁性材料组织敏感参数显然与材料的组织结构相关，包括材料的成分、杂质元素、相结构以及材料中的结构缺陷、材料加工状态等。材料中的固溶元素、杂质元素、缺陷结构会造成点阵畸变，夹杂物会使畴壁穿孔，这些都会给壁移造成阻力，导致 μ 下降，H_c 上升。可见，提高材料的磁导率 μ、降低矫顽力 H_c，可以从以下角度考虑：首先是提高材料的纯度，消除材料中的杂质，并把晶粒培育到足够大并呈等轴状。金属铁磁材料可通过再结晶热处理达到目的，另外，采用磁场中退火也是有效措施。铁磁材料因自发磁化形成不同磁化方向的磁畴，并产生各向杂乱磁致伸缩形变而造成复杂的内应力，这种内应力阻碍磁致伸缩形变，妨碍磁化，使磁导率降低。由于晶体不同方向磁化难易程度不同，通过铁磁材料在磁场中退火冷却，降到居里点以下形成自发磁化磁畴结构，磁畴的磁化方向将沿着与外磁场呈小角度的易磁化轴，从而磁致伸缩和形变均沿同一方向发生。如室温再进行同方向磁化时，磁畴也将沿原磁化方向。所以经过磁场中退火的样品，磁致伸缩将不妨碍磁化，磁化更加容易，从而在该方向有高的磁导率。这种通过磁场中退火使铁磁产生的内应力择优取向而有利于磁化的磁畴结构称为磁织构。高磁导率也可以通过形成晶体易磁化轴的取向织构达到的，这往往通过冷加工和再结晶手段获得，一般称为冷加工或再结晶织构。

从材料的化学成分角度看，若在铁磁金属中溶入顺磁或抗磁金属形成固溶体，由于原子磁矩被稀释，饱和磁化强度 M_S 随溶质原子浓度的增大而下降。如 Fe 中溶入 Cu、Zn、Al、Si 等元素，溶质原子的 4s 电子会进入 Fe 中未填满的 3d 壳层，导致 Fe 原子磁矩的玻尔磁子数减少。而过渡族金属与铁磁金属所组成的固溶体，如 Ni-Mn、Fe-Iv、Fe-Rh、Fe-Pt 等合金，这些溶质原子有较大的固有磁矩，形成低浓度固溶体时，因交换作用强，M_S 有所增大。但高浓度时，溶质原子对铁磁金属的稀释作用反而使 M_S 降低。

实际材料的结构是复杂的，材料的磁性能是各种有利和不利因素综合的结果。关键是控制影响磁性能的主要因素，这是磁性材料研究中关注的主要问题。

3.6　磁性材料的动态磁化

技术磁化是磁性介质在外磁场中接近平衡的准静态磁化过程，或者说是从一个稳定状态到另一个状态缓慢的磁化过程。尽管涉及磁化的不可逆问题和磁滞现象，但没有考虑磁化状态变化过程的时间问题。在许多实际应用中，磁性材料往往是在交变磁场下工作，因而要考虑磁化的时间效应，磁性材料这种在交变磁场中的磁化行为称为动态磁化。

3.6.1 交变磁场中材料磁化的时间效应

在交变磁场中，铁磁体的磁性能与静态磁场中的磁性能明显不同。随着外磁场的变化，材料的磁化从一个状态到另一个状态并趋于稳定需要一定的弛豫时间 τ，表现出动态磁化的时间效应。所以，在交变磁场 H 中铁磁体内部的磁感应强度 B 比 H 落后一个相位 $\delta = \omega\tau$，ω 是交变磁场的角频率。磁化的时间效应体现在以下一些现象：磁滞现象、涡流现象和磁后现象等。

涡流现象是磁化过程中磁体磁化强度的变化会同时在体内产生感应电流，在铁磁体内形成电流回路而构成涡流，涡流损耗是导致磁化时间滞后效应的原因之一，也是相差来源之一。

磁后效应是指外磁场强度阶跃突变时，相应铁磁体的磁化强度 M 需要一定时间的延续才能达到与磁场强度相适应的稳态磁化强度，也就是磁化强度或磁感应强度跟不上磁场变化的延迟现象。一般认为产生磁后效应弛豫过程的原因是分布在晶体点阵中的间隙原子 C、N 等易受磁场变化扰动。外磁场强度或方向发生变化时，间隙原子发生微扩散，导致磁化强度滞后于外磁场的变化，这种弛豫过程称为扩散磁后效应。

3.6.2 交变磁场中动态磁化的磁导率及其意义

外磁场和磁体内的磁感应强度是交变电磁场，两者之间相位差为 δ，基于物理理论，磁场强度 $\widetilde{H}$ 和磁感应强度 $\widetilde{B}$ 可分别表达为

$$\begin{cases} \widetilde{H} = H_m e^{\omega t} \\ \widetilde{B} = B_m e^{(\omega t - \delta)} \end{cases} \tag{3-32}$$

式中，H_m、B_m 分别为交变磁场强度和磁感应强度的振幅或峰值，根据磁导率的定义，交变磁场中的磁导率 $\bar{\mu}$ 为

$$\begin{aligned} \bar{\mu} &= \frac{\widetilde{B}}{\mu_0 \widetilde{H}} = \frac{B_m e^{i(\omega t - \delta)}}{\mu_0 H_m e^{i\omega t}} = \frac{B_m}{\mu_0 H_m} e^{-i\delta} \\ &= \frac{B_m}{\mu_0 H_m} \cos\delta - i \frac{B_m}{\mu_0 H_m} \sin\delta \\ &= \mu_m \cos\delta - i\mu_m \sin\delta \\ &= \mu' - i\mu'' \end{aligned} \tag{3-33}$$

μ_m 是外磁场最大时的稳态磁导率。其中，第一项与外磁场 H 相位相同，第二项落后于 H 相角为 $\pi/2$。式（3-33）磁导率表达为虚数形式，实数部分和虚数部分分别为

$$\mu' = \frac{B_m \cos\delta}{\mu_0 H_m} = \mu_m \cos\delta$$

$$\mu'' = \frac{B_m \sin\delta}{\mu_0 H_m} = \mu_m \sin\delta \tag{3-34}$$

相应磁感应强度表达为

$$B = \mu'\mu_0 H_m \sin\omega t + \mu''\mu_0 H_m \sin\left(\omega t - \frac{\pi}{2}\right) \tag{3-35}$$

磁导率的实部 $\mu' = \dfrac{B_m}{\mu_0 H_m}\cos\delta$ 和虚部 $\mu'' = \dfrac{B_m}{\mu_0 H_m}\sin\delta$ 分别与铁磁体磁化过程中的磁储能和磁损耗相关。铁磁体在磁场作用下，因磁化而增加的能量称为磁储能，在静磁场中磁储能就是静磁能。单位体积的能量存储密度表达为

$$\boldsymbol{W} = \boldsymbol{B} \cdot \boldsymbol{H} \tag{3-36}$$

在交变磁场中，磁储能大小为

$$\begin{aligned} W_{储磁} &= \frac{1}{T}\int_0^T H_m\sin\omega t \cdot B_m\sin(\omega t - \delta)\mathrm{d}t \\ &= \frac{1}{2}H_m B_m\cos\delta \\ &= \frac{1}{2}\mu_0\mu' H_m^2 \end{aligned} \tag{3-37}$$

即储能密度和磁导率的实部相关，$T = \omega/2\pi$ 是交变磁场的周期，磁导率实部 μ' 相当于稳定磁场中的实数磁导率，也称为弹性磁导率，决定了单位体积铁磁体在磁化过程中的磁能储量的大小。

交变磁场中铁磁体磁化过程中的磁化曲线为磁滞回线，磁滞回线的面积是磁化一个周期的能量损耗，称为磁滞损耗 W。

$$\begin{aligned} W_{耗} &= \oint H\,\mathrm{d}B = \int_0^T H_m\sin\omega t\,\mathrm{d}\left[B_m\sin(\omega t - \delta)\right] \\ &= \int_0^T H_m\sin\omega t \cdot B_m\cos(\omega t - \delta)\mathrm{d}\omega t \\ &= \omega H_m B_m\int_0^T \sin\omega t(\cos\omega t\cos\delta + \sin\omega t\sin\delta)\mathrm{d}t \\ &= \omega H_m B_m\int_0^T \left[\frac{\cos\delta}{2}\sin2\omega t + \frac{\sin\delta}{2}(1 - \cos2\omega t)\right]\mathrm{d}t \\ &= \frac{T}{2}\omega H_m B_m\sin\delta \\ &= \pi\mu_0\mu'' H_m^2 \end{aligned} \tag{3-38}$$

即磁化损耗和磁导率的虚部相关，决定了材料磁滞损耗的大小。

类似于介电材料的参数，铁磁材料的磁性品质因数 Q 同样定义为

$$Q = \frac{\mu'}{\mu''} \tag{3-39}$$

高品质因数意味着磁化过程磁损耗小，这是对软磁材料的要求。相应磁损耗系数或磁损耗角 φ 正切值

$$\tan\varphi = \frac{1}{Q} = \frac{\mu''}{\mu'} \tag{3-40}$$

3.6.3　动态磁化的磁滞回线和磁化损耗

根据外磁场交变频率和强度以及铁磁体的种类，动态磁化也有很多方式。普通的磁化场

是弱磁化，具有三角函数形式。即外磁场比较低，材料远没有达到磁化饱和，磁化基本上是可逆的，这时磁感应强度的波形是三角函数波。相应动态磁滞回线是一个椭圆。如果外磁场很大，导致材料磁化接近饱和，那么这时的磁滞回线将不再是椭圆，而是与静态饱和的磁滞回线相似。

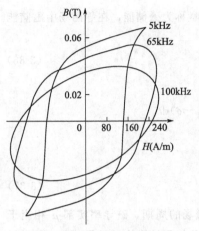

图 3-33　坡莫合金在不同频率
交变磁场中的磁滞回线

铁磁材料在交变磁场中反复磁化时，由于磁化始终处于非平衡状态，磁滞回线表现为动态特性。磁滞回线的形状往往介于静态磁滞回线和椭圆之间，如图 3-33 所示。当外磁场的振幅不大时，随着交变磁场频率的提高，磁滞会更加明显，得到以原点为中心对称变化的磁滞回线，该磁滞回线称为瑞利磁滞回线。

在交变磁场中磁化时，铁磁体材料体内磁通量也相应地发生周期性变化，这种变化将在铁磁体内产生垂直于磁通量的环形感应电流——"涡流"。涡流产生的磁损耗会以热的形式释放，因此涡流损耗对于磁材料来说属于有害因素。以交流变压器为例，变压器工作的损耗分为两部分，分别是铜损和铁损。其中交流线圈中线圈电阻上的功率损耗称为铜损，铁芯处于交变磁通下产生的功率损耗称为铁损。铁损是由磁滞和涡流共同产生的。磁滞损耗是由磁化过程中不可逆的壁移磁化造成的，与材料的晶粒尺寸和杂质浓度有关。涡流是交变磁通在铁芯内产生的感应电流，在垂直于磁通的平面内形成环流，如图 3-34（a）所示。减小涡流的措施是提高铁芯的电阻率。为此，一般将软磁铁芯硅钢做成多层薄片叠加且彼此绝缘，如图 3-34（b）所示，铁芯薄片在动态磁化时产生的涡流就会被限制在薄片内部，从而大大减小涡流，降低涡流损耗。

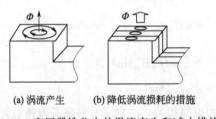

(a) 涡流产生　　(b) 降低涡流损耗的措施

图 3-34　变压器铁芯中的涡流产生和减小措施

3.6.4　磁共振损耗与磁导率减落

材料的磁损耗随外磁场频率的变化而变化，在某一频率下出现明显增大的磁损耗称为共振损耗。这时磁导率的虚部 μ'' 在某个频率附近显著增大，就表明出现了共振损耗。图 3-35 是不同成分 NiZn 铁氧体材料的磁导率随外磁场频率变化曲线，可以看出，磁导率极值随磁体的组分和外磁场的频率变化而变化。磁体动态磁化会出现不同形式的共振损耗，包括尺寸共振和自然共振。磁共振损耗与外磁场的频率及磁体材料的尺寸有关，在磁体的尺寸为加载磁场电磁波波长的整数或半整数倍时，材料中形成驻波而发生的共振损耗称为尺寸共振。如果磁化方向和磁场方向不一致，材料中的微观磁化强度绕外场发生所谓"进动"现象。当进动频率与高频磁场的频率一致时，这时出现的共振损耗称为自然共振，这是磁各向异性场形成的共振现象。

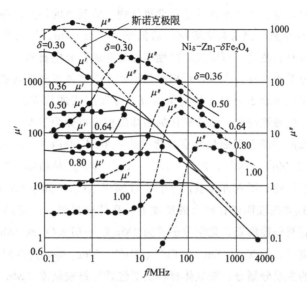

图 3-35　NiZn 铁氧体复磁导率的实部和虚部与外磁场频率的关系

实验发现，即使是完全退火的铁磁材料，置于无外力和无热干扰环境中，材料的起始磁导率也会随时间的推移而下降。如受磁场作用或机械冲击，起始磁导率会随时间发生减落，称为磁导率减落。实际应用的铁磁性材料通常希望尽可能减小磁导率的减落，目前认为起始磁导率随时间减落是材料中原子或电子局部扩散后效所造成的。磁性材料退磁时处于亚稳态，电子或离子向有利位置扩散。畴壁稳定在势阱中，导致起始磁导率随时间减落。时间足够长，扩散趋于完成，起始磁导率趋于稳定值。不同温度下电子或离子的扩散速度不同，温度越高扩散速度越快，起始磁导率随时间减落也就越快，所以磁减落现象受温度的影响。为稳定材料的磁性，尽量减轻材料使用过程中的磁减落行为，对存在减落现象的软磁材料要减少机械冲击，使用前有意进行高温老化处理以达到稳定磁性能的目的。

永磁材料长期使用中剩磁会逐渐变小，即磁性随着时间的推移而减弱，这种磁后效现象称为"磁减落"现象，与磁体的退磁场相关。

3.7　铁氧体磁性材料

3.7.1　铁氧体的概念和分类

在磁性材料的发展史中，早期实用化的磁性材料几乎都是金属合金。随着电力和通信业的飞速发展，迫切需要适于高频率下工作的软磁材料，要求电阻率高、磁导率高、涡流损耗低。以氧化铁为主要成分的铁氧体磁性材料应运而生，并迅速达到实用化。实际上，早在20世纪30年代软磁铁氧体就进入了工业化生产，且随着广播电视和通信业的快速发展，应用于开关电源的功率铁氧体取得了长足的进展。随着纳米铁氧体软磁材料的出现，其应用领域得到了更快的拓展。

磁性铁氧体又称为磁性陶瓷，这类材料是指由铁离子、氧离子及其他金属离子所组成的复合氧化物磁性材料，也有少数不含铁的磁性氧化物。铁氧体的特点是高电阻率，电阻率可达 $1 \sim 10^{14}\Omega \cdot cm$，而金属铁磁材料电阻率一般低于 $10^{-4}\Omega \cdot cm$。从电性能角度来说，铁氧体属于半导体和介电材料范畴，所以又称磁性半导体和磁性介电材料。

磁性铁氧体的分类方式复杂多样，根据磁化特性，铁氧体可分为软磁、硬磁材料；根据磁致伸缩效应分为压磁和旋磁材料，如利用磁致伸缩效应或逆效应将磁能转换为机械能或将机械能转换为磁能的磁性陶瓷。按铁氧体的晶体结构也可分为三类：一是晶体结构与天然镁铝尖晶石结构相似的尖晶石型磁性陶瓷，化学式一般用 $MeFe_2O_4$ 表示，其中 Me 通常为二价离子，如 Mg^{2+}、Mn^{2+}、Ni^{2+}、Fe^{2+}、Cd^{2+}、Cu^{2+} 等；二是晶体结构与天然磁铅石结构类似的磁铅石型磁性陶瓷，属六方晶系，分子式为 $MeFe_{12}O_{19}$，其中 Me 表示二价金属离子，如 Ba^{2+}、Pb^{2+} 等，这类磁性陶瓷有较大的矫顽力，是硬磁材料；三是晶体结构与天然石榴石结构类似的石榴石型磁性陶瓷，化学分子式为 $3Me_2O_3 \cdot 5Fe_2O_3$ 或 $2Me_3Fe_5O_{12}$，其中 Me 表示三价稀土金属离子，如 Y^{3+}、Sm^{3+}、Eu^{3+}、Dy^{3+}、Tm^{3+} 等，是良好的超高频微波磁性陶瓷材料。按材料的主成分划分，铁氧体材料主要包括锰锌铁氧体（$Mn\text{-}ZnFe_2O_4$）、镍锌铁氧体（$Ni\text{-}ZnFe_2O_4$）、镁锌铁氧体（$Mg\text{-}ZnFe_2O_4$）及镍铜锌铁氧体（$Ni\text{-}Cu\text{-}ZnFe_2O_4$）等系列。软磁铁氧体的化学式一般表示为 $MeO \cdot Fe_2O_3$，其中 Me 是离子半径与二价铁离子（Fe^{2+}）相近的二价金属离子（如 Mn^{2+}、Zn^{2+}、Cu^{2+}、Ni^{2+}、Mg^{2+}、Co^{2+} 等）。

铁氧体的制造一般采用粉末冶金方法，将预定成分的氧化物粉末按配方混合，经过预烧、粉碎、造粒、压制成型，高温烧结后再磨削加工成各类形状的铁芯或磁体。

3.7.2 软磁铁氧体材料

软磁铁氧体的特点是起始磁导率高，弱磁场下介质损耗小，既容易磁化也容易退磁，可以在高频磁场下工作。软磁铁氧体材料是目前品种最多、应用最广泛的磁性材料，是电子工业及信息产业的基础材料。应用铁氧体磁芯制成的各种电感器、变压器、滤波器、电子整流器、调制器、电磁干扰抑制器、电波吸收材料等，已广泛应用于电子仪器仪表及工业自动化设备、通信设备、广播电视、计算机及其外部设备等。

根据应用特征，软磁铁氧体材料主要包括三大类别：功率铁氧体、高磁导率铁氧体和抗电磁干扰（EMI）吸波铁氧体。铁氧体的电阻率比金属磁性材料大得多，铁氧体的铁磁性和高阻抗的介电特性使其成为兼具铁磁性和压电性的功能材料。在高频下具有比金属磁性材料高得多的磁导率，适于在数千赫兹到几百兆赫频率下工作。

功率铁氧体的主要特征是其在高频高磁感应强度下仍保持很低的功率损耗，而且其功率损耗随磁芯温度的升高而下降，在 100℃ 左右达到最低点，这使磁芯处于一种良性循环状态。功率铁氧体主要用于各种开关电源变压器、功率型电感器件，应用范围广泛，是目前产量最大的软磁铁氧体。

高磁导率铁氧体的主要特征是其起始磁导率很高，可达 5000 以上，弱场下损耗小。主要应用于宽频带电感器、变压器和电子镇流器等。

抗电磁干扰吸波铁氧体主要是利用铁氧体材料的电磁损耗机理，对电磁干扰信号进行大量吸收，达到抗电磁干扰的目的。主要用于抗电磁干扰滤波器、抑制器、电感器等。

软磁铁氧体中占主导地位的是 MnZn 铁氧体，也是生产份额占比最高的铁氧体材料。MnZn 铁氧体温度特性好，起始磁导率高，磁化强度高，是目前软磁材料中最受关注和最为活跃的系列。从磁损耗角度来看，MnZn 铁氧体是 1MHz 频率以下中低频磁性最优良的铁氧体。MnZn 系列功率铁氧体主要用于信号处理的宽带变压器、显示器及汽车电子逆变器、电子镇流器等功率转换器；高磁导率系列主要用于 EMI 滤波器和数字通信、脉冲变压器等。

铁氧体材料的磁性能与其阻抗和外磁场频率及环境温度相关。如图 3-36 所示为系列高磁导率 MnZn 铁氧体的初始磁导率和阻抗与外磁场频率的关系。大部分铁氧体的磁导率随频率变化的频谱曲线如图 3-37 所示。

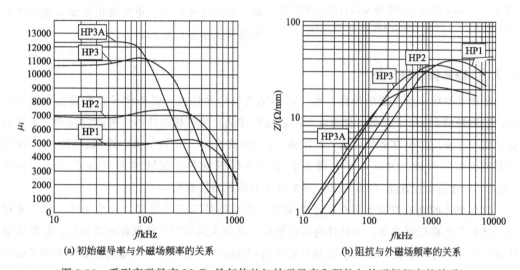

(a) 初始磁导率与外磁场频率的关系   (b) 阻抗与外磁场频率的关系

图 3-36　系列高磁导率 MnZn 铁氧体的初始磁导率和阻抗与外磁场频率的关系

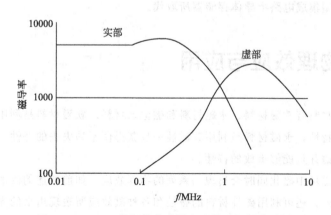

图 3-37　MnZn 铁氧体的磁导率和外磁场频率关系

NiZn 系列铁氧体有一个决定其磁损耗的最高频率极限。磁导率大致与这个频率极限成反比。有些方法可以使其在超越磁导率谱上限的频率下使用，如环形铁氧体磁芯引入空气隙

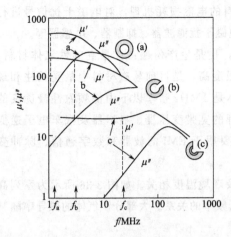

图 3-38 NiZn 铁氧体的磁导率随磁场频率变化
(a) 环形；(b) 环形上带小气隙；(c) 环形切去 1/4

即可以改变铁氧 体的磁导率谱，如图 3-38 所示。

NiZn 铁氧体使用频率为 0.1～300MHz，NiZn 铁氧体的磁导率和电阻率高，涡流损耗小，使用频率高、频带宽，是 1MHz 频率以上高频磁性优良铁氧体。MgZn 系铁氧体电阻率高，主要应用于偏转线圈铁芯。镍铜铁氧体是旋磁铁氧体，也称微波铁氧体，常用于雷达、导航、遥控等电子设备中。

根据电子通信业的需要，软磁铁氧体还在向更高磁导率、更低损耗、更高饱和磁通密度、更高使用频率、更宽使用温度及更小体积和更高质量方向发展。

3.7.3 铁氧体硬磁材料

硬磁铁氧体也称永磁性陶瓷，由于晶体结构各向异性大，磁各向异性和磁晶各向异性大，导致矫顽力 H_c 大，是一种磁化后不易退磁并能长期保持磁性的一种磁性陶瓷。主要的硬磁铁氧体多属磁铅石型及尖晶石型结构，如 Ba-铁氧体、Sr-铁氧体、Pb-铁氧体、Co-铁氧体及它们的复合体。另外，还有稀土合金类型硬磁材料，如铈钴铜（Ce-Co-Cu）、钐钴（Cm-Co）合金和钕铁硼（Nb-Fe-B）等是高磁能积的磁性材料。

高剩磁比的矩磁铁氧体可应用于存储器、逻辑器件和记忆器件、开关元件、移位寄存器、计数器和模拟器件等。如磁性高速存储器，就是由矩形回线铁氧体环组成的。矩磁铁氧体磁芯可用于存储信息，是由于其具有稳定的剩磁状态。在外加一个超过磁芯固有阀场的外磁场时，磁芯由一个剩磁状态翻转到另一个剩磁状态，达到信息存储的目的。当然，磁芯存储器已逐步被微型集成电路半导体存储器所取代。

3.8 磁物理效应与应用

典型的磁性材料有软磁材料、永磁材料和磁记录材料。软磁材料是利用其能够迅速响应外部磁场变化的特性，永磁材料是利用其磁性一旦获得便不易失去的特性，磁记录材料是利用其具有合适剩磁并且能够重放的特性。

磁性材料在磁场中磁化同时会出现一系列的物理效应，如前所述的磁的各向异性、磁致伸缩现象等，另外，还可利用磁性材料的磁性和各种磁效应所表现出来的光、电、热等特性来满足各方面的技术需求。在磁场和其他物理场共同作用下，磁性材料还会感生其他物理现象，如有电场同时存在时产生的磁电效应，包括磁电阻效应、霍尔效应等。在光与外磁场作用下，磁性物质的光学特性发生变化的现象称为磁光效应。这些是一系列新型磁性功能器件的物理基础。磁体材料磁致伸缩常应用于伺服机构，磁电阻效应应用于磁头和传感器，材料在磁化和退磁时吸、放热的特性可用于制冷，将材料的磁性和流动性相结合，可以制得磁流体，这些磁物理效应已经在许多领域得到应用。本节介绍一些典型的磁物理效应及其应用。

3.8.1 磁电阻效应

3.8.1.1 磁电阻

所谓磁电阻（magnetoresistance，MR），是指对通电的导体或半导体材料施加磁场作用时引起电阻值的变化，亦称为磁电阻效应。

对非磁性金属和半导体而言，电子在磁场中受到洛伦兹力的影响，传导的载流子在行进中会偏转，不仅会出现霍尔效应，同时因载流子运动路径变成曲线，载流子行进路径长度增加，发生碰撞的概率增大，从而使材料的电阻增加。磁阻效应最初于1856年由威廉·汤姆森（William Thomson）发现，但是在一般材料中，电阻的变化通常小于5%，这样的磁阻效应后来被称为"常磁阻（OMR）效应"。

通常表征磁电阻效应大小的物理量为磁电阻系数 η

$$\eta = \frac{R_{(H)} - R_{(0)}}{R_{(0)}} = \frac{\rho_{(H)} - \rho_{(0)}}{\rho_{(0)}} \tag{3-41}$$

式中：$R_{(0)}$、$R_{(H)}$ 及 $\rho_{(0)}$、$\rho_{(H)}$ 分别为无磁场和有磁场条件下材料的电阻和电阻率。

磁电阻效应一般分为正磁电阻效应和负磁电阻效应。在外磁场中电阻随磁场增大而增大的称为正磁电阻效应，反之则称为负磁电阻效应。大多数金属磁电阻率的变化值为正，而过渡金属和类金属合金的磁电阻率变化值一般为负。磁电阻效应在不同形态材料中差异明显，不仅有由磁场直接引起的正常磁电阻，还有与技术磁化相联系的各向异性磁电阻。对于存在的各向异性磁电阻的铁磁金属或合金，在磁场方向与电流方向平行时，往往表现为正磁电阻效应；当磁场方向与电流方向垂直时表现为负磁电阻效应。利用磁电阻效应，可以制成磁敏电阻元件，常用的材料有锑化铟、砷化铟等。磁敏电阻元件主要用来构建位移传感器、转速传感器、位置传感器和速度传感器等。为了提高灵敏度，增大阻值，可把磁敏电阻元件按一定形状（直线或环形）串联起来使用。

3.8.1.2 巨磁阻效应

所谓巨磁阻效应（giant magnetoresistance，GMR），是指磁性材料的电阻率在有外磁场时较之无外磁场时存在显著变化的现象，这是在磁性多层膜和颗粒膜材料中特有的磁电阻效应，是1988年由法国科学家阿尔贝·费尔（Fert）和德国科学家彼得·格林贝格尔（Peter Grünberg）在研究Fe、Cr多层膜电阻同时发现的。微弱的磁场变化可以导致电阻急剧变化，其变化的幅度比一般磁阻效应高数十倍，故名为巨磁阻效应，他们因此于2007年获得诺贝尔物理学奖。图3-39所示为费尔铁铬多层结构及其磁阻实验结果，图3-39（b）中三条曲线指中间顺磁层Cr膜厚度差异对磁电阻的影响。格林贝格尔三层结构的磁电阻系数只有1.5%，费尔多层结构磁电阻系数高达到80%。

巨磁阻效应是一种量子效应。这种层状磁性薄膜结构是由铁磁材料和非铁磁材料薄膜交替构成的多层膜。无磁场时，上、下铁磁层的磁矩反平行，与自旋有关的载流子受到强散射，材料电阻大；外磁场中上、下铁磁层的磁矩相互平行，载流子受到的散射小，材料的电阻小。

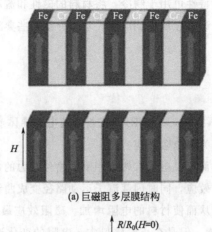

(a) 巨磁阻多层膜结构

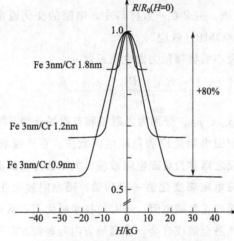

(b) 巨磁阻多层膜结构在磁场中的磁阻效应

图 3-39 巨磁阻多层膜结构及其在磁场中的磁阻效应

　　从量子理论来说，一般金属中自由电子自旋是能态简并的，参与导电的电子是占据费米面附近能态上的电子，自旋向上和自旋向下的数量一样多，输运过程中的电子流没有净磁矩，是非极化和是非磁性的。但在典型的铁磁金属 Fe、Co、Ni 中，由于交换作用，简并度下降，费米面附件自旋向上能态全部或绝大部分被电子占据，而自旋向下的能态仅小部分被电子占据，两者之间的电子数之差正比于原子磁矩。同时费米面处自旋向上和自旋向下 3d 壳层上电子态密度相差很大，在费米面附近自旋向上与自旋向下的 3d 能态密度不等，不同自旋取向的电子受到的散射不一样，自旋向上与自旋向下的电子的平均自由程也不相同。理论和实验证明，铁磁金属或合金中电子的输运过程可分解为自旋向上和自旋向下两个几乎相互独立的电子导电通道。这就是与自旋相关散射的二流体模型，是由 Mott 提出的铁磁金属导电理论，Gurney 在 1993 年通过实验验证了中间层自旋向上和向下的电子具有不同的电导，它们的平均自由程相差很大。

　　如图 3-40 所示，巨磁阻效应多层膜主要有三层结构：下面的参考层或钉扎层（reference layer 或 pinned layer）和上面的自由层（free layer）是铁磁性材料，中间的普通层（normal layer）是顺磁材料。参考层具有固定磁化方向，其磁化方向不受外界磁场影响。普通层为非磁性薄膜层，将两层磁性薄膜层分隔开来。自由层的磁化方向会随着外界平行磁场方向的改变而改变。

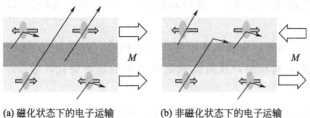

(a) 磁化状态下的电子运输　　　　(b) 非磁化状态下的电子运输

图 3-40　巨磁阻层结构以及电子自旋与磁化方向示意图

如图 3-40 所示，图 3-40（a）表示两层磁性材料磁化方向相同，当自旋方向与磁性材料磁化方向相同的电子通过时，电子较容易通过两层磁性材料，呈现低阻抗。图 3-40（b）表示两层磁性材料磁化方向相反，底层磁性材料中自旋方向与上层磁性材料磁化方向相同的电子较容易通过，但自旋方向与磁化方向相反的电子较难通过，因而呈现高阻抗。

图 3-41 给出测试结果，即随外磁场增大，输出电压线性增大，电阻线性增大。当外磁场使上、下铁磁膜达到完全平行耦合时，电阻不再随磁场增大而变化，进入磁饱和区。施加反向磁场，磁阻变化呈对称性。磁电阻率可达 60%，磁场正、反向加载得到曲线差异主要是和材料的磁滞相关。

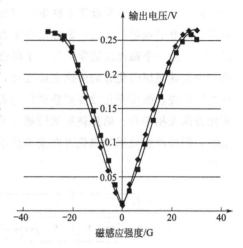

图 3-41　磁场对多层膜输出电压的影响

3.8.1.3　庞磁阻效应

美国 IBM 公司发现 Mn 氧化物在超低温下磁电阻变化率可高达 10000% 以上，由于这一数值远远超过多层膜、颗粒膜等材料的巨磁电阻效应，故也称为庞磁电阻效应（CMR），其磁阻变化随着外加磁场变化有多个数量级的变化。庞磁阻效应产生的机制与巨磁阻效应（GMR）不同，而且要大得多，被称为"超巨磁阻"。如同巨磁阻效应（GMR），庞磁阻效应亦被认为可应用于高容量磁性储存装置的读写头。不过，由于其相变温度较低，不像巨磁阻材料可在室温下显现其特性，因此离实际应用尚有一定距离。

庞磁阻效应和材料中的铁磁-反铁磁转变相关，相应的电性能从导体转变为半导体或绝缘时，电阻率产生突变。研究发现，锰氧化物中存着相分离，其电阻-温度曲线在居里温度附近突变。由铁磁金属相转变为反铁磁绝缘体是在超低温区域，产生磁电阻效应的温区也很窄。庞电阻效应磁场灵敏度低，一般需加数个特斯拉的磁场才能出现。庞磁电阻现象的机理解释还有待完善，这也在一定程度上也限制了庞磁电阻材料的应用。

3.8.1.4　隧穿磁阻效应

磁隧道结（magnetic tunnel junctions，MTJs）的一般结构为铁磁层/非磁绝缘层/铁磁层（FM/I/FM）的三明治结构，结构中的铁磁层的磁化方向可以在外磁场的控制下独立切换，相应可观察到隧道磁阻效应（TMR）。如果极化方向平行，那么电子隧穿通过绝缘层的可能性会更大，宏观表现为电阻很小；如果极化方向反平行，那么电子隧穿绝缘层的可能性小，其宏观表现是电阻极大。因此，这种磁隧道结可以在高阻态和低阻态两种电阻状态来回切换。

MTJs 中两铁磁层间不存在或基本不存在层间耦合，只需要一个很小的外磁场即可将其中一个铁磁层的磁化方向反向，从而实现隧穿电阻的显著变化，故 MTJs 具有更高磁场灵敏度。

如图 3-42 所示，若两层磁化方向互相平行，一个磁性层中多数自旋能态的电子将进入另一磁性层中多数自旋能态的空态，少数自旋能态的电子也将进入另一磁性层中少数自旋能态的空态，总的隧穿电流较大；若两磁性层的磁化方向反平行，则情况刚好相反，即在一个磁性层中，多数自旋能态的电子将进入另一磁性层中少数自旋能态的空态，而少数自旋能态的电子也将进入另一磁性层中多数自旋能态的空态，这种状态下隧穿电流较小。所以，电子从一个磁性层隧穿到另一个磁性层的隧穿概率与两磁性层的磁化方向有关，隧穿电导随两铁磁层磁化方向的改变而变化，磁化矢量平行时的电导高于反平行时的电导。通过施加外磁场强度变化改变两铁磁层的磁化方向，MTJs 结构在饱和磁化时，两铁磁层的磁化方向互相平行。两铁磁层的矫顽力不同，反向磁化时矫顽力小的铁磁层磁化矢量首先翻转，使得两铁磁层的磁化方向变成反平行，从而使得隧穿电阻发生变化，出现隧道磁阻效应。

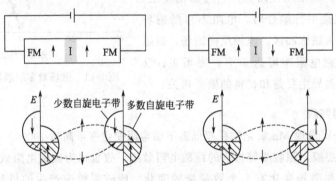

图 3-42　隧穿磁阻效应

3.8.1.5　磁电阻效应的应用

随着金属多层膜和颗粒膜的巨磁电阻及稀土氧化物的庞磁电阻的发现，以研究控制自旋极化的电子输运过程为核心的自旋电子学得到很大发展。利用巨磁电阻材料构成不同的磁电子学器件，在信息存储领域中已获得应用，表 3-4 给出了不同结构磁阻效应的比较。巨磁电阻效应的应用，使硬盘的体积不断缩小，容量却不断变大。如笔记本电脑、音乐播放器等各类数码电子产品中的硬盘，大部分都应用了巨磁阻效应，这一技术已然成为新的标准。

采用自旋阀材料研制的硬盘读出磁头占据磁头市场的主要份额。随着低电阻高信号的 TMR 获得，存储密度达到了 1000 亿位/平方英寸。早在 2007 年希捷科技（seagate technology）第四代硬盘容量就达到 1TB。

表 3-4　不同结构磁阻效应与性能

材料	AMR	多层膜	自选阀	隧道结	颗粒膜	锰氧化物
磁电阻效应/%	2	10～80	5～10	10～25	8～40	约 100
饱和磁场强度/G	5～20	100～2000	5～50	5～25	800～8000	大于 1000
备注	低磁场	有磁滞现象	热稳定性差	高电阻	有磁滞现象	高电阻温度吸收

3.8.2　磁光效应

在外磁场与光的共同作用下，物质的光学特性发生变化的现象称为磁光效应（magneto-optic effect），包括塞曼效应、法拉第效应、科顿-莫顿效应和克尔磁光效应等。这些效应均起源于物质的磁化，反映了光与物质磁性之间的联系。

（1）塞曼效应

塞曼效应（Zeeman effect）是磁场中的原子能级和光谱发生分裂的现象。1896 年塞曼发现在足够强的磁场中，原子光谱线发生分裂，在垂直于磁场方向观察，可以看到光谱分裂为 3 条，它们的裂距与磁场大小成正比。中间的谱线与无磁场时的波长相同，但它是线偏振光，振动方向与磁场平行；两边的两条谱线的振动方向是与磁场垂直的线偏振光。在平行于磁场方向观察，只能看到两边的两条谱线，它们是圆偏振光。后来进一步研究发现许多原子的光谱线在磁场中的分裂更为复杂。人们把塞曼早期发现的现象称为正常塞曼效应，更为复杂的称为反常塞曼效应。正常塞曼效应是总自旋为零的原子能级及其光谱在磁场中的分裂；反常塞曼效应是总自旋不为零的原子能级及其光谱线在磁场中的分裂。洛伦兹用经典电磁理论作了合理解释，塞曼效应的应用还属于待开发的领域。

（2）法拉第效应和科顿-莫顿效应

法拉第效应（Faraday effect）是光和原子磁矩相互作用而产生的现象，1845 年由法拉第发现。当线偏振光在介质中传播时，若在平行于光的传播方向上加一强磁场，则光的振动方向将发生偏转，偏转角度 θ 与磁感应强度 B 和光穿越介质的长度 l 的乘积成正比，即

$$\theta = fBl \tag{3-42}$$

式中：f 为费尔德常数，与介质的性质及光波频率有关。

偏转方向取决于介质性质和磁场方向。上述现象称为法拉第效应或磁致旋光效应。

若施加与入射光垂直的磁场，如图 3-43 所示，入射光将分裂为沿原方向的正常光束和偏离原方向的异常光束，称为科顿-莫顿效应（Cotton-Mouton effect）。

对铁磁性材料来讲，法拉第旋转角 θ_F 用式（3-43）表示：

$$\theta_F = f'l(M/M_S) \tag{3-43}$$

式中：f' 为法拉第旋转系数；l 为材料的长度；M_S 为饱和磁化强度；M 为沿入射光方向的磁化强度。

对于所有的透明物质来说都会产生法拉第效应，不过现在已知的法拉第旋转系数大的磁介质主要是稀土石榴石系

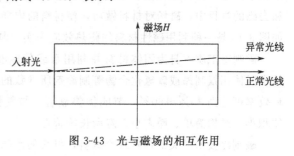

图 3-43　光与磁场的相互作用

物质。这一效应在光通信和检测等方面的研究及应用都相当活跃。如法拉第效应用于混合碳水化合物成分分析和分子结构研究。激光技术利用这一效应制做光隔离器和红外调制器。

（3）克尔磁光效应

当线偏振光入射到被磁化的物质表面时，反射光的偏振面发生旋转，这个现象在1876年由克尔（J. Kerr）发现。克尔磁光效应分极向、纵向和横向三种，分别对应于物质的磁化方向与反射表面垂直、与表面和入射面平行、与表面平行而与入射面垂直三种情形。极向和纵向克尔磁光效应的磁致旋光都正比于磁化强度，一般极向的效应最强，纵向次之，横向则无明显的磁致旋光。

在当今的信息化时代，保存大量信息需要高密度、高速度、高效率、低价格的记录和存储。因此，利用磁光克尔效应进行光磁记录的光盘已经问世。图3-44所示为光盘的磁记录层，由图中可以看出，当具有直线偏振的激光入射到磁记录介质层的表面时，反射光的偏振面因磁性膜的磁化作用而发生旋转（克尔效应）。在光盘中，非记录位的正磁化造成的旋转方向为θ_{-k}，记录位的逆磁化为反平行状态，造成的旋转方向为θ_k。由此，读出系统可读出记录位的记录信息。

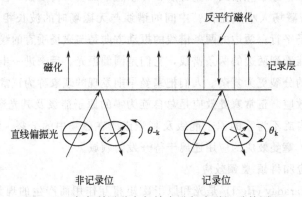

图 3-44　光盘利用磁克尔效应进行光磁记录的原理

3.8.3　磁热效应与磁制冷

所谓磁热效应是指外加磁场发生变化时磁性材料的磁矩有序排列发生变化，磁体的磁熵发生改变，导致材料自身出现吸热或放热现象。无外磁场时，磁性材料内磁矩的方向是杂乱无章的，材料的磁熵较大；有外磁场时，磁化磁矩取向趋于一致，材料的磁熵较小。在励磁过程中，磁性材料的磁矩沿磁场方向由无序到有序，磁熵减小，磁工质向外放热；在去磁过程中，磁性材料的磁矩沿磁场方向由有序到无序，磁熵增大，磁工质从外部吸热。在励磁和去磁的过程中，磁场对材料做功，使材料的内能改变，从而使材料本身的温度发生变化。如图3-45是一种利用磁性材料的磁热效应来实现制冷技术的原理图。

磁制冷工质本身为固体材料并利用水或其他液体作为传热介质，可避免气体压缩制冷技术因使用氟利昂或碳氢化合物等制冷剂所导致的环境破坏或危险。磁制冷效率高，卡诺循环效率可达到30%～60%，节能优势显著。与气体压缩制冷相比，磁制冷还具有熵密高、体积小、结构简单、噪声小、寿命长等特点。

磁制冷技术的关键是磁致冷材料，材料的性能直接影响到磁制冷的功率和效率。目前磁制冷在低温区得到很好的应用。磁制冷材料根据应用温度范围可大体分为三个温区，即低温区（20K以下）、中温区（20～77K）和高温区（77K以上）。

（1）低温区磁制冷材料

低温区主要是指20K以下的温度区间，在这个温区内磁制冷材料的研究已经比较成熟。在该温区工作的工质材料处于顺磁状态。4.2K以下常用$Gd_3Ga_5O_{12}$（GGG）和$Gd_2(SO_4)_3 \cdot 8H_2O$等材料生产液氦；4.2～20K则常用GGG和$Dy_3Al_5O_{12}$（DAG）进行氦液化前级制冷。

（2）中温区磁制冷材料

中温区主要是指20～77K温度区间，是液化氢和氮的温区。在该温区，主要研究了$REAl_2$，$RENi_2$型工质材料及一些重稀土元素单晶或多晶材料。

（3）高温区磁制冷材料

高温区主要是指77K以上的温度区间。该温区内温度高，晶格熵增大，利用铁磁工质做功。磁制冷工质包括重稀土及合金、稀土-过渡金属化合物、过渡金属及合金、钙铁矿化合物等。

（4）纳米磁制冷材料

将纳米技术引入磁制冷材料出现了一些新的特点，因表面积大、饱和磁化强度减小、磁熵变减少，纳米材料的磁熵峰值降低，曲线变得更加平坦，高熵变温区宽化，更适合于磁制冷循环的需要，材料纳米化可提高热容，图3-46中给出的普通铜与纳米铜的摩尔热容与温度的关系曲线，纳米铜的摩尔热容明显高于普通铜。

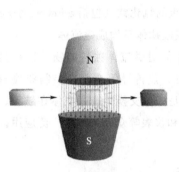

图3-45　磁制冷原理图

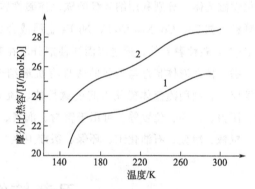

图3-46　热容与温度的关系曲线
1—普通铜；2—纳米铜

因此，纳米磁制冷材料更适用于磁制冷，较为典型的有$Gd_3Ga_5O_{12}$纳米合金、GdSiGe系合金、Gd二元合金和钙钴矿氧化物等。磁制冷目前应用于极低温及液化气体等小规模的制冷，可以预见，未来室温磁制冷具有很大的发展前景。

3.8.4　磁流体

一般谈论的磁性材料均指固态材料，那么是否有液态的磁性材料呢？严格地说是没有液态磁性材料的，因为铁磁材料居里点都低于其液态温度，然而根据工程需要可以制成磁性液体或磁流体。所谓磁流体或磁液，就是将表面活性剂处理后的超细磁性微粒高度分散在基液或载液中形成的一种磁性胶体溶液。这种溶液在重力和磁力作用下也不会出现沉淀和凝聚现象。磁流体既具有固体的磁性，又具有液体的流动性，所以它具有固体磁性材料所不能发挥的作用。磁流体中的磁性微粒细小（10nm 左右），是单畴颗粒，有自发磁化的特性。磁流体的特点包括以下几方面：磁性微粒在磁液中处于布朗运动状态，它们的磁矩是混乱无序的，显现出超顺磁性特性；外磁场中的磁流体处于磁化状态，也具有饱和磁化强度；磁流体的磁化-退磁-磁化过程的曲线呈 "s" 形，如图 3-47 所示，和固体磁性材料不同，磁流体没有矫顽力和剩余磁感应强度。另外，磁流体的黏度、密度、使用温度等也是其重要的物性参数。

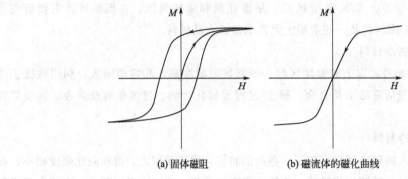

(a) 固体磁阻   (b) 磁流体的磁化曲线

图 3-47　磁流体的磁化-退磁-磁化过程曲线

磁流体的种类较多，从利用的磁性微粒来看，可分为铁氧体型磁流体、金属型磁流体及氮化铁磁流体，分别利用纳米级的铁氧体磁性颗粒（如 Fe_3O_4、$\gamma\text{-}Fe_2O_3$）、纳米级的金属磁性颗粒（如 Fe，Co. Ni，Co-Fe. Ni-Fe 金属或合金）、纳米级的氮化铁（包括 $\varepsilon\text{-}Fe_3N$、$\gamma\text{-}Fe_4N$ 及 Fe_8N）磁性颗粒等，通过表面活性剂分散在基液中形成胶体体系构成磁流体。

磁流体把液体特性与材料的磁性有机地结合起来，人们对磁流体独特的物性进行实际开发应用，利用磁流体磁化引起的磁性能、流动性、黏度、热传导等变化来控制和检测温度、压力、形变、位置等，可用于密封、润滑、散热、阻尼、热交换等。磁流体在航天、电子、机械、冶金、石油化工、环保、医疗卫生、遥控遥测和仪表等众多领域有广泛应用。

思考与练习题

1. 磁性的物理本质是什么？

2. 图示并简述不同类型磁性材料的 $\chi\text{-}T$ 关系。

3. 自发磁化的物理本质是什么？磁性材料自发磁化的充要条件是什么？

4. 磁转变居里温度的意义，产生转变的物理原因是什么？

5. 利用能量观点说明铁磁体内形成磁畴的原因，说说夹杂、孔洞存在对磁畴结构的影响如何？

6. 从能量交换意义和原子磁矩角度解释图 3-48 中材料磁性三种状态的类型及其物理机制。

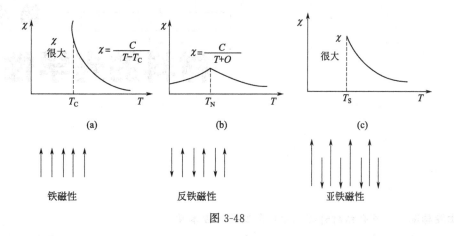

$$\chi = \frac{C}{T-T_C}$$

$$\chi = \frac{C}{T+O}$$

(a)　　　　　　　(b)　　　　　　　(c)

铁磁性　　　　　反铁磁性　　　　　亚铁磁性

图 3-48

7. 图 3-49 所示为铁磁性材料技术磁化三个阶段，如何理解各阶段磁化过程及其物理机制？

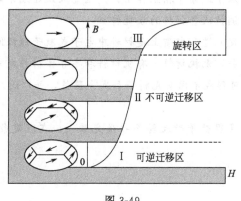

图 3-49

8. 谈谈软磁材料和硬磁材料的特点。

第 4 章

材料的光学性能

本章导读：本章介绍材料的光学现象及其物理本质。

理解物质呈现的颜色与它吸收的光的颜色相关，往往是吸收光颜色的互补色。掌握光与固体介质之间的相互作用在宏观上表现为光的折射、反射、吸收与色散作用等。光与介质作用的本质是光子和物质中原子或分子相互作用，产生能级跃迁或介电极化。了解利用这种作用效应，可通过组织结构调控改善材料的表观特征。

掌握材料发光原理，发光过程本质上是材料中电子或激子能级间跃迁的结果。了解因材料结构和能级跃迁特征差异，无机材料、有机材料和半导体材料发光机制是不同的。了解利用发光材料或 p-n 结结构可形成不同发光材料和发光器件，并广泛应用于显示、照明、光存储等领域。

理解激光是受激辐射实现粒子数反转而导致光放大，在限定条件下形成的单色性好的相干光。

4.1 光与颜色

物质呈现的颜色与它吸收光的颜色有一定关系。简单地说，物质显现的颜色往往是吸收光颜色的互补色。所谓互补色是相对于不同颜色波长组成的白光可见光而言。如图 4-1 所示，径向两端相对的颜色互补为白色。一般地，如果物质对白光中所有颜色的光全部吸收它就呈现出黑色，如反射所有颜色的光则呈现为白色，若透过所有颜色的光则为无色。人的眼睛对颜色的敏感度并不高，由蓝、绿、红三原色就可以组合出任何颜色，这是感光器、显示器表达彩色的基本工作原理。

对于不透明材料来说，眼睛接受到的光是经过材料表面反射或漫反射的光线，失去了被材料吸收的那部分波长光线，材料呈现的颜色是被吸收光的互补颜色。如水吸收红橙色范围的波长，水越深吸收的光越多，深水区就会呈现蓝绿色。当白光通过硫酸铜溶液时，铜离子选择性地吸收了部分黄色光，使透射光中的蓝色光不能被完全互补，于是硫酸铜溶液就呈现出蓝色。当然，实

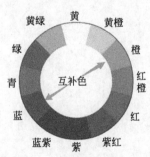

图 4-1　白光的颜色互补图

际材料呈现的颜色是复杂的，材料表面反射或散射光还和表面特征相关，反射光强度与波长也有一定关系，这些都会在一定程度上影响材料所呈现的实际颜色。

光的本质是电磁波（electromagnetic wave），一般用波长（wavelength）和强度（intensity）来描述。一般条件下光是由一系列波长和强度不同的光波组合而成，如图 4-2 所示，不同波长或频率的光波具有不同的颜色。近代物理研究认为，光的组成单元是光子，光子的波长 λ 和能量 E 的关系表达为

$$E = h\nu = \frac{hc}{\lambda} \tag{4-1}$$

式中，ν 为频率，c 为光速，h 为普朗克常量。

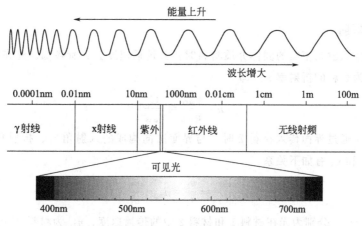

图 4-2　电磁波波长及其划分与可见光光谱

进一步地从原子尺度看，材料的颜色是光和原子相互作用所决定的，更准确地说是光子和原子核外电子作用的结果。由于原子核外电子吸收光子产生状态变化使原子处于激发态，激发态原子回到基态释放能量。原子吸收或辐射光子的波长与电子状态变化的能级相关，带有化学元素的特征，机理上，不同组织结构的材料对光的吸收和辐射是有区别的。原子振动激发或吸收的波长一般处于红外区，但水或冰因分子间的氢键作用，吸收光的波长在橙红色区间。另外，晶体材料的颜色往往与结构的点缺陷相关。材料保持电中性的要求会在点缺陷处束缚电子或空穴而成为可见光的吸收中心，缺陷部位电子跃迁所需能量在可见光范围，这些缺陷部位就会产生对可见光的选择性吸收而使晶体呈现不同颜色。晶体中这种对可见光选择性吸收的缺陷称作吸收中心或色心（color center or f-center）。碱卤化物晶体结构如果没有色心缺陷，晶体是完全透明的，色心缺陷的出现可以使其着色。如加热后骤冷的 NaCl 晶体中可形成超过化学比的 Na^+，形成负离子空位型色心而呈黄色。

4.2　光与固体的相互作用

入射光与固体介质之间的相互作用宏观上表现为光的折射、反射与色散作用，以及光的吸收和散射现象等。从能量守恒角度看，入射光强度 I_0 是透射光 I_t、反射光 I_r、光吸收 I_a

及光散射 I_s 强度之和。

$$I_0 = I_t + I_r + I_a + I_s \tag{4-2}$$

或者光的透射率 t、反射率 r、吸收率 a 及散射率 s 之和为 1。

$$t + r + a + s = 1 \tag{4-3}$$

光与介质作用的本质是光子和物质中原子或分子相互作用的结果，主要有以下方式：

（a）原子能态变化（电子跃迁）：原子核外电子吸收入射光的光子，能级发生变化。激发态又会迅速回落到基态而辐射出光子形成反射或散射光。

（b）介质电极化（电子极化）：光作为电磁波，介电材料因吸收光产生极化，能量被部分吸收而降低光速，产生折射现象。

4.2.1 光的折射

当光从真空入射到密实的固体介质材料时，其传播速度会有所降低。光在真空和材料中的速度之比称为材料的折射率 n。即

$$n = \frac{v_{真空}}{v_{固体}} = \frac{C}{v_{固体}} \tag{4-4}$$

光从材料 1 通过界面传入材料 2 时，与界面法向构成的入射角 i_1、折射角 i_2 与两种材料的折射率 n_1 和 n_2 有如下关系：

$$\frac{\sin i_1}{\sin i_2} = \frac{n_2}{n_1} = n_{21} = \frac{v_1}{v_2} \tag{4-5}$$

式中，v_1 及 v_2 分别为光在材料 1 和材料 2 中的传播速度；n_{21} 为材料 2 相对于材料 1 的相对折射率。

介质的折射率永远是大于 1 的正数，如空气 $n = 1.0003$，固体氧化物 $n = 1.3 \sim 2.7$，硅酸盐玻璃 $n = 1.5 \sim 1.9$。因不同介质的结构和组分存在差异，它们的折射率也不相同，影响 n 值的因素有以下几个方面。

（1）构成材料元素的半径

根据麦克斯韦（Maxwell）电磁波理论，光在介质中的传播速度为

$$v = \frac{c}{\sqrt{\varepsilon \mu}} \tag{4-6}$$

式中，c 为真空中的光速，ε 为介质介电常数，μ 为介质磁导率。由式（4-4）和式（4-6）可得

$$n = \sqrt{\varepsilon \mu} \tag{4-7}$$

一般非磁性无机材料 $\mu = 1$，所以

$$n = \sqrt{\varepsilon} \tag{4-8}$$

因而，介质的折射率随介质的介电常数 ε 的增大而增大，而 ε 与介质的极化现象相关。当光的电磁辐射作用到介质上时，介质中的原子受到外加电磁场的作用，正、负电荷中心发生相对偏离而极化。正是由于电磁辐射和原子的电子体系间存在这种相互作用，光波被减速了。

从介质材料的介电常数随离子尺寸增大而增大的规律可以推知，折射率 n 也随离子尺

寸的增大而增大。因此可以利用大尺寸离子制备高折射率的材料，用小离子获得低折射率的材料，比如 PbS 的折射率为 3.912；$SiCl_4$ 的折射率为 1.412。

（2）材料的结构、晶型和非晶态

光的折射率除与离子半径有关以外，还和离子的排列方式密切相关。光通过各向同性的非晶态或立方晶系等均匀介质时，光速不因传播方向的改变而改变，材料只有一个折射率，称为均质介质。除此以外，其他晶型都是非均匀介质。光进入非均匀介质后一般分为传播速度不等且振动方向相互垂直的两束波，它们分别构成两条折射光线，这个现象称为双折射现象。双折射现象是非均匀晶体的特征，这些晶体的光学性质和双折射现象密切相关。

双折射现象产生的两条折射光线中，平行于入射面的 o 光折射率称为常光折射率 n_o。o 光严格服从折射定律，不论入射光的入射角如何变化，n_o 始终为一常数。另一条垂直于入射面的 e 光折射率则随入射线方向的改变而变化，称为非常光折射率 n_e，它不服从折射律。一般来说，沿着晶体中原子密排方向的折射率 n_e 较大。当光在非均匀晶体中沿某个特殊方向传播时不发生双折射，那么该方向称为晶体的光轴。光沿晶体光轴方向入射时，只有 n_o 存在，当光垂直于晶体光轴方向入射时，n_e 有最大值，记为 n_{em}，此值为材料特性。石英的 $n_o = 1.543$，$n_{em} = 1.552$，方解石的 $n_o = 1.658$，$n_{em} = 1.486$，刚玉的 $n_o = 1.760$，$n_{em} = 1.768$。

另外，材料受到应力作用也会影响其折射率，平行于拉应力方向的折射率小，垂直于拉应力方向的折射率大。发生同素异构体转变的材料的折射率也会产生变化，一般高温晶型材料的折射率较低，低温晶型材料的折射率较高。

4.2.2 光的反射

当光线由介质 1 入射到介质 2 时，光在两种介质界面上形成了反射光和折射光，这种反射和折射可以连续发生。如图 4-3 所示，当光线从空气进入介质时，一部分光被反射出来，另一部分折射进入介质。当遇到另一界面时，又有一部分发生反射，另一部分折射进入空气。

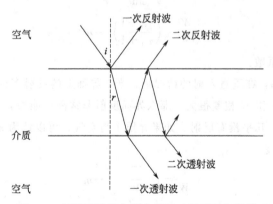

图 4-3　光通过透明介质分界面时的反射与透射

界面反射作用使透过部分的光的强度减弱。设光的总能量为 W，如忽略界面吸收，则

$$W = W' + W''\tag{4-9}$$

式中，W、W' 和 W'' 分别为单位时间通过单位面积界面的入射光、反射光和折射光的能量流。

根据波动理论，入射光的强度或能量流大小为

$$W \propto A^2 v S \tag{4-10}$$

式中，A 为入射光波振幅；v 为光速；S 为光入射截面积。

考虑反射波的传播速度及反射横截面积都与入射波相同，则

$$\frac{W'}{W} = \left(\frac{A'}{A}\right)^2 \tag{4-11}$$

式中，A' 为反射波振幅。

把光波振动分为垂直于入射面的振动和平行于入射面的振动，振幅分别为 A_s、A_p，Fresnel 推导出

$$\left(\frac{W'}{W}\right)_{\perp} = \left(\frac{A_s'}{A_s}\right)^2 = \frac{\sin^2(i-r)}{\sin^2(i+r)} \tag{4-12}$$

$$\left(\frac{W'}{W}\right)_{//} = \left(\frac{A_p'}{A_p}\right)^2 = \frac{\tan^2(i-r)}{\tan^2(i+r)} \tag{4-13}$$

式中，i 为入射角；r 为折射角。自然光在各个方向振动的机会均等，可以认为一半的入射光振动方向和入射面平行，另一半的振动方向与入射面垂直，所以总的能量流之比为

$$\frac{W'}{W} = \frac{1}{2}\left[\left(\frac{W'}{W}\right)_{\perp} + \left(\frac{W'}{W}\right)_{//}\right] = \frac{1}{2}\left[\frac{\sin^2(i-r)}{\sin^2(i+r)} + \frac{\tan^2(i-r)}{\tan^2(i+r)}\right] \tag{4-14}$$

当入射和折射角度 i、r 都很小，即接近垂直入射时

$$\frac{\sin^2(i-r)}{\sin^2(i+r)} = \frac{\tan^2(i-r)}{\tan^2(i+r)} = \frac{(i-r)^2}{(i+r)^2} = \frac{\left(\dfrac{i}{r}-1\right)^2}{\left(\dfrac{i}{r}+1\right)^2} \tag{4-15}$$

这时介质 2 对介质 1 的相对折射率

$$n_{21} = \frac{\sin i}{\sin r} \approx \frac{i}{r} \tag{4-16}$$

$$\frac{W'}{W} = \left(\frac{n_{21}-1}{n_{21}+1}\right)^2 = m \tag{4-17}$$

式中，m 为反射系数。

由式（4-17）可知，在垂直入射的情况下，光在界面上的反射多少取决于两种介质的相对折射率 n_{21}。如果 n_1 和 n_2 相差很大，那么界面反射非常高；如果 $n_1 = n_2$，则 $m=0$，因此在垂直入射的情况下，几乎没有反射。如果介质 1 为空气，可以认为 $n_1 = 1$，则 $n_{21} = n_2$。

根据式（4-9）可得

$$\frac{W''}{W} = 1 - \frac{W'}{W} = 1 - m \tag{4-18}$$

$1-m$ 称为透射系数。

设一块折射率为 1.5 的玻璃，光反射系数为 0.04，透过率为 $1-m=0.96$。如果透射光又从另一界面射入空气，即透过两个界面，此时透过率为 $(1-m)^2 = 0.922$。如果连续透过 x 块平板玻璃，在不考虑吸收条件下，透过率应为 $(1-m)^{2x}$。

由于多数材料的折射率比空气大，因此光反射明显。如果玻璃透镜系统由许多块串联组成，则反射损失更高。为了减少这种界面反射，常常使用折射率和玻璃相近的胶将它们粘起来，这样，除了上、下表面是玻璃和空气的相对折射率外，内部各界面都是玻璃和相对折射率接近的胶，从而可大大减小界面反射。

4.2.3 光的色散

材料的折射率大小与入射光的波长有关，物理上将复色光分解为单色光而形成光谱的现象称为光的色散。随入射光波长增加，介质的折射率减小的性质被称为折射率的色散，折射率随波长的变化率称为材料的色散率。

$$色散率 = dn/d\lambda \tag{4-19}$$

色散的大小一般用色散系数表达，即

$$\gamma = \frac{n_D - 1}{n_F - n_C} \tag{4-20}$$

式中，n_D、n_F 和 n_C 分别为利用钠的 D 谱线（5893Å）、氢的 F 谱线（4861Å）和 C 谱线（6563Å）作为光源测得的折射率。

由于光学玻璃一般都具有色散现象，用这种材料制成的单片透镜，成像不够清晰，利用自然光成像时周围会环绕一圈色带。克服色散的方法是用不同牌号的光学玻璃，分别磨成凸透镜和凹透镜组成复合镜头消除色差。

4.2.4 光的吸收

4.2.4.1 吸收的一般规律

光作为一种能量流在穿过介质时，会引起介质价电子跃迁或者增强原子热振动而消耗能量被吸收。另外，介质中的自由电子也会吸收光子能量而被激发，电子在运动中与原子或分子发生碰撞，因能量发生传递造成光能衰减。即使对光不发生散射的透明介质（如玻璃、水溶液），入射光也会有能量损失，即产生光吸收。

假设强度为 I_0 的平行光束穿过厚度为 l 的均匀介质，光通过一段距离 dl 之后，强度减弱 dI。实验证明入射光强减少率 dI/I 与吸收层的厚度 dl 成正比，假定光通过单位距离时能量损失的比例为 α，则

$$\frac{dI}{I} = -\alpha dl \tag{4-21}$$

式中，负号表示光强随着厚度 l 的增加而减弱。α 为吸收系数，单位为 cm^{-1}，取决于介质的性质和光的波长。对一定波长的光波而言，吸收系数是介质性质相关常数。对式（4-21）积分可得

$$I = I_0 e^{-\alpha l} \tag{4-22}$$

式（4-22）称为朗伯特（Lambert）定律。表明在介质中光强随传播距离呈指数衰减。当光的传播距离达到 $1/\alpha$ 时，强度衰减到入射光强的 $1/e$。α 越大、材料越厚，被吸收的光就越多，透过的光强度就越弱。不同材料的 α 差别很大，空气 $\alpha \approx 10^{-5} cm^{-1}$，玻璃 $\alpha \approx 10^{-2} cm^{-1}$，金属的吸收 α 则达几万到几十万，所以金属是不透明的。

4.2.4.2 光吸收与波长的关系

研究发现，几乎所有物质都对特定波长范围的光表现为透明，而对其他波长范围的光不透明。金属对光吸收很强烈，这是因为金属外层的价电子处于未填满能带中，吸收光子后即呈激发态，不必跃迁到高能带就可以和声子发生碰撞而发热。如图 4-4 所示，在电磁波谱的可见光区，金属和半导体的吸收系数都很大。但是电介质材料，包括大部分的玻璃、陶瓷等无机材料，在这个波谱区内都有良好的透过性，也就是说吸收系数很小。这是因为电介质材料的价电子所处的能带是填满的，可见光的光子能量不足以使满带电子跃迁到空能带，不能吸收光子产生跃迁，所以在一定的波长范围内，吸收系数很小。

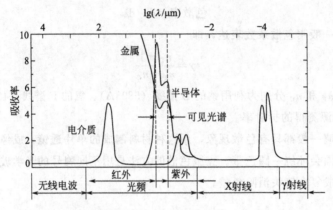

图 4-4　金属、半导体和电介质的光吸收率随波长的变化

在紫外区，无机材料出现了明显的吸收峰，这是因为波长越短，光子能量越大。当光子能量达到或超过禁带宽度时，电子就会吸收光子能量产生带间跃迁，吸收系数骤然增大。此紫外吸收光的波长可根据材料的禁带宽度 E_g 求得。

$$E_g = h\nu = h \times \frac{c}{\lambda} \tag{4-23}$$

式中，h 为普朗克常数；c 为光速。

可见，禁带宽度大的材料，吸收波长短的紫外光。如希望材料在可见光区的透过率高，就要求禁带宽度 E_g 大。常见材料的禁带宽度变化较大，半导体材料的禁带宽度约为 1.0eV，如硅的禁带宽度为 1.12eV，锗的禁带宽度为 0.75eV。而电介质材料的禁带宽度大，一般为 10eV 左右，如 NaCl 的禁带宽度为 9.6eV。

光的吸收还可分为选择吸收和均匀吸收。例如石英在整个可见光波段都很透明，且吸收系数几乎不变，这种现象被称为"一般吸收"。但是，在 3.5～5.0μm 的红外线区，石英表现为强烈吸收，且吸收率随波长剧烈变化。同一物质对某一波长的吸收系数可以非常大，而对另一波长的吸收系数可以非常小的现象称为"选择吸收"。物质都具有这两种吸收形式，只是不同物质选择性吸收的波长范围不同而已。透明材料对可见光选择吸收使其呈现不同的颜色。如果介质在可见光范围对各种波长的吸收程度相同，则称为均匀吸收。在此情况下，随着吸收程度的增加，颜色从灰变到黑。

4.2.5 光的散射

光通过不均匀介质时，如遇到空气中的烟尘、微粒，溶液、固体中的杂质或成分不均匀的小区域，部分光线会偏离原来的传播方向弥散开来，这种现象称为光的散射。光的散射导致原来传播方向上的光强减弱。我们讨论光在均匀纯净介质中的吸收时，给出了朗伯特定律（Lambert law）。如果同时考虑各种散射因素，光强随传播距离而减弱现象仍然符合指数衰减规律，只是比单一吸收时衰减得更快，这时

$$I = I_0 e^{-\alpha l} = I_0 e^{-(\alpha_a + \alpha_s)l} \tag{4-24}$$

式中，α_a、α_s 分别为吸收系数和散射系数（scattering coefficient）。

散射系数与散射质点的大小、数量以及散射质点与基体的相对折射率等因素有关，如图 4-5 所示。当光的波长约等于散射质点的尺寸时，出现散射峰值。

图 4-5 是 Na 的 D 谱线（$\lambda = 0.589\mu m$）通过玻璃的光强变化，玻璃中含有 1%（体积比）的 TiO_2 散射质点，二者的相对折射率 $n_{21} = 1.8$。散射最强时，质点的直径

$$d_{max} = \frac{4.1\lambda}{2\pi(n-1)} = 0.48(nm) \tag{4-25}$$

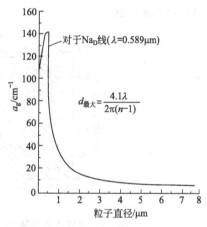

图 4-5 质点尺寸对散射系数的影响

材料对光的散射是光与物质相互作用的基本过程之一。当光波电磁场作用于物质中的原子、分子等微观粒子时，这些微观粒子因获得能量诱导极化成为振动偶极子。这些受迫振动的微观粒子就会成为发光中心，成为二次波源向各个方向发射球面次波。在均匀纯净的介质中，这些次波相互干涉，使光线只能在原来的折射方向上传播，其他方向上则相互抵消，所以没有散射光出现。非均匀介质中的杂质或微粒，包括体系因热胀落引起的不均匀性，破坏了二次波源的相干性，散射的光波从各个方向都能看到，这也是我们白天看得见明亮天空的原因之一。

纯净的液体和结构均匀的固体中都含有大量的微观粒子，它们在光照下无疑也会发射次波。但由于液体和固体中的分子排列密集，彼此之间的结合力很强，各个原子或分子的受迫振动是互相关联的，合成的次波主要沿着原来光波的方向传播，其他方向非常微弱。通常我们把发生在光波前进方向上的散射归为透射。应当指出的是，发生在光波前进方向上的散射对介质中的光速有决定性影响。

4.3 材料的透光性

本质上，物质对光的吸收是有选择性的，吸收连续光谱中特定波长的光子，激发原子中电子跃迁并经过辐射释放。固体材料中原子间强相互作用，导致能级发生分裂，能级扩展为

能带。吸收光的波长展宽为一定范围的吸收区，发射光的谱线也会变宽。具有较宽波长的吸收区称为吸收带，剩下的部分为反射光和透射光。

4.3.1 材料的透明性与颜色

光学意义上，透明是指材料允许光通过而不分散的物理性质。材料透明与否取决于其是否吸收可见光。如果对整个可见光频段都不吸收就意味着透明，否则就是不透明。

图 4-6 所示为光线照射到一块绿色玻璃上时，其反射率、透射率和吸收率与波长的关系。由图可见，对于波长为 $0.4\mu m$ 左右的光波，其反射率和吸收率为 0.05，而透射率达到 0.90。光吸收造成电子受激跃迁，当从激发态回到低能态时又会重新发射出光子。因此，透射光的波长是非吸收光波和重新发射光波的混合波，透明材料的颜色是由混合波的颜色决定的。以蓝宝石和红宝石为例，蓝宝石是 Al_2O_3 单晶，无色。红宝石是单晶氧化物含有少量的 Cr_2O_3。这样，在单晶氧化铝禁带中引进 Cr^{3+} 的杂质能级，导致不同于蓝宝石的选择性吸收而显现红色。

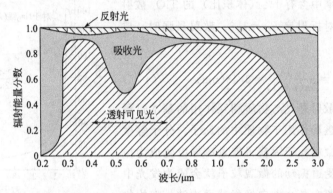

图 4-6　光线入射到绿色玻璃时，反射率、吸收率和透过率与波长的关系

图 4-7 所示为蓝宝石和红宝石透射光的波长分布。蓝宝石在整个可见光范围内透射光的波长分布很均匀，因此是无色的。而红宝石对波长约为 $0.4\mu m$ 的蓝紫色光和波长约为 $0.6\mu m$ 的黄绿光有强烈的选择性吸收，非吸收光和重新发射的混合光波决定了其呈红色。

另外，不同材料在透明与否的机理上有一定差异。

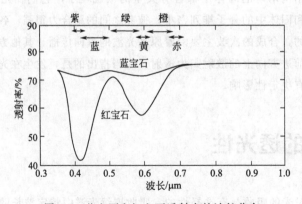

图 4-7　蓝宝石和红宝石透射光的波长分布

（1）金属

金属对可见光是不透明的，其原因在于金属价电子能带结构的特殊性。在金属的电子能带结构中，费米能级以下的状态被电子占据，费密能级以上有大量的空能级，如图 4-8 所示。当金属受到光线照射时，自由的价电子容易吸收入射光子的能量而被激发到费密能级以上的能级。由于费密能级以上有大量的空能级，因而各种不同频率的可见光或可见光波段的光子都能被吸收。研究证明，只要金属箔的厚度达到 $0.1\mu m$，便可以吸收全部可见光。因此，只有厚度小于 $0.1\mu m$ 的金属箔才可能透过可见光。事实上，金属对所有的低频电磁波（从无线电波到紫外光）都是不透明的。只有对 X 射线和 γ 射线高频电磁波才是透明的。

大部分被金属材料吸收的光又会从表面以同样波长的光发射出来，如图 4-8（b）所示，即为反射光。费米能级附近的价电子易于吸收不同波长的光线而激发，激发电子回落到基态又辐射出光子，表现为金属表面的光反射现象。大多数金属的反射系数为 0.9～0.95。还有小部分以热的形式耗损掉。金属这种高反射性质常用来镀在其他材料的衬底上，构成金属膜作为反光镜（reflector）使用。图 4-9 所示为常用金属膜的反射率与波长的关系曲线。Ag 的反射率最高，是制备反射膜常用材料。

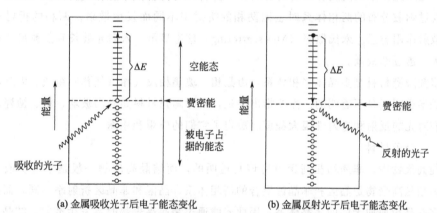

(a) 金属吸收光子后电子能态变化　　　　(b) 金属反射光子后电子能态变化

图 4-8　金属吸收光子后电子能态的变化

金属表面富有金属光泽，不同金属的光泽差异与金属中电子的费米能级及能态密度相关。如 Ag、Al 可反射所有波长可见光呈现为白色，如图 4-9 所示。而 Au 和 Cu 中的电子激发能级小于可见光短波区，它们不反射从紫到蓝波段的光，只反射长波段的光而显现黄色。

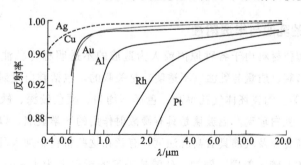

图 4-9　金属膜反射镜的反射率与波长的关系

（2）半导体

半导体的颜色与其禁带宽度有关。光子能量达到或超过禁带宽度能量以上的光被吸收，禁带宽度以下能量的光被反射，呈现出反射光线的颜色。如 CdS 的禁带宽度是 2.4eV，蓝色及以下波长被吸收，波长大于蓝色的光被反射而呈现为橘红色。Si 半导体的禁带宽度为 1.1eV，可吸收可见光所有波段而呈现灰暗金属色。宽禁带半导体的禁带宽度明显大于可见光能量，如 GaN 宽禁带半导体反射所有可见光而表现为无色透明。半导体可以通过成分变化而改变禁带宽度，掺杂半导体则受到掺杂元素的影响而充当色心，实际半导体的颜色会产生一定变化。

（3）陶瓷材料

单晶陶瓷材料是透明介质，影响陶瓷透明性的因素包括晶体结构对称性、晶粒尺寸、气孔率以及表面光洁度等。本来透明的材料也可以被制成半透明或不透明的，其原理是设法使光线在材料内部发生多次反射（包括漫反射）和折射，使透射光线变得十分弥散。当散射作用非常强烈时，甚至几乎没有光线透过，材料看起来就不透明了。引起内部散射的原因是多方面的，如折射率各向异性的多晶材料中晶粒的无序取向，使光线在相邻晶界面上发生反射和折射，光线经许多次的反射和折射变后得十分弥散，材料显现为半透明或不透明。同理，当光线通过弥散分布的两相体系时也因两相的折射率不同而发生散射。两相的折射率相差愈大，散射作用愈强。米氏散射（Mie scattering）理论显示，入射光波长和晶粒尺寸相当时散射最大，透过率最低。

大多数陶瓷材料是多晶体多相体系，由晶相、玻璃相及气相（气孔）组成。因此，陶瓷材料多是半透明或是不透明的。需要指出的是，实际陶瓷材料如乳白玻璃、釉、搪瓷、瓷器等，它们对光的反射和透射性很大程度上决定了它们的外观和用途。

（4）高分子材料

在纯高聚物中，非晶均相高聚物应该是透明的，而结晶高聚物一般是半透明或不透明的。因为结晶高聚物是晶区和非晶区混合的两相体系，晶区和非晶区折射率不同，而且结晶高聚物多是晶粒取向无序的多晶体系。因此光线通过结晶高聚物时易发生散射。结晶高聚物的结晶度愈高，散射愈强，除非是厚度很薄或者薄膜中结晶尺寸比可见光波长更小。一般结晶高聚物是半透明或不透明的，如聚乙烯、全同立构聚丙烯、尼龙、聚四氟乙烯、聚甲醛等。另外，高聚物中的嵌段共聚物、接枝共聚物和共混高聚物多属两相体系，除非特意使两相折射率很接近，否则一般是半透明甚至是不透明的。

4.3.2 陶瓷材料的乳浊与半透明性

本应是透明的陶瓷材料由于各种原因或人为造成的不透明称为乳浊。在无机非金属材料中有一些产品的形貌、质量与乳浊（不透明）是关联的，包括乳白漫射玻璃（简称乳白玻璃）、釉、搪瓷珐琅等。陶瓷坯体气孔率高、色泽不均匀、颜色较深、缺乏光泽，因此常用釉加以改善和装饰。乳白玻璃、毛玻璃是具有漫散射作用的光学玻璃，以满足人们需要的柔和光线。为使釉及搪瓷以及玻璃具有高乳浊度，有意在这些材料中加入乳浊剂，乳浊剂的折射率必须与玻璃基体有较大差别。例如，硅酸盐玻璃的折射率为 $1.49 \sim 1.65$，加入具有显著不同折射率的乳浊剂 TiO_2 成为乳白玻璃。

对光学性能上具有半透明性的乳白玻璃和半透明釉，光的漫透射分数对半透明性起决定性作用。要求对可见光具有明显的散射且吸收小，从而得到最大的漫透射。最好的方法是在这种玻璃中掺入与基质材料折射率相近的乳化剂，如 NaF 和 CaF_2。这两种乳化剂主要起矿化作用，促使晶体从熔体中析出。例如含氟的乳白玻璃中析出的主要晶相是方石英、失透石（$Na_2O \cdot 3CaO \cdot 6SiO_2$）和硅灰石，这些颗粒细小的析晶起到乳化作用。有时为了使散射相的尺寸得到控制，在使用氟化物的同时加入 Al_2O_3 以提高熔体的黏度，在析晶过程中生成大量的晶核，从而获得良好的乳浊效果。

单相氧化物陶瓷的半透明性是其质量标志。这类陶瓷中存在的气孔往往具有固定的尺寸，因而半透明性几乎只取决于气孔量。例如氧化铝陶瓷的折射率比较高，而气相的折射率接近 1，相对折射率 $n_{21} \approx 1.80$。气孔尺寸通常与原始原料颗粒的尺寸相当，一般为 $0.5 \sim 2.0 \mu m$，基本覆盖可见光波长范围，所以散射最大。在这种情况下，氧化铝陶瓷产品的透射率与气孔体积分数的关系如图 4-10 所示。当气孔体积分数为 3% 左右时，氧化铝陶瓷的透射率只有 0.01%；当气孔体积分数降到 0.3% 时，透射率只有完全致密氧化铝的 10%。可见小气孔率是这种陶瓷质量的敏感标志。

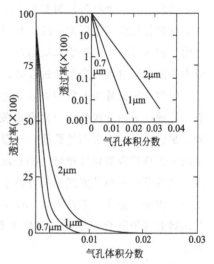

图 4-10　多晶 Al_2O_3 气孔含量及其尺寸与透射率关系

一些艺术瓷的瓷体相折射率接近 1.5，如玻璃、莫来石和石英。在致密玻化瓷的显微组织中，玻璃基体中有细针状莫来石结晶，还含有未溶解的或部分溶解的较大尺寸的石英晶体。尽管莫来石的晶粒尺寸在微米级范围，但石英的晶粒尺寸却大得多，由于晶粒尺寸和折射率的差别，莫来石对陶瓷基体的散射和降低半透明性起决定性作用。

4.4　材料发光和发光材料

4.4.1　材料发光的概念

当物质受到诸如光照、外加电场或高速粒子轰击等能量激发时，只要不因此发生化学变化，被激发的原子或分子总要回到原来的稳定状态。在这个过程中，一部分能量会通过光或热的形式释放出来。如果这部分能量是以可见光或近可见光的电磁波形式发射出来的，那么这种现象就称为发光。概括地说，发光就是物质以光的形式发射出来的多余能量，并且这种光发射过程具有一定的时间持续性。

发光是一种特殊的能量发射现象，它与热辐射有根本的区别。发光也有别于其他的非平衡辐射如反射，散射等。发光有一个相对较长的延续时间，根据发光持续时间的长短将其分为两个过程：物质在受激发时的发光称为荧光，而把外激发条件停止后的发光称为磷光。一

般常以持续时间 10^{-8}s 为分界，持续时间短于 10^{-8}s 的发光被称为荧光，持续时间长于 10^{-8}s 的发光称为磷光。只是习惯上还沿用这两个名词，现在已不大用荧光和磷光来区分发光过程。因为任何形式的发光都以余辉的形式来显现其衰减过程，而衰减时间可能极短（$<10^{-8}$s），也可能很长（十几小时或更长）。

4.4.2 发光的分类

根据不同的激发方式，发光现象可分为光致发光、电致发光、阴极射线发光、X 射线及高能粒子发光、化学发光和生物发光等。

利用光激发而发光的过程叫做光致发光，光致发光大致经过光吸收、能量传递及光发射三个阶段，光的吸收与发射都发生于电子在能级之间的跃迁过程。光致发光的光强与光谱结构是材料分析测试常用的手段，利用紫外到红外光频范围的各种波长激发，由此来研究物质结构，包括材料中的杂质和缺陷及其能量状态的变化、激发能量的转移和传递，以及化学反应中的激发态过程、光生物过程等。

电致发光又称为电场发光，是通过施加电压产生电场，被电场激发的电子碰击发光中心，导致电子的能级跃迁与复合而发光的一种物理现象。电致发光方式之一为本征电致发光，是指电子在能带间的跃迁，导带上的电子跃迁到价带与空穴复合引起的发光现象。起初是由法国科学家德斯特里奥（Georges Destria）在 1936 年发现的，因而又称作德斯特里奥效应。电致发光的另外方式是半导体 p-n 结的注入式电致发光。当半导体 p-n 结在正向偏压作用下，电子（空穴）会注入 p（n）型材料区。注入的少数载流子会通过直接或间接的途径与多数载流子复合而发光。这种由载流子注入引起的电子-空穴复合发光称为注入式电致发光。

阴极射线发光是发光物质在高能电子束激发下产生的发光。通常电子束流的电子能量很大，为几千甚至上万电子伏。与光致发光相比，这个能量是巨大的。因此，阴极射线发光的激发过程和光致发光不一样，是一个更复杂的过程。在光致发光过程中，通常一个激发光子被吸收后，只能产生一个辐射发光光子。从能量角度来说，一个高速电子的能量是光子能量的数千倍甚至更大，足以产生成千上万个辐射光子。事实上，高速的电子入射到发光物质后，首先离化原子中深能级上的电子，并使它们获得很大的动能，成为高速的次级发射电子，如此会产生速度越来越低的"次级"电子，直到发光体中出现大量的能量为几个到十几电子伏的低速电子，这些低能量的电子激发发光物质而产生发光。阴极射线发光是示波器、显示器、电视、雷达等应用中重要的显示手段。

X 射线及高能粒子发光是指在 X 射线、γ 射线、α 粒子、β 粒子等高能射线或高能粒子激发下发光物质所产生的发光。上述射线都是高能量的，所以它们也是通过产生次级电子激发发光。其中 X 射线发光的主要应用就是医用 X 光透视屏和摄像增感屏，利用某些发光材料的放射线发光还可以做成辐射剂量计，如发光晶体应用于核物理领域的闪烁计数器。此外，还有化学发光，是通过化学反应过程中释放出来的能量激发发光物质所产生的发光。

4.4.3 发光中心与发光材料

发光体吸收外界的能量经过传输、转换等过程，最后以光的形式发射出来而发光，光的发射对应着电子在能级之间的跃迁。如果所涉及的能级是属于一定的离子、离子团或分子的，这种离子、离子团或分子称为发光中心（luminescent center）。发光中心在晶体中并不是孤立的存在，根据发光中心在发光过程中的机制不同，即根据被激发的电子是否进入基质的导带，将发光中心划分为分立中心和复合中心。

如果被激发的电子没有离开发光中心就回到基态产生发光，则这类中心称为分立发光中心。分立中心在晶格中比较独立，在分立中心的发光过程中，参与发光跃迁的电子是分立中心离子本身的电子，电子的跃迁发生在中心离子自身的能级之间，发光中心的光谱特性主要决定于离子本身。一般具有离子发光中心的发光材料是无机发光材料，目前有机发光材料也成为研究和应用的重要方面。

如果电子被激发后离开发光中心进入基质的导带，与空穴通过特定中心复合产生发光，这类中心就叫作复合发光中心。复合发光伴随着光电导产生，一般为共价性强的半导体发光。

4.4.4　无机发光材料及其应用

无机发光材料一般由稀土离子或过渡族金属离子在固体中充当分立发光中心。实际发光材料是以基体化合物（基质）和少量甚至微量掺杂的杂质离子作为激活剂组成的，广泛用作荧光材料。激活剂是一种掺入的杂质，含量可以少到万分之一。本来不发光的物质可以因激活剂的掺入而发光，本来发光的物质也可以因激活剂的掺入而改变发光颜色或增加发光效率。总之，在许多情况下，激活剂决定发光的性能，这是无机发光材料的一个特点，其优点是吸收能力强，转换率高。窄带发射有利于全色显示，物理化学性质稳定。

（1）稀土发光材料

由于稀土离子具有丰富的能级和 4f 电子跃迁特性，使稀土成为主要的发光激活剂，常应用于显示、照明、光存储等许多领域。常见的无机荧光材料以碱土金属的硫化物（如 ZnS、CaS）、铝酸盐（$SrAl_2O_4$，$CaAl_2O_4$，$BaAl_2O_4$）等作为发光基质，以稀土镧系元素［铕（Eu）、钐（Sm）、铒（Er）、钕（Nd）等］作为激活剂或助激活剂。

稀土元素的原子具有未填满的受到外层屏蔽的 4f5d 电子组态，因此有丰富的电子能级和长寿命激发态。稀土化合物的发光是基于它们的 4f 电子在 f-f 组态或 f-d 组态之间跃迁，能级跃迁通道多达 20 余万个，可以产生多种多样的辐射吸收和发射，发光波长覆盖了从红外到紫外范围。稀土离子的发光特性主要取决于稀土离子 4f 壳层电子的性质。随着 4f 壳层电子数的变化，稀土离子表现出不同的电子跃迁形式和极其丰富的能级跃迁。

大部分三价稀土离子的光吸收和发射来源于内层的 4f-4f 跃迁，其特点是发射光谱呈线状，色纯度高，荧光寿命长。4f 轨道处于内层，很少受到外界环境的影响，材料的发光颜色基本不受基质影响，光谱很少随温度而变。二价态稀土离子的光谱特性是 d-f 跃迁，跃迁发射的光频呈一定带宽，强度较高，荧光寿命短，发射光谱随基质组分的改变而发生明显变化。四价态稀土离子的光谱特性是它们的电荷跃迁能量较低，基本上在可见光区。

发光材料的某些功能往往可通过稀土价态的改变来实现，例如，稀土三基色荧光材料中的蓝光发射是由低价稀土离子 Eu^{2+} 产生的。因此，应掌握价态转换规律和价态转换机制，寻求非正常价态稳定条件及其控制方法，为发现新型的稀土发光材料和改善材料发光性能提供路径。

纯稀土氧化物 Y_2O_3、Eu_2O_3、Gd_2O_3、La_2O_3、Tb_4O_7 等制成的各种荧光体，广泛应用于彩色电视机、彩色显示器，还用于制作节能灯荧光粉、标识发光油墨、光致变色玻璃等。

将稀土元素引入高分子材料中，稀土元素作为发光中心，通过掺杂、共聚、共价嫁接等方法制备稀土高分子发光材料。基于高分子廉价且易于成型特点，高分子发光材料具有重要应用，如含有稀土 Eu、Tb、Ln 三价离子的高分子配合物在紫外线照射下发出蓝、绿、红三色荧光，可用作彩色显示材料。

（2）过渡族发光材料

过渡金属离子充当发光中心是固体发光材料之一。过渡金属离子具有未填满的 d 层，其电子组态为 d^n。作为离子掺杂到基质晶体结构中时，相应电子组态的能级劈裂为多个能级。有的能级间光辐射位于可见光区间，这种类型的跃迁称为晶体场跃迁。过渡金属离子发光因具有丰富的颜色而别具魅力。

4.4.5 有机发光材料及其应用

有机化合物的种类繁多，分子设计相对灵活，发光可调性好，色彩丰富，色纯度高，特别适用于柔性光电子发光器件。有机分子的共价结构使电子成对地处于各能级上，自旋之和为零，处于单重基态（S_0）。如一个电子被激发，自旋不变，则处于单重激发态（S）。如激发过程自旋翻转，处于激发三重态（T）。当电子被激发到单重激发态，然后弛豫到单重激发态的最低能级（S_1），由 S_1 回到 S_0 产生荧光。如中间经过能量最低的三重激发态（T_1），即由 S_1 到 T_1 再到 S_0，后一步产生磷光。有机发光材料的发光中心是分子，根据不同的分子结构，有机发光材料可分为有机小分子发光材料、有机高分子发光材料和有机配合物发光材料。一般有机发光分子含有 π 电子的共轭结构，或带有共轭杂环及各种生色团，诸如噁二唑、三唑、噻唑、咔唑结构及其衍生物等，可通过引入烯键、苯环等不饱和基团及各种生色团来改变共轭长度，使化合物光电性质发生变化。

有机发光材料具有功耗低、响应速度快、柔性好等优点，已经广泛应用于液晶显示器、发光二极管等技术中。主要有以下一些用途。

（a）光致发光粉材料　有机光致发光粉是发光涂料、发光塑料、发光油墨、发光安全标识的制作材料。

（b）光刻胶　是半导体集成电路工业不可或缺的材料，其性能直接影响到半导体电路的集成度和最终微电子产品的性能优劣。

（c）有机发光二极管（organic light-emitting diode，OLED）　在外电场作用下，从阳极注入空穴，阴极注入电子，二者在发光功能层中复合成为激子，激子很不稳定，很快便会释放出能量并转移到发光分子中，激发发光分子的跃迁而发光。目前认为电子和空穴分别在有机分子的 LUMO 轨道和 HOMO 轨道上发生迁移，也就是说从阴极注入的电子在外电场的作用下会到达有机材料的 LUMO 轨道，而从阳极注入的空穴则在外电场的作用下到达 HOMO 轨道。电子和空穴在复合区内因库仑力作用相互结合形成不稳定的激子（exciton）。激子作为一种准粒子，寿命很短，因复合消失。最终激子将能量转移到发光分子上，导致发光分子跃迁到激发态，激发态的发光分子通过辐射回到基态，这一过程出现发光现象。发光分子激发态和基态之间的能量差距决定发光的波长和颜色。

OLED 发出的光也分为荧光和磷光，通过单线态的激子所发出的光为荧光，而同时通过单线态和三线态的激子所发出的光为磷光。激子的单线态和三线态的数量有固定比值，为 $1:3$。所以从理论上来说，只利用单线态激子的荧光器件的内量子效率最高只有 25%，而发出磷光时内量子效率则能够达到 100%。

大多数的 OLED 器件具有叠层结构，如图 4-11 所示。早期的 OLED 是简单的单层器件，如图 4-11 中 a 所示，单层有机发光层（EL）置于阴、阳两极之间。由于每一种有机材料具有的功能有限，运输载流子往往是单一的，只能传输空穴或电子中的一种，难以达到平衡运输苛刻条件，也无法实现器件的性能要求。因此在阴、阳两极之间由两种甚至多种材料构成的多层器件应运而生。通常由空穴传输层（HTL）、发光层（EL）、电子传输层（ETL）组成。结构中每一层都有其特定功能，多层结构易于调节器件性能，是目前应用最广泛的结构。

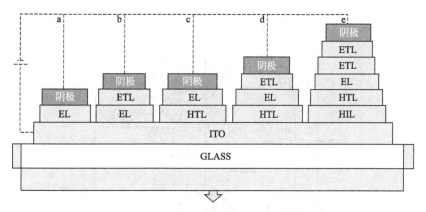

图 4-11　OLED 器件结构

4.5　半导体发光

半导体中的电子可以吸收一定能量的光子从价带激发到导带。同样，处于激发态的电子也可以从导带跃迁回价带，并以光辐射的形式释放能量。也就是电子从高能级向低能级跃迁伴随着发射光子。一般情况下，半导体的光学跃迁和能带结构相关，通常发生在价带顶和导带底之间，因此又被称为带边光学跃迁。

4.5.1　直接跃迁和间接跃迁

半导体中的电子吸收光子的跃迁过程需要满足能量守恒和动量守恒，即电子跃迁需满足跃迁选择定则。设电子原来的波矢量为 k，要跃迁到波矢量是 k' 的状态，跃迁过程中必须满足 $k'-k=$ 光子矢量。一般半导体所吸收的光子的动量远小于电子的动量，光子动量可忽略不计，即认为电子吸收光子产生跃迁时电子能量增加而波矢量保持不变。

半导体发光主要应用的是能带间的跃迁，即所谓本征跃迁。根据电子在本征跃迁过程中波矢变化与否分为直接跃迁和间接跃迁，如图 4-12 所示为能带结构的 $E\text{-}k$ 关系图。直接跃迁是指跃迁前、后两状态垂直对应于相同的波矢状态，导带底和价带顶对应于相同的波矢 $\boldsymbol{k}$。如常见半导体Ⅲ-Ⅴ族化合物中的 GaN、GaAs、GaSb 和 InP，Ⅱ-Ⅵ族化合物中的 ZnO、ZnS、ZnSe、ZnTe、CdS、CdSe 和 CdTe 等都是直接带隙半导体。这些是常用于发光的半导体材料都是直接带半导体。

另外还有不少半导体的导带和价带极值并不对应于相同的波矢，是间接带半导体，如图 4-12（b）所示。这样半导体中电子跃迁所吸收的光子能量比禁带宽度大。在跃迁过程中，电子不仅吸收光子，同时还和晶格交换一定能量，放出或吸收一个声子。所以非直接跃迁过程是电子、光子和声子三者同时参与的过程，能量关系为

$$\Delta E = h\nu_0 \pm E_p \tag{4-26}$$

式中，ΔE 为电子跃迁能带间的能量差；$h\nu_0$ 为光子能量；E_p 为声子能量；"+"号为吸收声子；"−"号为发射声子。

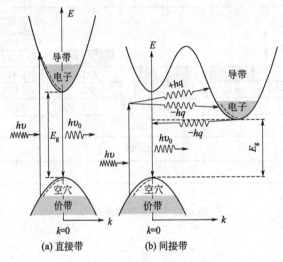

图 4-12　本征半导体的能带结构

声子作为准粒子也具有能量和动量，波矢量为 $\boldsymbol{q}$。在非直接跃迁过程中，伴随声子的吸收或发射，动量守恒关系满足

$$\hbar(\boldsymbol{k}' - \boldsymbol{k}) = \frac{h}{\lambda} \pm \hbar\boldsymbol{q} \tag{4-27}$$

式中，λ 为光子波长。

如省去光子动量，跃迁电子的动量变化等于声子动量，即

$$(\boldsymbol{k}' - \boldsymbol{k}) = \pm \boldsymbol{q} \tag{4-28}$$

在非直接跃迁过程中，伴随发射或吸收适当的声子，电子的波矢 $\boldsymbol{k}$ 发生改变。这种除了吸收光子还与晶格交换能量的非直接跃迁，也称为间接跃迁。

因为声子的能量非常小，比禁带宽度还小两个数量级，可以忽略不计。因此，电子在跃迁前后的能量差近似等于所吸收的光子能量。因此，直接跃迁和非直接跃迁的能量关系均可表达为

$$\Delta E = E_g = h\nu_0 \tag{4-29}$$

常见的Ⅳ族半导体 Si，Ge，Ⅲ-Ⅴ族化合物半导体的 AlAs 和 GaP 等是间接带半导体。

在光的本征跃迁过程中，只存在电子和光子的相互作用，只发生直接跃迁；如果同时存在电子与晶格的相互作用而发射或吸收一个声子，则是非直接跃迁。间接跃迁的吸收过程，一方面依赖于电子与光子相互作用，另一方面还依赖于电子与晶格的相互作用，在理论上是一种二级过程。所以发生间接跃迁的概率比发生直接跃迁的概率小得多，因此间接跃迁的光吸收系数比直接跃迁的光吸收系数成数量级减少。研究半导体的本征吸收光谱，不仅可以根据吸收限决定禁带宽度，还可以了解能带的复杂结构，作为区分直接带隙和间接带隙半导体的重要依据。

4.5.2 半导体发光

半导体产生光子发射的主要条件是系统必须处于非平衡状态，也就是半导体需要某种激发过程，再通过非平衡载流子的复合而发光。根据不同的激发方式，激发发光过程主要可分为电致发光（场致发光）、光致发光和阴极发光等。

半导体材料受到激发时，电子由价带向导带跃迁成为非平衡载流子。这种处于激发态的电子在半导体中运动一段时间后，又回复到低能量的价带，并发生电子-空穴对的复合。复合过程中，电子以不同形式释放出多余的能量。如图 4-13 所示，从高能量状态到低能量状态的电子跃迁主要辐射过程如下。

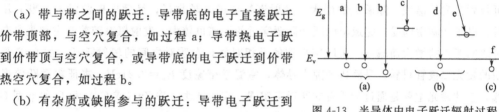

图 4-13 半导体中电子跃迁辐射过程

（a）带与带之间的跃迁：导带底的电子直接跃迁到价带顶部，与空穴复合，如过程 a；导带热电子跃迁到价带顶与空穴复合，或导带底的电子跃迁到价带与热空穴复合，如过程 b。

（b）有杂质或缺陷参与的跃迁：导带电子跃迁到未电离的受主能级，与受主能级上的空穴复合，如过程 c；中性施主能级上的电子跃迁到价带，与价带中空穴复合，如过程 d；中性施主能级上的电子跃迁到中性受主能级，与受主能级上的空穴复合，如过程 e。

（c）热载流子在带内跃迁，如过程 f。

电子从高能级向较低能级跃迁时，必然释放一定的能量。如跃迁过程伴随着放出光子，这种跃迁称为辐射跃迁。作为半导体发光材料，必须是辐射跃迁占优势。当然，不是每一种跃迁过程都辐射光子，也不是任一激发条件下以上各种跃迁过程都会同时发生。

从半导体能带结构分析，跃迁可分为本征跃迁和非本征跃迁。

（1）本征跃迁（带与带之间的跃迁）

导带的电子跃迁到价带，与价带空穴复合，并伴随着发射光子，称为本征跃迁。显然，这种带与带之间的电子跃迁所引起的发光过程，是本征吸收的逆过程。

对于直接带隙半导体，导带与价带极值都在 k 空间原点，本征跃迁为直接跃迁。直接跃迁的发光过程只涉及一个电子-空穴对和一个光子产生，辐射效率高，所以直接带隙半导体是常用的发光材料。

在间接跃迁过程中，除了发射光子外，还有声子参与。这种跃迁比直接跃迁的概率小得多，发光比较微弱。

显然，带与带之间的跃迁所发射的光子能量与带隙直接相关。直接跃迁能量至少满足

$$h\nu = E_c - E_v = E_g \tag{4-30}$$

而间接跃迁，在发射光子的同时，还发射一个声子，光子能量应满足

$$h\nu = E_c - E_v - E_p \tag{4-31}$$

（2）非本征跃迁

电子从导带跃迁到杂质能级，或杂质能级上的电子跃迁入价带，或杂质能级之间的跃迁，都可以引起发光。这些跃迁称为非本征跃迁。对间接带隙半导体来说，本征跃迁概率很小，非本征跃迁起主要作用。

当半导体材料中同时存在施主和受主杂质时，两者之间的库仑作用力使受激态能量增大，其增量 ΔE 与施主和受主杂质之间距离 r 成反比。由于施主与受主之间的跃迁效率高，多数发光二极管利用这种跃迁机理。当电子从施主向受主跃迁时，如没有声子参与，发射光子能量为

$$h\nu = E_g - (E_D + E_A) + \frac{q^2}{4\pi\varepsilon_0\varepsilon_r r^2} \tag{4-32}$$

式中，E_D 和 E_A 分别为施主和受主能级。

由于施主和受主一般以替位原子出现在晶格中，所以 r 只能取晶格常数的整数倍。实验也确实观测到一系列不连续的发射谱线与 r 值相对应。比较邻近的杂质原子间的电子跃迁，可得到分列的谱线。随着 r 的增大，发射谱线会越来越靠近，最后出现发射带。当 r 较大时，电子从施主向受主完成辐射跃迁需要穿过的距离也较大，发射概率随着施主和受主杂质对之间距离的增大而减小。所以感兴趣的是相对邻近杂质对之间的辐射跃迁，如 GaP 是常用的发光二极管材料，是间接带隙半导体，室温禁带宽度 $E_g = 2.24 \text{eV}$。本征辐射跃效率很低，它的发光主要是通过杂质对的跃迁来实现。实验证明，掺 Zn（或 Cd）和 O 的 p 型 GaP 材料，在 1.8eV 附近有很强的红光发射带。

4.5.3　发光效率

电子跃迁过程包括发射光子的辐射跃迁和无辐射跃迁。无辐射复合过程能量释放机理比较复杂，一般认为，电子从高能级向较低能级跃迁时，可以将多余的能量传给第三个载流子，使其受激跃迁产生所谓俄歇过程。此外，电子和空穴复合时也可以将能量转变为晶格振动能量，即伴随发射声子的无辐射复合过程。实际上，发光过程中同时存在辐射复合和无辐射复合过程。

显然，发射光子的效率决定于非平衡载流子辐射复合寿命 τ_r 和无辐射复合寿命 τ_{nr} 的相对大小，辐射复合率正比于 $1/\tau_r$。稳定条件下，电子-空穴对的激发率等于非平衡载流子的复合率（包括辐射复合和无辐射复合）并决定于它们的寿命。通常用"内部量子效率" $\eta_{内}$ 和"外部量子效率" $\eta_{外}$ 来表示发光效率。单位时间内辐射复合产生的光子数与单位时间内注入的电子-空穴对数之比称为内部量子效率。

$$\eta_{内} = \frac{\dfrac{1}{\tau_r}}{\dfrac{1}{\tau_r} + \dfrac{1}{\tau_{nr}}} = \frac{1}{1 + \dfrac{\tau_r}{\tau_{nr}}} \tag{4-33}$$

可见，在 $\tau_{nr} \gg \tau_r$ 时才能获得有效的光子发射。对非本征间接复合发光半导体来说，必须是辐射发光中心浓度远大于其他无辐射杂质浓度。

要说明的是，辐射复合所产生的光子并不是全部都能离开晶体向体外发射的，这是因为发光区产生的光子有部分会被半导体再吸收。另外，由于半导体具有高折射率，光子在界面处也很容易发生反射而返回到体内。即使是垂直射到界面的光子，也会有相当大的部分（30％左右）被反射回体内。因此，引入"外部量子效率" $\eta_{外}$ 来描写半导体材料的有效发光效率。所谓外部量子效率是指单位时间内发射到晶体外部的光子数与单位时间内注入的电子-空穴对数之比。

4.5.4 p-n 结电致发光

由于 p-n 结及异质结具有特殊的能带结构，因此它们不仅是微电子器件结构，也可用作太阳能电池发电，还可以电流注入发光。

（1）p-n 结注入发光

p-n 结处于平衡时，存在一势垒区，如图 4-14 （a）所示。如外加一正向偏压，势垒降低，势垒区内建电场也相应减小。这样有利于载流子持续扩散，即电子由 n 区注入 p 区，同时空穴由 p 区注入 n 区，这些进入 p 区的电子和进入 n 区的空穴都是非平衡少数载流子。在实际应用的 p-n 结中，扩散长度大于势垒宽度，因此电子和空穴通过势垒区时因复合而消失的概率很小，继续向扩散区扩散。这些非平衡少数载流子不断与扩散区多数载流子复合而发光（辐射复合），如图 4-14 （b）所示。这就是 p-n 结电注入发光原理，如常用的 GaAs 发光二极管就是利用 GaAs p-n 结制得的。

GaP 发光二极管也是利用 p-n 结外加正向偏压，形成非平衡载流子，但其发光机构与 GaAs 不同，它不是带间的直接跃迁，而是通过施主和受主杂质对的跃迁形成的辐射复合。

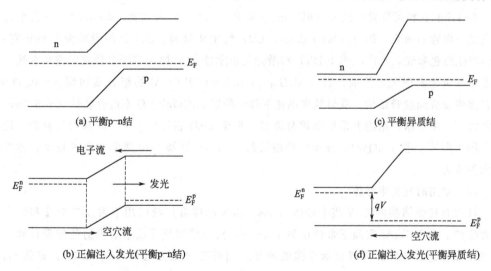

图 4-14　p-n 注入发光（左）和异质结注入发光（右）

（2）异质结注入发光

为了提高少数载流子的注入效率，p-n 结发光二极管常采用异质结结构。所谓异质结是指构成 p-n 结的 p 型半导体和 n 半导体的禁带宽度不一样，当加正向偏压时，势垒降低。由于 p 区和 n 区的禁带宽度不等，势垒不对称，如图 4-14（c）所示。由窄禁带的 n 型半导体和宽禁带 p 型半导体构成的 p-n 结，当外加正向偏压，两边价带达到等高时，空穴迁移不存在势垒，由 p 区不断向 n 区扩散，保证了空穴向 n 区高注入效率。而 n 区的电子，由于存在势垒不能从 n 区注入 p 区。这样，宽禁带的 p 区成为空穴注入源〔如图 4-14（d）中的 p 区〕，而禁带宽度小的区域（图中 n 区）成为发光区。

4.5.5 发光二极管与应用

（1）GaAsP 发光二极管

可见光 GaAsP 发光二极管（light emitting diode，LED）在 1962 年首次由通用电器公司（GE）报道，由此开始了可见光固体照明时代。制备方法是利用汽相外延（VPE）将 GaAsP 生长在 GaAs 衬底上，这种方法适合于大量外延片的生长。由于 GaAsP/GaAs 晶格失配导致外延层存在大量失配位错，发光效率很低，室温下量子效率低于 0.005%。另外，当 P 含量为 40%～45% 时，从直接带结构向间接带结构转变，发光效率大为降低。但由于制备工艺简单，制造成本低，红色 GaAsP LEDs 还在进行生产应用。

（2）GaP 发光二极管

20 世纪 60 年代初，Bell 实验室开始研究 GaP LEDs。1967 年报道了掺 ZnO 的 GaP 经过退火处理，LEDs 红色发光量子效率超过 2%。然后在 1968 年报道掺 N 的绿色 GaP LEDs 效率为 0.6%。由于眼睛对绿光的灵敏度比红光高，所以红光和绿光的 GaP LEDs 亮度看起来相当。Bell 实验室首先将 GaP LEDs 用于电话指示，用仅仅 2V 的驱动电压代替过去照明供电的灯泡指示，被誉为电话业的一次革新，作为信号指示照明使用已经十分普遍。

（3）AlGaInP 发光二极管

AlGaInP 材料可以发射红光（625nm）、橙光（610nm）和黄光（590nm），是当今高亮度发光二极管和激光二极管（laser diode，LD）的主要材料。GaInP 的带隙为 1.9eV 左右，能够产生红色激光，被广泛用于 DVD 和激光笔指示器。Al 加入 GaInP 使发射波长变短，出现橙色和黄色发射光。然而，当 (Al_xGa_{1-x}) 0.5In0.5P 中 Al 的组分增加到 $x = 0.53$ 时，由直接带变成间接带结构，发射效率迅速下降。所以 AlGaInP LD 不适合波长低于 570nm 的器件之用。由于器件结构上采用电流分散层，整个 LED 芯片的 p-n 结面都均匀发光。进一步采用了多量子阱（MQW）、分布布拉格反射（DBR）以及 GaP 透明衬底等技术，器件性能大为改善。

（4）常用的发光半导体

具有直接带结构的 III-V 族半导体 GaAs、GaN 晶体被广泛应用于发光二极管和激光二极管生产。由于 GaAs 室温下带隙仅为 1.43eV，按照带间跃迁或带边发射的能量计算，其发光波段在近红外区。常规显示显像的发光应用需要可见光区的 LED 和 LD，显然 GaAs 二极管的本征激发满足不了应用需求。研究发现，III-V 族半导体 GaP 的带隙为 2.3eV，能够发出可见光，但其间接带结构的发光效率很低。于是利用半导体能带理论，通过能带工程合金化构成的 $GaAs_{1-x}P_x$ 半导体，其带隙随组分 x 而变化。从 $x = 0$ 到 $x = 0.4$ 都保持直接带结构，带宽接近 2.0eV，处于红色发光波段，由此研制和生产出系列 GaAsP 红色 LED。

Ⅲ-Ⅴ半导体中 GaN 的带隙很宽，室温下为 3.5eV，是直接带结构材料。发光波长在紫外区，发光效率高。由于全色显示和高密度光存储对蓝光材料的强烈需要，GaN 成为一种非常重要的发光二极管和激光二极管材料而被广泛地研究和开发，GaN 合金化大大地拓宽了宽禁带半导体的研究和应用范围。一般 In 掺杂得到的 InGaN 材料，根据 In 含量的高低可将带隙在 2～3.5eV 范围任意调制，从而获得从红色到紫色的发光，这种材料已经应用于各种发光元件。而 Al 掺杂形成的 AlGaN 材料可将带隙在 3.5～6eV 范围内任意调制，作为双异质结 LED 和 LD 的限域层，在短波长方面获得可调谐的发光。

4.6 受激辐射与激光

4.6.1 基本原理

4.6.1.1 自发辐射与受激辐射

材料的发光过程和电子跃迁过程紧密相关，电子跃迁过程包括激发吸收、自发辐射和受激辐射，下面利用简单的模型来说明这些过程。如图 4-15 所示，考虑简单的两能级结构：E_0 是基态，E_1 是激发态。电子在些能级间的任何跃迁必然伴随着吸收或发射频率为 ν 的光子，$h\nu = E_1 - E_0$。常温下，大部分原子都处于基态。在 $h\nu$ 光子作用下，处于基态的原子因吸收光子进入激发态。激发态是不稳定的，经过很短时间后原子必然跃迁回到基态，同时发射能量为 $h\nu$ 的光子。原子不受外界因素干扰自发地从激发态回到基态引起的光子发射过程称为自发辐射。原子在激发态的平均时间称为自发辐射寿命，自发辐射寿命变化很大，取决于材料能带结构和复合中心浓度等，典型值在 $10^{-3} \sim 10^{-9}$s 范围内。

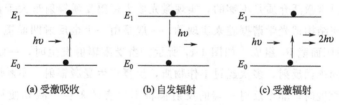

(a) 受激吸收　　　　(b) 自发辐射　　　　(c) 受激辐射

图 4-15　能级间吸收辐射

当处于激发态的原子受到另一个能量也为 $h\nu$ 的光子作用时，受激原子立刻跃迁到基态 E_0，并发射两个能量为 $h\nu$ 的光子。这种在光辐射的刺激下，受激原子从激发态向基态跃迁，同时释放一个与诱导光子完全相同的光子的辐射过程，称为受激辐射。

自发辐射和受激辐射是两种不同的光子发射过程。自发辐射中原子的跃迁是随机的，所产生的光子虽然具有相同的能量，但这种辐射光的位相和传播方向各不相同。受激辐射却不一样，它所发出的光辐射的全部特性（频率、位相和偏振态等）同入射光辐射完全相同。另外，自发辐射过程中，原子从激态跃迁到基态，发射一个光子。而受激辐射过程中，一个入射光子使激发态原子从激态跃迁到基态，同时发射两个同相位、同频率的光子。

4.6.1.2 激光产生条件

激光（Laser）是一种亮度极高、方向性和单色性好的相干光。激光的产生与一般发光过程相似，是特殊条件下受激辐射光量子放大的现象。在一般的热平衡介质中，低能级上分布的粒子数占据绝对多数，所以一般情况下，光通过介质是不会被放大的。当系统处于恒定的辐射场作用下，能级 E_0 及 E_1 间因光的吸收和受激辐射跃迁同时存在，且两者的跃迁概率相等。但究竟哪一种过程占主导地位，主要取决于能级 E_0 和 E_1 上粒子分布情况。如果处在激发态 E_1 的原子数大于处在基态 E_0 的原子数，则会产生受激辐射将超过吸收过程。这样系统发射的光子数将大于进入系统的光子数，这种现象称为光量子放大。通常把处在高能级激发态 E_1 的原子数大于处于低能级基态 E_0 的原子数的这种反常分布，称为"分布反转"或"粒子数反转"。因此，产生激光必须在系统中造成分布反转状态。

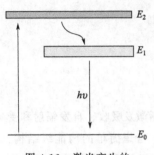

图 4-16 激光产生的
三能级示意图

要实现光放大，必须设法使受激辐射大于受激吸收，粒子大部分跃迁到高能级上，实现粒子数反转且需要在高能级上滞留足够长的时间。如图 4-16 所示为一简单的产生激光的三能级示意图，基态的粒子被激发到高能级 E_2，迅速无辐射到长寿命的能级 E_1 实现粒子数反转，经激发辐射回到基态 E_0 实现光放大。

实现粒子数反转的介质称为激活介质，光子在激活介质中传播，光强会随传播距离的增加指数增长。介质可分为气体、液体、固体、等离子体、半导体、染料、准分子等，如传统的固体物质红宝石、掺钕钇铝石榴石、钕玻璃；气体包括 He-Ne 原子气体、CO_2 气体和氩离子气体；半导体主要是 GaAs。

为了产生并维持介质的激活状态，需要外界通过适当方式不断地将低能级原子抽运到高能级，这个激发过程称为泵浦（pumping）。泵浦方式分可分为电激励、光激励、化学反应激励和核能激励等。激光功率小到微瓦大到太瓦。激光有连续输出，也有短脉冲输出。

激光的产生只有激活介质是不够的，实现激光放大还要受激辐射远大于自发辐射，这是通过激光器的几何结构即光学谐振腔来实现的。一般是由一个全反射凹面镜 R_1 和一个 99%反射、1%透射的凹面镜 R_2 组成，如图 4-17 所示。当受激辐射发生时，一定频率的受激辐射光在两反射面间来回反射，多次经过工作物质，反复产生受激辐射，不断增强光束。当光束强度达到一定程度时，非全反射一端的反射镜将不再有效阻拦，激光便从谐振腔中"逃逸"出来。由于两面反射镜距离一定，正、反方向传播的光波相互叠加，在共振腔内形成驻波。设共振腔长度为 l，介质的折射率为 n，λ/n 为介质中的辐射波长，则驻波存在的条件是共振腔的长度正好等于半波长整数倍，即

$$m\left(\frac{\lambda}{2n}\right)=l, \ m \ \text{为整数}。 \tag{4-34}$$

满足式（4-34）的一系列特定波长的受激辐射光在共振腔内振荡，波长和传播方向不符合这一条件的受激辐射光无法产生稳定的振荡而被散射或吸收掉，所以激光特定的波长和方向决定其良好的相干性和方向性，这是谐振腔筛选的结果。

自 1960 年第一台红宝石激光器出现，各种各样的激光器层出不穷，波长从远红外激光一直延续到软 X 射线激光。过去应用最广泛的气体激光器是 He-Ne 激光器，激光是 Ne 原子

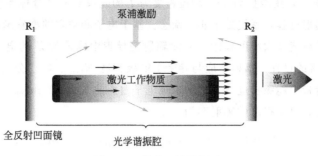

图 4-17　激光工作谐振腔

受激辐射产生的。可以产生 632.8nm 的激光，功率只有几个到几十毫瓦。He-Ne 激光器由于其稳定的光谱特性在精密测量方面有重要应用。

目前应用最广泛的激光器是半导体激光器，它是在 1962 年研制成功的。半导体激光器因具有体积小、耗电少、电压低、效率高等优点而获得广泛应用。半导体激光器产量占各类激光器的 99％以上。由于它寿命长、功率高、易调制、响应快等优点，在光通信、光存储、光计算等信息科学领域有广泛应用。

一方面，在外部激发泵浦作用下，受激辐射不断增强，称为增益；另一方面，辐射在共振腔内来回反射时，有光子吸收、散射及端面透射损耗等能量损失。用 g 和 a 分别表示单位长度内的辐射强度增益和吸收损耗，用 I 代表辐射强度。显然增益大于或等于全部损耗时才会有激光发射。增益等于损耗时的泵浦能称为阈值 J_t，这时的增益称为阈值增益 g_t。

增益和吸收损耗均按指数规律增长或衰减。

增益：
$$I(x) = I_0 e^{gx} \tag{4-35}$$

损耗：
$$I(x) = I_0 e^{-ax} \tag{4-36}$$

设反射面反射系数为 R。可证明达到阈值（增益等于损耗）条件为

$$I_0 = R I_0 e^{gl} e^{-al} \tag{4-37}$$

存在以下关系：

$$g_t = a + \frac{1}{l} \ln \frac{1}{R} \tag{4-38}$$

要使激光器有效地工作，必须降低阈值，主要途径是设法减少各种损耗，使吸收损耗 a 小，反射系数增大。

可见，形成激光的发射必须满足以下三个基本条件：形成粒子分布反转，使受激辐射占优势；具有共振腔结构，实现光量子放大；达到阈值条件，增益至少等于损耗。

4.6.2　半导体激光

4.6.2.1　基本原理

半导体激光器工作时也要形成粒子分布反转条件。用能量大于禁带宽度的光子来激发，使价带电子不断向导带跃迁，产生非平衡载流子。如电子和空穴的准费米能级分别为 E_F^n 和 E_F^p。当价带中从 E_F^p 到 E_v 能量范围的状态空出，导带中从 E_c 到 E_F^n 范围的状态被电子填满，这时就出现了粒子分布反转。

某一温度 T 时，若用能量为 $h\nu$、能流密度为 I 的光束照射半导体系统，则必然同时引起光吸收和受激辐射过程，系统处于非平衡态。基于电子和空穴的准费米能级和电子占据导带或价带中某一能级概率大小的概念，受激辐射是导带中能量为 E 的电子跃迁到价带中能量为 $E-h\nu$ 的空能级的过程，辐射率应与导带上能级密度 $N_{C(E)}$、电子分布概率 $f_{C(E)}$ 的乘积成正比，而且与价带上能级密度 $N_{V(E)}$ 和未被电子占据的概率 $[1-f_{V(E-h\nu)}]$ 乘积成正比。对全部能量范围积分，可求得总的辐射率为

$$W_r = \int N_{C(E)} f_{C(E)} N_{(E-h\nu)} [1 - f_{V(E-h\nu)}] I_{(h\nu)} dE \tag{4-39}$$

与受激辐射相反，光吸收是价带中能量为 $(E-h\nu)$ 的电子跃迁到能量为 E 的导带空能级的过程，采用相同的处理方法，求得总吸收率为

$$W_a = \int N_{C(E)} [1 - f_{C(E)}] N_{(E-h\nu)} f_{V(E-h\nu)} I_{(h\nu)} dE \tag{4-40}$$

要达到分布反转（光量子放大），必须是 $W_r > W_a$，则

$$f_{C(E)} [1 - f_{V(E-h\nu)}] > f_{V(E-h\nu)} I_{(h\nu)} [1 - f_{C(E)}] \tag{4-41}$$

根据爱因斯坦-费米统计规律，由于电子占据导带或价带中某一能态 E 的概率

$$f_{c(E)} = \cfrac{1}{\exp\left(\cfrac{E - E_F^n}{k_0 T}\right) + 1} \tag{4-42}$$

$$f_{V(E-h\nu)} = \cfrac{1}{\exp\left(\cfrac{E - h\nu - E_F^p}{k_0 T}\right) + 1} \tag{4-43}$$

代入式（4-41）得

$$E_g \leqslant h\nu < E_F^n - E_F^p \tag{4-44}$$

式（4-44）即是本征跃迁时受激辐射超过吸收的必要条件，也是达到分布反转的必要条件。表明要产生受激辐射，必须使电子和空穴的准费米能级之差大于入射光子能量。在分布反转状态下，如有满足式（4-44）的光子通过半导体，则受激辐射占主导地位，可以实现光量子放大。

4.6.2.2 p-n 结二极管激光

电注入 p-n 结型激光器结构如图 4-18 所示。为了实现分布反转，p 区及 n 区都必须重掺杂，一般掺杂浓度达 $10^{18} cm^{-3}$。平衡时，空穴和电子的费米能级位于 p 区的价带及 n 区的导带内，如图 4-18（a）所示。当加正向偏压 V 时，p-n 结势垒降低；n 区向 p 区注入电子，p 区向 n 区注入空穴。这时，p-n 结处于非平衡态，准费米能级间距离为 $E_F^n - E_F^p = qV$。因 p-n 结是重掺杂的，平衡时势垒很高，即使正向偏压可加大到 $qV > E_g$，也还不足以使势垒消失。这时结区附近出现：

$$E_F^n - E_F^p > E_g \tag{4-45}$$

这个区域称为粒子分布反转区。在这特定区域内，导带的电子密度和价带的空穴密度都很高。这一分布反转区很薄（$1\mu m$ 左右），却是激光器的核心部分，称为"激活区"。

所以，要实现分布反转，必须由外界输入能量，使电子不断激发到高能级，这种作用称为载流子的"抽运"或"泵浦"。上述 p-n 结激光结构中，利用正向电流输入能量，这是常

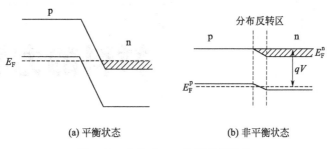

(a) 平衡状态   (b) 非平衡状态

图 4-18   电注入 p-n 结激光器结构

用的注入式泵源。此外，电子束或激光等也可作为泵源，使半导体晶体中的电子受激发射，形成分布反转。采用这种电子束泵及光泵的半导体激光器的优点是可以激发大体积的材料。

     产生激光的激活区内存在大量非平衡载流子，开始时非平衡电子-空穴对自发复合，引起自发辐射，发射一定能量的光子。但自发辐射所发射的光子，相位和传播方向各不相同，大部分光子立刻穿出激活区，只有一小部分光子严格地在结平面内传播。这部分光子可相继引发其他电子-空穴对的受激辐射，产生更多能量相同的光子。这样的受激辐射随着注入电流的增大而增大，逐步集中到结平面内，并处于压倒优势。这时辐射光的单色性较好，强度也增大，但其位相仍然是杂乱的，还不是相干光。要使受激辐射达到发射激光的要求，即达到强度更大的单色相干光，还必须依靠共振腔的作用，并使注入电流达到阈值电流。如图 4-19 所示，垂直于结面的两个严格平行的晶体解理面形成所谓法布里-珀罗（Fabry-Perot）共振腔。两个解理面就是共振腔的反射镜面，一定频率的受激辐射光，在反射面之间来回反射，形成两列相反方向传播的波相互叠加，在共振腔内形成驻波。二极管激光材料要求结构完整性好，掺杂浓度适中的晶体。同时反射面尽可能达到光学平面，并使结面平整，以减少损耗，提高激光发射效率。

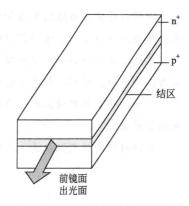

图 4-19   p-n 结激光器结构示意图

思考与练习题

     1.已知某材料的光吸收系数 $\alpha = 0.32 \text{cm}^{-1}$，透射光强分别为入射的 10％、50％时，材料的厚度分别为多少？

     2.计算入射光以较小的入射角 i 和折射角 r 连续穿过 n 块透明玻璃后的光强系数。

     3.为什么大多数稀土氧化物的颜色都很浅？

     4.简述杂质能级对半导体发光性能的影响。

     5.简述发光二极管的工作原理。

     6.产生激光的基本条件是什么？

     7.叙述半导体结型激光产生的原理。

第 5 章

材料的力学性能

本章导读：本章介绍材料的力学性能及其在特定环境下表现出来的特殊行为。

本章学习应掌握材料在应力作用下所表现出来的不同变形行为，理解无机材料的脆性、金属材料的塑性和橡胶高分子材料的超弹性各自表现出不同的应力-应变关系及其物理基础。理解晶体材料的强度远低于理论强度的原因在于材料中的缺陷结构，晶体材料在应力作用下产生形变的根本原因在于位错运动。

理解材料低应力脆断和结构的不完整性相关，以及由此提出的格里菲斯（Griffith）理论；掌握应力强度因子概念，理解材料抗断裂能力的物理量——断裂韧性的物理意义。

了解在不同应力状态下典型材料的使役行为及其特点，包括交变应力下发生低应力破坏的疲劳行为；理解材料在疲劳状态下局部组织因损伤积累导致裂纹形成并逐渐扩展以致发生破断；理解长时间恒定应力作用下的蠕变现象，因长时间组织结构和蠕变损伤演变而导致蠕变断裂。

理解材料的超塑性概念、原理及其应用。

5.1 材料的形变特性

物体在受力作用时会产生形变。为反映受力和形变的关系，往往采用应力（σ）和应变（ε）关系曲线来描述。所谓"应力"是指在外力作用下物体内部产生的相互作用力，简单地概括为单位截面积上力的大小，单位为 N/m^2（Pa，帕斯卡）。材料受拉伸或压缩力的作用而产生伸长或缩短变形，用伸长量或缩小量和原长的比值表示的伸长率或压缩率称为"应变"，伸长或压缩方向上的应变称为轴向应变，是个无量纲的量。如材料在拉应力作用下的伸长量与外力的对应关系构成的曲线就是应力-应变曲线。

工程上将拉伸试验曲线的纵、横坐标分别定义如下

纵坐标为应力

$$\sigma = F/A_0 \tag{5-1}$$

横坐标为应变

$$\varepsilon = (l-l_0)/l_0 \tag{5-2}$$

式中：F 为外加应力大小；A_0 和 l_0 分别为原始试验样品在形变前标距范围内的横截面积和长度，这样得到的应力、应变曲线称为工程应力-应变曲线，也称为名义应力-应变曲线。

如图 5-1 所示为一些不同类型材料在单向拉伸时的应力-应变曲线。其中曲线（a）是韧性材料的应力-应变曲线，曲线上 σ_e、σ_s 和 σ_b 点分别为它的弹性极限、屈服强度和抗拉强度，是具有重要工程意义的强度指标。材料受到拉伸应力作用而伸长，首先出现弹性形变，所谓弹性形变是指外加应力撤除后材料可回复到原来形状的形变。弹性形变极限对应的应力称为弹性极限 σ_e。当应力超过弹性极限，随着应力加大，材料发生无法回复的形变，即产生塑性形变。能够产生明显塑性形变材料，当外加应力不再增大，材料仍继续发生明显的塑性形变，此现象称为屈服。具有屈服现象的材料，如大多数金属材料，试样在拉伸过程中应力保持恒定仍能继续伸长时的应力称为屈服应力或屈服强度 σ_b。若应变持续进行而应力发生下降时，还可以分为上、下屈服

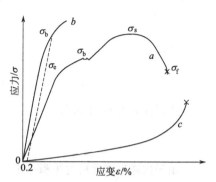

图 5-1　材料拉伸曲线
a—韧性；b—脆性；c—高分子材料
应力-应变曲线

点。材料屈服到一定程度后，由于内部组织结构变化，其抵抗形变能力重新提高，形变继续进行需要更大的应力。材料在拉断前承受的最大应力值称为抗拉强度，亦称强度极限，抗拉强度用 σ_s 表示。此后，材料进一步形变的抗力明显降低，最薄弱处发生显著塑性形变，此处截面迅速缩小，出现颈缩现象，直至断裂破坏。

对于不存在明显塑性形变的脆性材料，一般将产生 0.2% 形变对应的应力定义为屈服强度，如图 5-1 中曲线 b。图中曲线 c 是高分子橡胶类材料的形变曲线，材料具有极大的弹性形变，但没有残余形变。

以上讨论的是简单实用的工程应力-应变关系或名义应力-应变曲线。实际材料在拉伸试验时，拉伸试样的横截面积时刻都在改变，而工程上计算应力式（5-1）使用原始横截面积 A_0，故工程应力应变曲线不是真实应力-应变关系。实时反映试验的应力-应变关系 σ_T-ε_T 的曲线称为真应力-应变曲线，也称为流变曲线，某一时刻的真应力 σ_T 和真应变 ε_T 分别称为流变应力和流变应变。实际真应力-应变关系类似于图 5-1 中曲线 b。

如果试样为一个长度为 l_0 的均匀圆柱体，试样拉伸时的真应变 ε_T 应按每一时刻应变之和来计算：

$$\varepsilon_T = \sum\left(\frac{l_1-l_0}{l_0} + \frac{l_2-l_1}{l_1} + \frac{l_3-l_2}{l_2} + \cdots\right) = \int_{l_0}^{l}\frac{\mathrm{d}l}{l} = \ln\frac{l}{l_0} \tag{5-3}$$

式（5-3）表明，采用真应变时，总应变等于逐步递增的应变之和。显然，工程应变和真应变并不相等。

例如：两个相同的试样一个分两次拉伸 $l_0 \rightarrow l_1 \rightarrow l_2$，另一根一次拉伸到 $l_0 \rightarrow l_2$；根据式（5-3），按真应变计算两者相同：

$$\ln\frac{l_1}{l_0} + \ln\frac{l_2}{l_1} = \ln\frac{l_2}{l_0}$$

按工程应变计算则两者不等：

$$\frac{l_1-l_0}{l_0}+\frac{l_2-l_1}{l_1}\neq\frac{l_2-l_0}{l_0}$$

在拉伸试样出现颈缩之前，真应变 ε_T 与工程应变 ε 之间有以下关系：

因为

$$\varepsilon=\frac{l-l_0}{l_0}=\frac{l}{l_0}-1$$

所以

$$\varepsilon_T=\ln\frac{l}{l_0}=\ln(\varepsilon+1) \qquad (5-4)$$

相应真应力 σ_T 定义为

$$\sigma_T=\frac{F}{A} \qquad (5-5)$$

由于试样形变前后的体积一定，颈缩产生前 $A_0l_0=Al=$ 常数，所以真应力和工程应力的关系为

$$\sigma_T=\frac{F}{A}=\frac{F}{A_0}\frac{A_0}{A}=\frac{F}{A_0}\frac{l}{l_0}=\sigma(\varepsilon+1) \qquad (5-6)$$

5.1.1 弹性形变与弹性模量

在应力-应变曲线的起始阶段，应力与应变呈线性关系且具有可逆性的形变称为弹性形变。弹性形变的应力—应变服从虎克（Hooke）定律。

在拉伸条件下，弹性应变范围内的真应力与真应变关系为 $\sigma_T=E\varepsilon_T$，其中比例常数 E 为拉伸曲线的起始斜率，称为弹性模量，它反映材料抵抗弹性形变的能力。

由于工程应力-应变曲线与真应力-应变曲线在弹性应变区基本一致，习惯上拉伸应力-应变关系表示为

$$\sigma=E\varepsilon \qquad (5-7)$$

式中，E 称为正弹性模量或杨氏模量，单位为 MPa。E 显示材料的抗形变能力大小。表 5-1 给出一些常见材料的强度和弹性模量数值。

表 5-1　一些材料在常温下的强度和杨氏模量

材料	抗拉强度/MPa	杨氏模量 E/MPa
钻石	103	1.2×10^6
碳纳米管	105	1.0×10^6
高强度碳纤维	4500	2×10^5
超高强度钢	2000	2×10^5
钛合金	1500	1.5×10^5
铝合金	600	7×10^4
尼龙	100	3×10^3
橡胶	100	7

与此相关的另一个参数是泊松比 ν，表示单向拉伸时横向长度 l_2 缩短率与纵向 l_1 伸长率的比值：

$$\nu = \frac{\Delta l_2 / l_2}{\Delta l_1 / l_1} \tag{5-8}$$

表 5-2 给出了一些常见材料的泊松比，金属材料的泊松比一般为 0.30 左右。

表 5-2　常见材料在常温下的泊松比

材料	泊松比	材料	泊松比
碳钢	0.24～0.27	轧制铜	0.31～0.34
合金钢	0.25～0.30	混凝土	0.23～0.24
轧制铝	0.32～0.36	尼龙 66	0.41

材料的杨氏弹性模量 E 和材料密度 ρ 以及声音在该材料中的传播速度 v 相关，即

$$v = \left(\frac{E}{\rho} \right)^{1/2} \tag{5-9}$$

材料弹性模量的性质还依赖于形变的性质，压缩形变时的模量称为压缩模量，用 K 表示。

剪切形变时剪切应力 τ 和应变 γ 关系为

$$\tau = G\gamma \tag{5-10}$$

G 为剪切模量，表示材料抗剪切形变的能力。

弹性模量与切变弹性模量之间的关系为

$$G = \frac{E}{2(1+v)} \tag{5-11}$$

当材料发生弹性形变时，外力对材料所做的功 W 等于应力-应变曲线直线段下面所包围的面积，它几乎完全以弹性能的方式存储在材料内部，称为弹性应变能。

在单向拉伸条件下，单位体积的弹性应变能 W/V 为

$$\frac{W}{V} = \frac{1}{2}\sigma\varepsilon = \frac{1}{2}E\varepsilon^2 \tag{5-12}$$

而切变条件的弹性应变能为

$$\frac{W}{V} = \frac{1}{2}\tau\gamma = \frac{1}{2}G\gamma^2 \tag{5-13}$$

5.1.2　弹性模量的物理意义

弹性模量 E 是材料性能的一个重要参数，弹性模量的大小主要取决于原子间的结合力，它是材料中原子间结合力大小的标志。共价键和离子键结合力强，弹性模量高。金属键次之，弹性模量也很高。而分子键结合力较弱，弹性模量一般很小。我们知道，原子间结合力的大小和原子间的间距关系是非对称的，张应力使原子间距增大、弹性模量减小，而压应力则造成模量提高。温度提高，原子间距增大，相应弹性模量减小。

单晶材料的弹性模量与材料组织结构无关，即弹性模量属于组织结构不敏感参数。而大多数实际材料都是有大量缺陷结构的多晶体，一般表现为各向同性的弹性性能，材料的弹性

模量和材料的化学成分与组织结构密切相关，而多相材料体系、多孔材料体系的弹性模量影响因素较为复杂。材料的弹性模量大小一般通过试验方法测量。

5.2 弹性形变和滞弹性

5.2.1 弹性形变的特征

理想的弹性体，在一定应变范围内，应力和应变呈线性关系。弹性形变的主要特征如下：

(a) 弹性形变是可逆形变，加载时形变，卸载时形变消失并恢复原状。

(b) 金属、陶瓷和部分高分子材料不论是加载或卸载，只要在弹性形变范围内，其应力与应变之间都保持单值线性函数关系，服从虎克定律：在正应力下 $\sigma=E\varepsilon$，切应力下 $\tau=G\gamma$。

弹性模量是表征晶体中原子间结合力强弱的物理量，代表着使原子离开平衡位置的难易程度。金刚石一类的共价键晶体由于其原子间结合力很大，故其弹性模量很高，弹性形变很小；金属和离子晶体中原子间结合力也比较高，特别是高强度材料，弹性形变都比较小；而塑料、橡胶等分子键的固体材料键合力很弱，故其弹性模量也很低，通常比金属材料低几个数量级。

(c) 弹性形变量因材料而异。多数金属材料仅在低于比例极限 σ_e 的应力范围内符合虎克定律，弹性形变量一般不超过 0.5%；而橡胶类高分子材料的高弹形变量可高达 1000%，但这种形变是非线性的。

5.2.2 弹性形变的本质

弹性形变是指外力去除后能够完全恢复的形变，可从原子间结合力的角度来了解它的物理本质。

原子处于平衡位置时，在不受外力作用下，原子间距为 r_0，相互作用合力为零，内能 U 处于最低位置，这是稳定状态。当原子受力后将偏离其平衡位置，拉力作用下原子间距增大时将产生引力，压力作用下原子间距减小时产生斥力。这样，外力和原子之间作用的反作用力达到平衡，就处于一定的弹性应变状态。原子间的作用力要求原子回复到其平衡位置，若外力去除后，原子恢复原来的平衡位置，产生的形变完全消失，这就是弹性形变。

可见，原子间的结合力大小影响弹性行为，结合力越大，晶体的弹性模量也越大。由于原子间的作用力大小和方向相关，所以单晶体的弹性模量也具有方向性。一般来说，沿原子密排方向原子间作应力大，弹性模量也大。如 α-Fe 沿 <111> 方向 $E=285891\text{MPa}$，而沿 <001> 方向 $E=132388\text{MPa}$。多晶体由于晶粒取向在各方向概率相当，所以其弹性模量一般不表现出方向性。也正是弹性模量和原子间作用力紧密相关，所以是结构不敏感的物理量。如多数合金钢的弹性模量相当，只有高合金化或存在和基体差异很大的第二相时，弹性模量才会有明显变化。

5.2.3 滞弹性和内耗

实际应用的材料多数为多晶体，有些是非晶态或者高分子材料，其内部存在各种类型的结构缺陷。实际材料弹性形变时，弹性形变不仅是应力的函数，而且是时间的函数，是出现在弹性范围内的非弹性现象，即弹性不完整性。这样，可能出现加载与卸载的应力—应变曲线不重合、应变的变化跟不上应力的变化等有别于理想弹性形变特征的现象。这种弹性不完整性现象包括包申格效应、滞弹性（包括弹性蠕变和弹性后效）、弹性滞后等。

（1）包申格效应

材料经预先加载产生少量塑性形变（一般小于 4%），然后继续同向加载 σ_e 升高，反向加载 σ_e 下降，此现象称为包申格效应。它是实际多晶体金属材料普遍具有的特性。

（2）滞弹性（弹性蠕变）和弹性后效

一些实际材料在加载或卸载时，应变不是瞬时达到平衡，而是通过一定弛豫过程才能达到对应的平衡状态。单向反复加载或交变加载时，一定应力下产生随时间出现的补充应变称为弹性蠕变，如图 5-2 中的 AB 段。去除应力后，此部分逐渐消失，即弹性后效，如图 5-2 中 OE 段。弹性蠕变和弹性后效都是弹性范围内的非弹性现象，即滞弹性或弛豫现象。

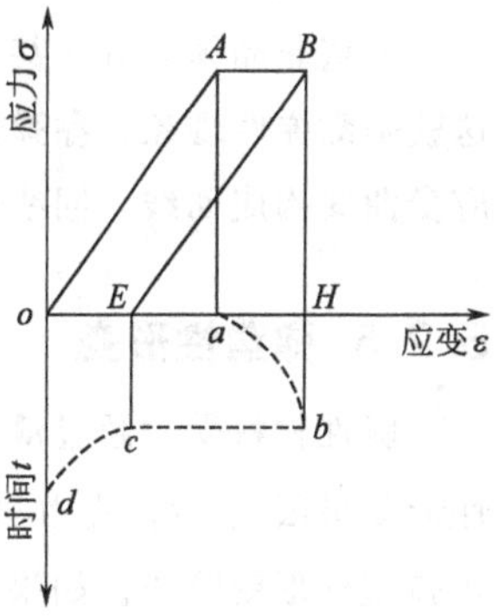

（3）弹性滞后

理想状态下，材料弹性应力-应变同向变化，应力-应变关系为直线，如图 5-3（a）所示。实际材料往往承载周期性变化的应力作用，出现应变落后于应力的现象，当加载与反向加载变化一周时，应力-应变曲线形成一封闭回线，称为弹性滞后环。如图 5-3（b）所示。

图 5-2 滞弹性示意图

弹性滞后现象表明，材料加载时消耗的形变功大于卸载时材料回复所释放的形变功，其差值部分被材料吸收而耗散，能量大小为弹性滞后环面积。即滞回曲线的面积表示加载一个周期产生的能量损耗或一个循环所消耗的不可逆功，大小取决于应力-应变相角差，这部分被材料吸收或耗散的功称为内耗。

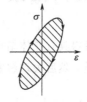

(a) 理想状态下的应力-应变曲线　(b) 滞弹性状态下的应力-应变曲线

图 5-3 理想和滞弹性的应力-应变曲线

一般认为，金属的内耗特性和点阵中间隙原子的微扩散相关，在应力作用下，晶格产生畸变，从而使间隙原子 C、N 在应力作用下作短距离的微扩散。另外，和位错的钉扎、晶界的黏滞性等相关。材料这种内耗或阻尼特性常用于抗震减噪等领域，研究金属的内耗不仅反映材料的消振能力，而且可以反映材料的组织结构信息。

5.2.4 黏弹性

材料的形变形式除了弹性形变、塑性形变外，还有一种是黏性流动。所谓黏性流动是指非晶态固体、高分子材料和液体在很小外力作用下便会发生没有确定形状的流变，并且在外力去除后，形变不能回复。

纯黏性流动服从牛顿黏性流动定律：

$$\sigma = \mu \frac{d\epsilon}{dt} \tag{5-14}$$

式中，$\frac{d\epsilon}{dt}$ 为应变速率；μ 称为黏度系数，反映了流体的内摩擦力，即流体流动的难易程度，其单位为 Pa·s。

一些非晶体，有时甚至是多晶体，在比较小的应力作用下可以同时表现出弹性和黏性，这就是黏弹性现象。黏弹性形变的特点是应变落后于应力，当加上交变周期应力时，应力—应变曲线构成回线，回线包含的面积即为应力循环一周所损耗的能量，即内耗。

5.2.5 弹塑性形变

脆性材料受力超过最大的弹性形变极限 σ_e 会发生断裂，但韧性材料受到的应力超过弹性形变极限 σ_e 后，应力与应变之间的直线关系被破坏，开始出现屈服现象，材料的形变进入弹塑性形变阶段。如果卸载应力，试样的形变只能部分恢复，而保留一部分残余形变。韧性材料发生塑性形变时，应力增加，应变增大。这种随着塑性形变的增大，塑性形变抗力不断增加的现象称为加工硬化或形变强化。随应力持续增加，材料持续形变达到屈服强度 σ_b。当应力达到最大值强度极限或抗拉强度 σ_s 时试样的均匀形变阶段终止，它表示材料对最大均匀塑性形变的抗力。在 σ_s 值之后，试样开始发生不均匀塑性形变，直至达到断裂强度 σ_f 时发生断裂。

5.3 晶体形变和位错运动

大多数金属和无机材料具有晶体结构，为理解晶体结构材料的形变问题，先从简单的单晶体材料说明形变的本质，然后去理解实际多晶材料的形变方式和机理。

5.3.1 位错运动与形变

根据晶体结构的键合理论计算，材料理论强度比实际强度高数十倍甚至上百倍，材料的实际强度和理论强度的这种差别长期得不到满意的解释。格里菲斯理论从表面能的观点提出了脆性材料强度的降低与材料中存在的微裂纹相关，但这个理论对多数塑韧性晶体材料来说并不适用。

奥罗万（E. Orowan）等提出晶体位错结构的概念，合理地解释了塑性材料的实际强度远低于理论强度的问题。晶体的形变是因为产生切变应变，也就是晶体结构上下两部分产生滑移形成形变。晶体结构的形变是晶体的一部分相对于另一部分作整体滑移实现的。在切应力作用下,产生滑移与晶体中的位错运动密切相关。就像滚动摩擦力远小于滑动摩擦力,位错运动产生的滑移所需要的动力远低于完整晶体上、下两部分刚性滑移需要克服的两个原子面之间的作用力。因为位错滑移时,只需位错中心附近原子做小于原子间距的移动就可以达到一个晶面上、下两个部分相对运动的效果。可见,晶体形变不是完整晶体两部分之间的刚性滑移,而是借助位错在滑移面上运动逐步进行的,如图5-4所示。晶体只有在切应力作用下才会发生塑性形变,位错滑移是形变的主要方式。

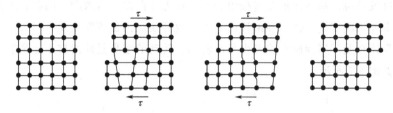

图 5-4　位错的滑移运动

5.3.2　滑移临界分切应力

晶体两部分之间产生滑移是在切应力的作用下进行的,与正应力无关。产生滑移时,当外力在某一滑移晶面和面上的滑移方向上的分切应力达到一定临界值时,滑移就会发生,该分切应力称为滑移的临界分切应力。

如图5-5所示,A 为晶体横截面积,ϕ 为滑移面与横截面夹角,λ 为外力 F 与滑移方向的夹角。于是,外力在该滑移面上沿滑移方向的分切应力 τ 为

$$\tau = \frac{F\cos\lambda}{A/\cos\phi} = \frac{F}{A}\cos\phi\cos\lambda \qquad (5\text{-}15)$$

式中,$\cos\phi\cos\lambda$ 为取向因子或施密特(Schmid)因子。当滑移方向位于外力与滑移面法向所组成的平面上($\phi + \lambda = 90°$)时,分切应力大,且 $\phi = 45°$ 时达到最大值。取向因子大的方向称为软取向,相应分切应力大,位错滑移优先开动;反之,取向因子小的方向称为硬取向,分切应力小,位错滑移困难。

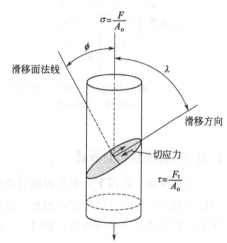

图 5-5　拉伸应力和分切应力关系

如果认为单晶体滑移一开动就相当于晶体开始屈服,此时对应于临界分切应力的外应力就相当于屈服强度 σ_b。这时临界分切应力 τ_k 为

$$\tau_k = \sigma_b\cos\phi\cos\lambda \qquad (5\text{-}16)$$

滑移的临界分切应力是一个真实反映单晶受力起始屈服的物理量。其数值与晶体的类型、纯度以及温度等因素相关,还与形变速度,以及滑移系类型等因素有关。实际测得的晶体滑移临界分切应力大小较理论值低3~4个数量级,表明晶体滑移并不是晶体的一部分相对于另一部分沿着滑移面做刚性整体位移,而是借助于位错滑移完成的。

5.3.3 单晶体滑移与形变

在常温或低温下，晶体的塑性形变行为主要通过切变应变的滑移方式进行。晶体受到固定方向拉伸应力时，晶体的伸长只能沿拉伸轴的方向，而不能自由地沿滑移方向滑移形变。在滑移面发生相对位移同时，为补偿因滑移产生的上下两部分轴向错位，滑移过程伴随着晶面的转动。如图 5-6 所示，受到单轴拉伸时，垂直于滑移面的正分应力构成的力偶，使滑移面之间的各晶块朝外力轴方向转动；滑移方向的切分应力构成的应力偶，使滑移方向在滑移面上旋转。也就是说，晶体在形变过程中相对于外力方向发生再取向。因此，取向因子在旋转过程中相应地不断变化，作用在滑移面上的有效分切应力也不断变化。

同样，晶体在受压形变时也要发生晶面转动，转动的结果是使滑移面逐渐靠近压力轴垂直的方向，如图 5-7 所示。

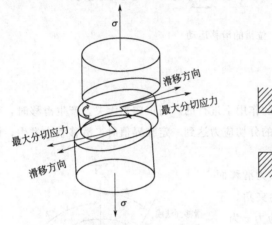

图 5-6　单轴拉伸时滑移产生的力偶
作用和晶体转动

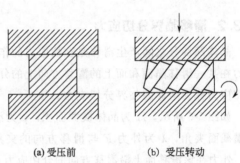

(a) 受压前　　　(b) 受压转动

图 5-7　晶体受压时的晶面转动

5.3.4 滑移系和交滑移

在拉伸应力作用下，如应力超过晶体的弹性极限，试样被拉长。因位错滑移产生形变，晶体中就会出现多个层片之间的相对滑移，在晶体表面产生滑移条纹，称为滑移线，许多相互平行的滑移线组成滑移带，如图 5-8 所示。图中标示的距离分别是滑移线高度和滑移带的宽度。大量的位错滑移累积产生许多层片间滑动而构成晶体的宏观塑性形变。

滑移线的观察表明，晶体塑性形变是不均匀的，滑移往往集中发生在一些固定的晶面上，而滑移带或滑移线之间的晶体层片则未产生形变，只是彼此之间产生相对位移而已。表明滑移具有固定的晶体学特征，即能够发生滑移的晶面是一定的，这样的晶面称为滑移面；在滑移面上的滑移是按一定的晶体学取向进行的，这样的滑移方向称为滑移方向。晶体的一个

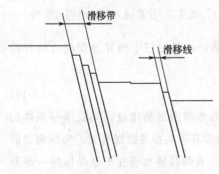

图 5-8　滑移线和滑移带示意图

滑移面与该面上的一个滑移方向合起来组成一个滑移系。滑移面是晶体中原子排列最紧密的密排面，而滑移方向是原子排列最紧密的密排方向。这是因为原子密度最大的晶面其面间距最大，因而容易沿着这些晶面发生滑移；至于滑移方向为原子密度最大的方向是由于最密排方向上的原子间距最短，即位错伯格斯矢量 b（Burgers vector，简称柏氏矢量）最小。根据 P-N 力表达式（5-17），这时点阵阻力最小，位错容易移动。

$$\tau_\mathrm{P} = \frac{2G}{1-\gamma}\exp\left[-\frac{2\pi a}{(1-\gamma)b}\right] \tag{5-17}$$

式中，b 为柏氏矢量值；G 为切变模量；γ 为泊松比；a 为滑移面的面间距。

上文给出的是只有一个滑移系开动的情况。一般晶体具有多个滑移系，往往滑移在多组滑移系中交替进行或同时进行。滑移首先在取向最有利的滑移系（分切应力最大）中进行，由于形变时晶面转动的结果，另一组滑移面上的分切应力也会逐渐增加到足以发生滑移的临界值以上，于是晶体的滑移就可能在两组或更多的滑移面上交替进行或同时进行，从而产生多系滑移。

晶体塑性形变时，相互平行的滑移线中有些滑移线出现弯曲或分枝，这是交滑移现象，是螺位错滑移过程中从一个晶面转到另一个相交晶面引起的。如体心立方晶体形变中出现的波浪型滑移线，虽然滑移方向不变，但其滑移面可借助于螺位错的交滑移而改变。

在其他条件相同的情况下，晶体中的滑移系越多，滑移过程可能的空间取向也越多，滑移更容易进行，塑性也更好。据此，面心立方结构（FCC）晶体的滑移面为 {111}，滑移方向是 <110>，共有 12 组滑移系。体心立方（BCC）的晶体滑移方向是 <111>，可沿 {110}、{112} 和 {123} 晶面滑移，故滑移系共有 48 个。而密排六方（HCP）晶体的滑移系在常温下仅有 (0001) <1120>滑移系 3 个。表 5-3 给出了这些简单晶体结构主要的滑移系。HCP 晶体结构中的滑移系数目太少，其塑性远不如 FCC 或 BCC 的好。

表 5-3　常见晶体结构的主要滑移系

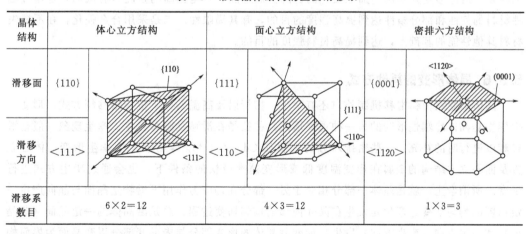

晶体结构	体心立方结构		面心立方结构		密排六方结构	
滑移面	{110}	{110}	{111}	{111}	{0001}	<1120> (0001)
滑移方向	<111>	<111>	<110>	<110>	<1120>	
滑移系数目	6×2=12		4×3=12		1×3=3	

5.3.5　形变与强化

位错理论认为，塑性形变的基本过程是位错的运动和增殖过程。位错在晶体中运动的阻力表现为材料的强度。位错理论很好地说明了材料的强化、形变和断裂等现象。

材料强化有两个途径：一是制成无缺陷的理想单晶体，强度可达到理论值；二是在含有缺陷的材料中增加阻止位错运动的缺陷结构。后者是大多数实际材料强化的主要方式。从组织结构及其变化角度归纳出合金强化、细晶强化、位错强化和加工强化等理论。实际材料一般是固溶体或多相结构材料，材料中的溶质原子或第二相能够阻碍位错运动。多数合金系中溶质元素的固溶度是有限的，溶质原子和溶剂原子的差异引起晶格畸变，尺寸差异越大引起的畸变越明显，对材料屈服强度的提高作用也越显著。固溶体如产生第二相沉淀，特别是第二相弥散分布时对材料的强化作用尤为显著，这是高强度金属合金材料主要的强化方式。

材料的形变与位错运动密切相关，使位错运动受阻而引起强化即位错强化。位错密度 ρ 引起流变应力的增加 $\Delta\tau_f$ 服从培莱-赫什（Bailey-Hirsch）关系：

$$\Delta\tau_f = Gb\rho^{1/2} \tag{5-18}$$

式中，G 为切变模量；b 为柏氏矢量值。

多晶体材料形变时，相邻晶粒晶体取向不同，位向处于临界分切应力大的晶粒首先发生塑性形变，内部位错先开动，并沿一定晶体学平面滑移和增殖，位错在晶界前被阻挡，因晶界阻碍位错的运动而得到强化。当晶粒细化时，需要更大外力才能使材料发生塑性形变，由此构成的强化效果称为细晶强化。材料的强度和晶粒尺寸两者间满足霍尔-佩奇（Hall-Petch）关系式：

$$\sigma = kd^{1/2} \tag{5-19}$$

式中，d 为晶粒直径。

晶粒细化是既能提高强度又能提高韧性的唯一方法，细化晶粒还可使体心结构材料的韧—脆性转变温度降低。

实际应用的金属类工程材料，均是通过在材料中引入大量缺陷阻止位错运动来达到强化目的的。同时由于实际材料中缺陷的存在破坏了原子键合强度的发挥，工业应用材料的强度水平远未达到其可能达到的最大强度。工程上提高金属材料强度有两个途径：一是通过加工硬化，通过形变处理达到加工硬化的目的。通过加工硬化提高的强度是有限的，是通过牺牲材料的韧性和部分塑性达到提高强度的目的，有其局限性。二是采用合金强化，在不损失材料其他性能的基础上，达到提高材料强度的目的。

5.3.6 晶体形变的其他方式

晶体形变除位错滑移机制外，还有孪生、扭折以及高温条件下位错攀移等方式。形变产生孪生是晶体冷塑性形变的另一种重要形式，往往是在滑移受阻时发生，孪生现象一般是滑移难以进行时的补充。一些密排六方的金属如 Cd、Zn、Mg 等易于发生孪生形变，体心立方及面心立方结构的金属在形变温度低或形变速率极快的条件下，也会通过孪生方式进行形变。所谓孪生，就是晶体一部分相对于另一部分在切应力作用下沿特定晶面与晶向产生一定角度的均匀切变。孪生是发生在晶体内部的均匀切变过程，总是沿晶体的一定晶面（孪晶面）和一定方向（孪生方向）发生，形变后晶体的形变部分与未形变部分以孪晶面为界面构成镜面对称的位向关系。形变部分称为孪晶结构，金相显微镜下一般呈带状或透镜状。

以面心立方晶体为例，如图 5-9 所示，在切应力作用下发生孪生形变时，晶内形变区域的 (111) 晶面沿着 $[11\bar{2}]$ 方向（图 5-9 中的 AC' 方向），彼此产生相对移动距离为 $\frac{1}{3}[11\bar{2}]$

的均匀切变。这样的切变并未使晶体的点阵类型发生变化，但它却使均匀切变区中的晶体取向发生变更，即切变区与未切变区晶体呈镜面对称取向，这一形变过程称为孪生。形变与未形变两部分晶体一起称为孪晶。均匀切变区与未切变区的分界面（即两者的镜面对称面）称为孪晶界，发生均匀切变的（111）面那组晶面称为孪晶面，孪生面的移动方向（即 $[11\bar{2}]$ 方向）称为孪生方向。形变孪晶也是通过位错的运动来实现的。

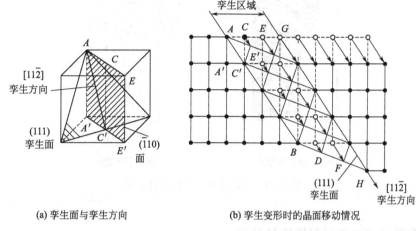

(a) 孪生面与孪生方向　　　　　(b) 孪生变形时的晶面移动情况

图 5-9　面心立方晶体形变孪晶

　　孪生与滑移有明显差别：孪生使一部分晶体发生了均匀切变，而滑移只在特定的滑移面上进行；孪生后晶体的形变部分的位向发生了改变，滑移后晶体各部分位向均未改变；孪生形变的孪晶带中每层原子沿孪生方向的位移量都是原子间距的分数值，而滑移为原子间距的整数倍。另外，孪生形变所需的切应力比滑移形变大得多，故孪生形变大多发生在滑移比较困难的情况下，如密排六方金属、体心立方金属在低温下的形变或受冲击高速形变时。

　　从形变作用来说，孪生对塑性形变的直接贡献比滑移小得多。虽然孪生引起的形变量不大，但可以促进滑移形变，因为孪生发生改变了晶体的位向，可能有利于开始新的滑移，产生滑移和孪生交替进行。

　　对于那些既不能进行滑移也不能进行孪生的地方，晶体还可以通过其他方式进行塑性形变。为了使晶体的形状与外力相适应，当外力超过某一临界值时晶体将会产生局部弯曲，这种形变方式称为扭折，形变区域则称为扭折带。扭折形变与孪生不同，它使扭折区晶体的取向发生了不对称性变化。扭折是一种协调性形变，它能引起应力松弛，以使晶体不致断裂。

　　如图 5-10（a）所示为六角晶系的镉单晶沿＜0001＞方向压缩产生的扭折现象。造成扭折的原因是滑移面的位错在局部区域聚集，因同号位错聚集而产生弯曲，从而使晶体取向发生变化，如图 5-10（b）所示。外力作用下，弯曲的滑移带继续滑移，当滑移因受到约束或受阻时发生扭折，扭折是为适应外力的作用所表现出的一种形变方式。约束或阻碍的原因是多方面的，包括试验时夹持端的约束、外力构成力偶、多滑移相互影响、第二相质点、位错聚集等。

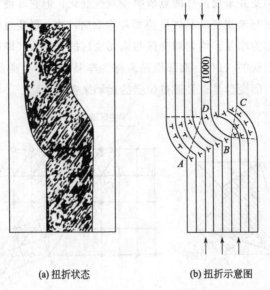

(a) 扭折状态   (b) 扭折示意图

图 5-10　单晶体压缩时的扭折现象

5.3.7　弹塑性形变与材料性质的关系

脆性材料超过最大的弹性形变极限 σ_e 后就会发生断裂，而韧性材料受到的应力超过弹性形变极限 σ_e 会出现屈服。弹塑性应变特性显示，外加载荷或能量可通过材料的形变得到释放。弹性模量低的高强度材料可以吸收高能量而承受大的冲击，如同蜘蛛网可以承受飞虫带来的动能而不破损。

材料的应力-应变关系与应力加载速度密切相关，或者说应力的加载速度会明显改变材料的弹塑性形变状态。如外加应力达到弹塑性阶段的橡皮筋，外力去除后会因为产生蠕变形变松弛而伸长。子弹射入水和冰中的深度相当，是高速飞行的子弹破坏水分子间的氢键作用相同，氢键重组来不及反应导致的。

温度也同样显著改变材料的应力-应变关系。因为温度高意味着材料中的原子或分子的热运动能量高，原子间的作用力下降。高温下材料的抗拉强度下降，但韧性得到提高。如高分子材料在玻璃软化点温度以下，发生很小形变就会产生脆断，而温度超过玻璃软化点则会变成韧性材料。特别是低应变速度条件下，有足够的时间让参与形变过程的分子或原子重新排列，材料的形变量可大幅提高。金属材料轧制、锻压、拉拔等形变加工往往在高温下进行，也是因为高温下材料的流变性能更好。

金属材料具有良好的韧性和延展性得益于其原子结构的特殊性，简单地说，弹塑性应变通过伸长或弯曲消散应力应变的能量积累，这和金属材料中的原子堆积方式或金属键的非方向性和不饱和性相关。金属材料形变过程中是通过位错的移动和增殖造成原子位置重排，原子堆积方式没有改变，只是位错迁移带来轻微的扰动，所以形变在一定范围内不会断裂。而多数无机脆性材料因共价键的方向性和饱和性，形变中原子重排相对于金属困难得多，位错可动性差，超过弹性应变后的能量累积只能通过裂纹的产生和扩展而消散，所以易于断裂。

5.3.8 多晶体塑性形变及其特点

室温下，实际使用的多晶材料每个晶粒形变的基本方式与单晶体相似，但由于相邻晶粒之间取向不同以及晶界的存在，多晶体的形变既需要克服晶界的阻碍，又要求各晶粒的形变时相互协调配合，故多晶体的塑性形变较为复杂。

多晶体塑性形变必然和其组织结构相关，多晶体内的晶界及相邻晶粒的不同取向对形变产生重要影响，在形变过程中表现出不均匀性并受到晶界的制约作用。如果将一个只有几个晶粒的试样进行拉伸变形，形变后就会产生"竹节效应"（见图5-11）。此种现象说明，在晶界附近形变量较小，而在晶粒内部形变量较大。多晶体塑性形变的不均匀性，不仅表现在同一晶粒的不同部位，而且也表现在不同晶粒之间。当外力加载在多晶体上时，不同取向晶粒的滑移系上分切应力因取向因子不同而存在形变差异。因此，不同晶粒进入塑性形变阶段的起始时间也不同。如图5-12所示，分切应力首先在软取向的晶粒B中达到临界值，优先发生滑移形变。而相邻的硬取向晶粒A，由于没有足够的切应力使之滑移，不能同时进入塑性形变。这样硬取向的晶粒A将阻碍软取向的晶粒B形变，晶界的制约作用造成晶粒A内为张应力，晶粒B内为压应力，于是在多晶体内便出现了应力与形变的不均匀性。多晶体由于各晶粒处于不同位向并受晶界的约束，各晶粒的形变先后不同、形变大小不同，晶体内甚至同一晶粒内的不同部位形变也不一致，因而引起多晶体形变的不均匀性。由于形变的不均匀性，在体内就会产生各种内应力，形变结束后也不会消失，成为形变残余应力。

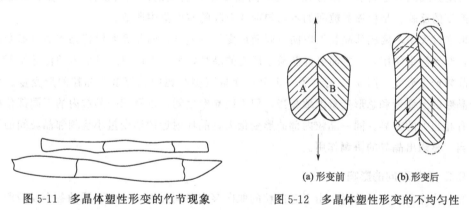

图 5-11　多晶体塑性形变的竹节现象　　　图 5-12　多晶体塑性形变的不均匀性

(a) 形变前　　　(b) 形变后

图5-13所示为粗晶铝在一定的总形变量下不同晶粒所承受的实际形变量。可见，不论是同一晶粒内的不同位置，还是不同晶粒间的形变量都不尽相同。因此，多晶体在形变过程中存在着普遍的形变不均匀性。

5.3.9 多晶体塑性形变的机制和影响因素

由上可以看出，多晶体的塑性形变包括晶内形变和晶间形变两种。晶内形变的主要方式是滑移和孪生，晶间形变包括晶粒之间的相对移动和转动。一般地，冷形变时以晶内形变为主，晶间形变对晶内形变起协调作用。热形变时则晶内形变和晶间形变同时起作用。

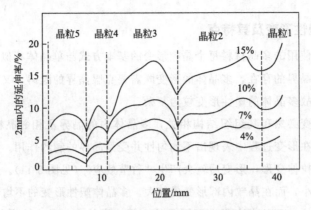

图 5-13　多晶铝的几个晶粒各处的应变量
注：垂直虚线是晶界，线上的数字为总形变量。

5.3.9.1　晶界在塑性形变中的作用

一般认为晶界中原子的排列是不规则的，而且这里还偏聚着许多不固溶的杂质元素，塑性形变时这里还堆积了大量位错（一般位错运动到晶界处受阻），多种因素造成了晶界结构的特殊性。所以，晶界有阻滞形变的特性。晶界对形变的作用表现在两方面，一是晶界的切变对形变有直接贡献，二是晶界的协调作用。

相邻两晶粒可沿着晶界切变，这种切变发生在分切应力最大的方向上，包括晶界及晶内一定宽度区域。在形变过程中，发生晶界切变在空间和时间上是不连续的，即同一个晶界上的不同地方或晶界上同一个地方在不同时间切变量是变化的。应当说晶界的切变是晶内不规则形变的反映，是相邻晶粒间的不均匀形变引起的应力集中所致。

形变过程中，两相邻晶粒因取向不同而形变量有差异，而晶界要保持相邻晶粒形变的连续性，起到纽带作用，一方面要抑制易于形变的晶粒，另一方面应通过应力的传递使不易形变的晶粒产生形变。图 5-13 给出了一定总形变量下多晶铝中相邻多个晶粒的形变量。虽然各个晶粒的形变量和总形变量大致相当，但不同晶粒之间，以及同一晶粒内的不同部位的形变量有相当大的差异。同一晶粒内部的形变量大，晶界附近的形变量小且相邻晶粒间的形变量相当，显现出晶界的协调作用。

5.3.9.2　晶粒取向的影响

当外力作用于多晶体时，由于各晶粒的取向存在各向异性，位向不同的各个晶粒所受应力并不一致。塑性形变时，有的晶粒处于软取向，有的处于硬取向。处于有利位向的晶粒首先发生滑移，处于不利方位的晶粒尚未开始滑移。因为多晶体中每个晶粒都处于其他晶粒的包围之中，形变晶粒必然与其邻近晶粒相互协调配合。否则就难以进行形变，甚至不能保持晶粒之间的连续性，晶界会产生微裂纹而导致材料破裂。所以位错滑移时，晶粒之间会相互制约、相互影响。晶粒取向对多晶体塑性形变的影响，主要表现在各晶粒形变过程中的相互制约和协调性。为了使多晶体中各晶粒之间的形变得到相互协调与配合，各晶粒不只是在取向最有利的单滑移系上进行滑移，而且必须在几个滑移系（包括取向并非有利的滑移系）上进行，其形状才能相应地作各种改变。相邻晶粒间产生了相互牵制又彼此促进的协同动作，因而出现力偶，如图 5-14 所示，引起晶粒间相对转动。晶粒相对转动的结果可促使原来位向不利于形变的晶粒开始形变，或者促使原来已形变的晶粒能继续形变。理论分析认为，多晶体塑性形变时要求每个晶粒至少能在 5 个独立的滑移系上进行滑移。可见，多晶体的塑性形变是通过各晶粒的多系滑移来保证相互间的协调，即一个多晶体是否能够塑性形变，决定于它是否具备有 5 个独立的滑移系来满足各晶粒形变时相互协调的要求。滑移系的多少与晶体的结构类型有关，滑移系较多的面心立方和体心立方晶体能够满足这一条件，故它们的多晶体具有很好的塑性；相反，密排六方晶体由于滑移系少、晶粒之间的应变协调性很差，所以其多晶体的塑性形变能力很低。

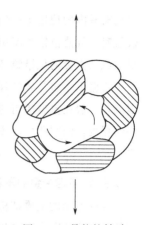

图 5-14 晶粒的转动

另外，在外力作用下，当晶界所承受的切应力已达到或者超过晶粒彼此相对移动的阻力时，将发生晶间滑动。由于晶界结构的特殊性，低温下晶间强度比晶内大，具有难形变的特点。因此低温下发生晶界移动与转动的可能性较小，晶间形变的这种机制只能是一种辅助形式，对塑性形变贡献不大，晶粒的转动和晶界滑动或晶粒移动，常常造成晶间联系的破坏，出现微裂纹。如果这种破坏完全不能依靠其他塑性形变机构来修复，继续形变将导致裂纹的扩展并引起材料破坏。

在高温下，由于晶界聚集较多的合金元素和杂质原子，活泼性比晶内大，晶间的熔点温度比晶粒本身低，产生晶粒的移动与转动的可能性增大。同时伴随着软化与扩散加强，能很快地修复与调整因形变所导致的损伤，因此金属借助晶粒的移动与转动能获得很大的形变且没有断裂的危险。可以认为，在高温下晶界形变机制比晶内形变所起的作用大，对整个形变的贡献也较大。尤其当温度提高至 $0.5T_m$ 以上时，原子的活动能力显著增大，原子沿晶界具有异常高的扩散速度。即使在较低的应力下，这种扩散形变机制也会随时间的延续不断地发生，只不过进行的速度非常缓慢。温度越高，晶粒越小，扩散性形变的速度就越快，此种形变机制强烈地依赖于形变温度。

5.3.9.3 晶粒大小的影响

晶界数量直接决定于晶粒大小，因此，晶界对多晶体起始塑变抗力的影响可通过晶粒大小直接体现。实践证明，多晶体的强度随其晶粒细化而提高。多晶体内的晶粒越细，晶界面积越大，金属和合金的强度、硬度也就越高。此外，晶粒越细，塑性形变时形变分散在许多晶粒内进行，形变相对均匀。与具有粗大晶粒的材料相比，局部区域发生应力集中的程度较轻，出现裂纹和发生断裂也会相对迟缓，或者说，在断裂前可以承受较大的形变量。所以细晶粒金属不仅强度、硬度高，而且塑性较好。

对只有数个晶粒的试样进行拉伸试验表明，晶粒拉长、因位错的运动和积塞形成位错墙和亚晶界等亚结构。在形变过程中位错难以通过晶界而被堵塞在晶界附近。如图 5-15 所示，每一晶粒中的滑移带都终止在晶界附近，这种在晶界附近产生的位错塞积

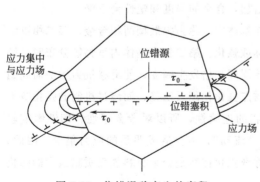

图 5-15 位错滑移产生的塞积

群会对晶内的位错源产生反作用力。此反作用力随位错塞积的数目而增大，当它增大到某一数值时，可使位错源停止开动，使晶体显著强化。因此，对多晶体而言，外加应力必须大到足以激发大量的位错源开动，才能产生滑移，出现宏观塑性形变。

常温下，多晶体的屈服强度 σ_s 与晶粒平均直径 d 满足霍尔-佩奇（Hall-Petch）关系。因此，一般在室温使用的结构材料都希望获得细小而均匀的晶粒。细化晶粒不但可以提高材料的强度，同时还可以改善材料的塑韧性。可见，晶界强化是金属材料十分重要的强化途径之一。

5.3.9.4 多相合金的塑性形变

实际使用的金属结构材料大部分是合金，其显微组织中除了以溶剂金属为基的固溶体以外，往往还存在第二相构成所谓多相合金。第二相的数量、尺寸、形状和分布的不同，第二相与基体相的界面结合状况以及它们的形变特征与差异等，使得多相合金的塑性形变更加复杂。可按最常见的第二相分布方式分别讨论：

其一是合金中第二相粒子的尺寸与基体晶粒的尺寸属同一数量级，称为聚合型两相合金。在聚合型两相合金中，如果两个相都具有塑性，则合金的形变情况决定于两相的体积分数。

假设两相在形变时应变相等，则合金的平均流变应力为

$$\sigma = f_1\sigma_1 + f_2\sigma_2 \tag{5-20}$$

式中，f_1、f_2 分别为两相的体积分数，$f_1 + f_2 = 1$；σ_1、σ_2 分别为两个相在给定应变时的流变应力。

如假定两相在形变时受到的应力相等，则合金的平均应变为

$$\varepsilon = f_1\varepsilon_1 + f_2\varepsilon_2 \tag{5-21}$$

式中，ε_1、ε_2 分别为给定应力下两个相的应变。

由以上两式可知，并非所有的第二相都能产生强化作用。只有当第二相较强时，合金才能强化，当合金发生塑性形变时，滑移首先发生于强度较弱的一相中。如果强度高的相数量很少，则形变基本上是在弱相中进行；如果较强相体积分数占到 30% 以上，弱相一般不能彼此相连，这时两相就要以接近于相等的应变发生形变。如两相合金中，一相是塑性相，而另一相为脆硬相，则合金的力学性能主要决定于硬脆相的存在情况。当发生塑性形变时，滑移形变只限于基体晶粒内部，硬脆的第二相几乎不能产生塑性形变。硬脆的第二相界面处会因严重的应力集中而断裂。随着第二相数量的增加，合金的强度和塑性会下降。

其二是第二相粒子十分细小且弥散地分布在基体中，称为弥散型两相合金。第二相以细小质点的形态存在使合金显著强化的现象称为弥散强化。第二相在晶体内呈弥散分布时，第二相质点本身成为位错运动的障碍物，而且相界周围晶格发生畸变，使滑移抗力增加而起到强化作用。位错运动切过共格或半共格第二相质点强化作用最明显，而绕过机制的强化效果下降。弥散分布的第二相质点几乎不影响基体相的连续性，所以对合金塑性、韧性影响较小。塑性形变时第二相质点可随基本相形变而"流动"，不会造成明显的应力集中。因此，合金可承受较大的形变量而不致破裂。所以，弥散强化往往是合金材料强度贡献最大的强化方式。

5.4 强度与断裂

材料在受力时，宏观表现为形变，微观上表现为原子的相对位置发生改变。当局部的形变量超过一定限度时，原子间的结合力被破坏，出现裂纹，裂纹经过扩展导致材料断开为两部分，称为断裂。它是材料在外力的作用下产生损伤而失去连续性的过程。固体材料的断裂研究一般是从宏观（macroscopic）和微观（microscopic）两个方面进行探讨。断裂的宏观研究称为断裂力学，研究材料内部裂纹的萌生与扩展两个基本过程，定量描述含裂纹体断裂的宏观过程。断裂的微观研究称为断裂物理，以材料的强韧性理论为基础，以外力作用下位错及其滑移、晶界滑动、形变硬化和软化等为对象，研究材料形变、损伤到失效的断裂机制。断裂力学是以连续介质为对象的，而实际的晶体材料并非是连续介质固体。所以，宏观的断裂力学和微观的断裂物理相结合的研究方法是材料断裂研究的主要方式。

5.4.1 材料的理论强度

材料的理论强度对应于原子被拉开时的最大应力。原子之间结合力与原子间距相关，如图 5-16 所示，在最大应力附近两者关系可近似地表达为三角函数关系：

$$\sigma = \sigma_{th} \sin(2\pi x / \lambda) \tag{5-22}$$

式中，σ_{th} 为理论强度，x 为原子间距，λ 为三角函数半周期对应的距离。断裂时单位面积裂纹所做的功

$$\int_0^{\lambda/2} \sigma_{th} \sin(2\pi x / \lambda) \, dx = \lambda \sigma_{th} / \pi \tag{5-23}$$

断裂形成两个新断面，单位面积所具有的表面能 2γ 应与断裂功相等，所以

$$\sigma_{th} = 2\pi\gamma / \lambda \tag{5-24}$$

由胡克定律应力和位移的关系满足 $\sigma = Ex/a$，其中 a 为原子间距，E 为杨氏模量。

所以

$$\frac{d\sigma}{dx} = E/a \tag{5-25}$$

由式（5-22）求导得到

$$\frac{d\sigma}{dx} = \frac{2\pi\sigma_{th}}{\lambda} \cos(2\pi x / \lambda)$$

考虑在平衡位置处 $x=0$，所以

$$\frac{d\sigma}{dx} = \frac{2\pi\sigma_{th}}{\lambda} \tag{5-26}$$

结合式（5-25），有

$$\sigma_{th} = (E\gamma/a)^{1/2} \tag{5-27}$$

式（5-27）为材料理论强度的表达式。据此，可以估算出多数晶体材料的理论强度为 1×10^4 MPa 左右。此数值高于一般实际材料强度 $1 \sim 2$ 个数量级，可见材料的理论强度明显高于实际强度。

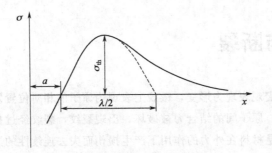

图 5-16　原子间距与作用力的关系

5.4.2　格里菲斯脆性断裂理论

为解释玻璃、陶瓷等脆性材料的理论强度和实际强度不符的问题，英国科学家格里菲斯（A. A. Griffith）早在 1920 年便从能量观点导出脆性材料断裂准则。简单认为材料是连续介质，内部存在小的裂纹，这些裂纹在应力达到一定强度下发生扩展，引起材料的断裂。格里菲斯理论定量地描述微裂纹缺陷附近的局部应力、应变场，进而确定发生脆断的临界条件和裂纹发展规律。即定量地描述材料发生脆断的内在因素（缺陷尺寸）与外界条件（受力状态）的关系。

设有一无限宽板，厚度为单位 1，中间某处有一长度为 $2c$ 的穿透裂纹，如图 5-17 所示。试样在平面应力 σ 的作用下伸长，裂纹两端可能向外扩展。由于应力松弛使试样内储存的弹性能降低了 ΔW_e。当裂纹尺寸为 $2c$ 时，弹性能的变化量为

$$W_e = -\frac{\pi c^2 \sigma^2}{E} \tag{5-28}$$

形成长度为 $2c$ 的裂纹所需的表面能为

$$W_s = 4c\gamma \tag{5-29}$$

式中，γ 为单位面积裂纹的表面能。

裂纹总的能量变化为

$$W = W_e + W_s = 4c\gamma - \frac{\pi c^2 \sigma^2}{E} \tag{5-30}$$

如图 5-18 所示为总能量 W 与裂纹长度 c 的关系曲线。可以看出，一定的应力 σ 下，如裂纹长度 c 小于临界值 c^* 裂纹不会扩展，因为这时释放的弹性应变能小于裂纹扩展所需的表面能增加量；长度大于 c^* 的裂纹则会自发扩展，结果使总能量降低。

一定尺寸 c 的裂纹失去稳定性所需要的临界应力 σ_c，可以通过式（5-30）裂纹总能量对裂纹尺寸的微分得到

$$\frac{dW}{dc} = = 4\gamma - \frac{2\pi\sigma^2}{E}c = 0$$

$$\sigma_c = \left(\frac{2E\gamma}{\pi c}\right)^{1/2} \tag{5-31}$$

式（5-31）即是裂纹扩展的临界条件，或者说是裂纹失去稳定性的条件。

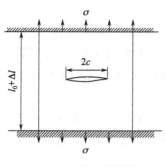

图 5-17 断裂的模型

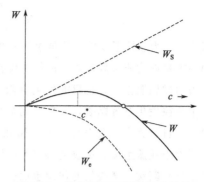

图 5-18 裂纹能量和裂纹尺寸关系

以上考虑的是最简单的薄板情形，在垂直于裂纹的平面正应力的作用下，认为弹性应变能的减少超过表面能的增加时裂纹才能扩展。如考虑试样为厚板情形，正应力作用下为平面应变情况（垂直于纸面的应变为零），则弹性应变能为

$$W_e = -\frac{(1-\nu^2)\pi c^2 \sigma^2}{E} \tag{5-32}$$

式中，ν 为泊松比。

则相应的临界应力为

$$\sigma_c = \left[\frac{2E\gamma}{(1-\nu^2)\pi c}\right]^{1/2} \tag{5-33}$$

格里菲斯理论明确指出，材料的实际强度低于理论强度原因在于材料中存在一定尺寸的裂纹缺陷，裂纹的尺寸和裂纹的表面能决定材料的实际强度。原因在于在裂纹尖端处会有足够大的应力集中，在外加应力不是很大的情况下，裂纹尖端附近的应力集中可以达到临界应力而造成材料断裂。

以上所讨论的是完全弹性体条件下的脆性断裂行为，给出了裂纹扩展的临界条件。从中可以看出，使裂纹扩展的临界应力值 σ_c 与材料中存在的裂纹尺寸有着密切的关系。先天存在的裂纹尺寸越大，材料允许使用的应力就越小；裂纹表面能越小，裂纹扩展的临界应力就越小。也就是说，裂纹往往沿着表面能最小的方向扩展。因为原子排列最密的晶面具有最小的表面能，所以脆性断裂经常呈现解理性断口形态，沿原子密排晶面发生断裂。

由式（5-27）式（5-33），可得

$$\frac{\sigma_{th}}{\sigma_c} = \left[\frac{(1-\nu^2)\pi c}{2a}\right]^{1/2} \approx (c/a)^{1/2} \tag{5-34}$$

此式可以理解为，当裂纹尖端应力数值达到理论强度 $(c/a)^{-1/2}$ 倍时引起断裂，裂纹尖端造成的应力集中是平均应力的 $(c/a)^{1/2}$ 倍。

在弹性理论基础上的格里菲斯理论很好地诠释了脆性材料断裂强度问题，但对有一定韧性的材料来说并不适应。原因在于裂纹在韧性材料中扩展时，除了产生裂纹表面而需要提供表面能外，还会由于在裂纹前端产生一个塑性形变区而消耗一部分塑性形变能，断裂前会产生一定范围的塑性形变现象。我们把总的塑性形变能分解到裂纹的长度上，经欧文（Irwin）和奥罗万（Orowan）等对格里菲斯判据进行修正，塑性材料断裂的判据表达为

$$\sigma_c = \left[\frac{2E(\gamma + p)}{\pi c}\right]^{1/2} \tag{5-35}$$

式中，p 为塑性形变能。根据 γ 与 p 的相对大小，利用上式可以把材料分为以下三类：

第一类材料为非金属晶体。晶体中位错源密度低，位错的活动能力差，尽管裂纹前端的局部应力超过屈服强度，也只能发生有限塑性流动。这时的 γ 与 p 差别很小，在常温和低温状态下往往发生解理断裂，表现为完全脆性。

第二类材料为大多数面心立方金属和某些密排六方金属。材料中的微裂纹扩展所需要的应力需大于屈服强度，裂纹前端有大范围的塑性形变区，γ 远大于 p，这类金属的断裂基本上都是韧性断裂，微裂纹的作用也比较小。

第三类材料为体心立方的过渡族金属和某些密排六方金属。裂纹在扩展时有局部的塑性形变，但是发生塑性形变的区域较小，这类材料往往屈服强度随温度变化显著，具有比较明显的韧性-脆性温度转变现象。

对实际材料来说，应力作用下发生局部塑性形变会使裂纹尖端应力松弛，或者说裂纹尖端应力集中不会无限大。材料产生屈服也不遵从弹性规律，线弹性断裂力学就不适用，但经过必要的修正后，线弹性理论分析仍然有效。

5.5 断裂韧性

在过去，工程应用一般采用强度设计理论，就是以材料的屈服强度作为基准，再除以一个大于1的安全系数作为设计上的许用应力。如设计一单位截面积杆件承受的最大载荷为 300MPa，考虑两倍安全因素，就采用屈服强度为 600MPa 的材料。人们以为如此考虑就可以保证材料的使用安全，但实践证明，材料的脆断事故往往是在屈服应力以下发生的。可见，只考虑强度并不能保证材料的使用安全。于是对材料提出韧性和塑性要求，包括延伸率、面缩率、冲击韧性、缺口敏感性等。特别是冲击韧性综合了强度、塑性以及缺口因素，成为力学性能的重要指标。但冲击韧性不能反映材料的尺寸因素和缺陷形态，而且此参数也无法像强度数据那样直接应用于工程设计。随着高强度材料的应用，韧性指标无法保证材料应用安全，因为韧性指标不能敏感反映材料的表面或内部的裂纹、夹杂、气孔以及表面划痕等缺陷的影响。

在连续介质力学基础上，承认材料中存在一定尺寸缺陷，由此建立的断裂力学得到长足发展。裂纹扩展断裂的类型可分为如图 5-19 所示的三种形态，张开型（Ⅰ型）、滑开型（Ⅱ型）

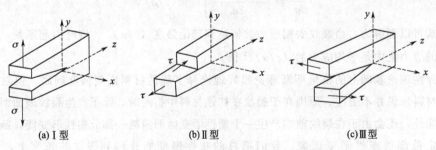

(a)Ⅰ型　　　　　　(b)Ⅱ型　　　　　　(c)Ⅲ型

图 5-19　裂纹Ⅰ型、Ⅱ型和Ⅲ型及外加应力

和撕开型（Ⅲ型）。Ⅰ型受到和裂纹面垂直的正应力作用而张开，Ⅱ型受到和裂纹扩展方向相同的剪应力而滑开，Ⅲ型受到平行于裂纹面并垂直于扩展方向的剪应力而撕开。

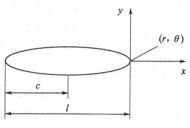

图 5-20 Ⅰ型裂纹的应力状态

以Ⅰ型裂纹为讨论对象，如图 5-20 所示为平板中心有长度为 $2c$ 的贯穿裂纹，在 y 轴方向上的拉应力作用下，裂纹张开。根据线弹性理论在平面应变条件下，尖端附近某点 (r, θ) 处的应力分量为

$$\sigma_{xx} = \frac{K_{\mathrm{I}}}{\sqrt{2\pi r}} \cos \frac{\theta}{2} \left(1 + \sin \frac{\theta}{2} \sin \frac{3\theta}{2} \right)$$

$$\sigma_{yy} = \frac{K_{\mathrm{I}}}{\sqrt{2\pi r}} \cos \frac{\theta}{2} \left(1 - \sin \frac{\theta}{2} \sin \frac{3\theta}{2} \right) \tag{5-36}$$

$$\tau_{xy} = \frac{K_{\mathrm{I}}}{\sqrt{2\pi r}} \sin \frac{\theta}{2} \cos \frac{\theta}{2} \cos \frac{3\theta}{2}$$

式中：K_{I} 为强度应力因子；下标Ⅰ表示Ⅰ型张开型裂纹：

$$K_{\mathrm{I}} = \sigma \sqrt{\pi c} \tag{5-37}$$

薄板受到的是平面应力作用，处于平面应力状态：$\sigma_{zz} = 0$；厚板则为平面应变状态：$\sigma_{zz} = \nu(\sigma_{xx} + \sigma_{yy})$

可见，由于裂纹的存在，裂纹周围的应力场与裂纹的长度 $2c$、外加载荷 σ 及相对裂纹尖端的位置密切相关。应力强度因子 K 值综合体现出裂纹尺寸和外加应力的作用，如果 K 值相同，即使材料的形状和载荷不同，裂纹尖端附近的应力场也相同。由式（5-33）或式（5-35）可知，材料的断裂强度 σ_c 和裂纹长度 $2c$ 的平方根成反比，发生断裂时 $\sigma_c \sqrt{c}$ 为常数。所以引入一个新的参数，即在应力 σ 和裂纹长度 $2c$ 组合值达到一个临界值 K_{IC} 时，裂纹就会失稳扩展，相应的外应力就是断裂强度 σ_c，裂纹的临界尺寸为 $2a_c$，应力强度因子为

$$K_{\mathrm{IC}} = \sigma_c \sqrt{\pi a_c} \tag{5-38}$$

这就是平面应变的Ⅰ型张开型裂纹情况下的"断裂韧性"。该参数是材料抗断裂的重要参数，反映材料中存在一定尺寸的裂纹情况下，材料抗裂纹扩展能力的大小，断裂韧性成为联系断裂力学和断裂物理的重要参量。只要通过探伤等测试方法知道材料中最大的裂纹或缺陷尺寸，就可以根据材料的断裂韧性参数进行强度设计。K_{IC} 是材料的性能参数，数值越大，材料发生脆断所需的外应力越高，就越不容易发生应力脆断。断裂韧性相对比屈服强度、冲击韧性等设计依据更可靠和科学。构件如在工作应力下 $\sigma = \sigma_c$ 产生脆断，则裂纹长度必须大于或等于式（5-38）所确定的临界值 $a_c = (K_{\mathrm{IC}}/\pi\sigma_c)^2$。$K_{\mathrm{IC}}$ 数值越大，构件中容许存在的裂纹也越长。

同样地，对于Ⅱ型和Ⅲ型裂纹也有相似的断裂韧性表达式。

5.6 疲劳

工程实践发现，即使应力载荷低于弹性极限，不少材料使用一段时间后仍然会发生塑性

形变破断而失效，而且随使用温度的提高，这种矛盾会更加突出。这使人们进一步意识到材料的强度与使用时间和受力状态之间有密切关系，从而相继出现了材料疲劳、蠕变、松弛等服役损伤理论，材料服役行为的长时强度成为断裂力学研究领域的重要内容，也是结构材料服役性能研究的重点。

疲劳（fatigue）是材料或结构在循环载荷作用下发生的破坏现象。疲劳失效在机械工程领域十分普遍，如车辆、飞机、轮船、工程机械、铁路桥梁和发电设备等领域，结构件主要的失效形式之一就是疲劳破坏。据统计，在各种结构失效破坏中，90%是由疲劳引起的。由于疲劳断裂多是突然发生的，常常导致灾难性的设备事故和人身伤害，给社会和生产带来巨大的损失。因此，材料和结构的疲劳研究一直受到广泛关注。

疲劳的基本特征是材料在受到明显低于强度极限的交变应力或应变的持续作用下，裂纹萌生于表面或者内部缺陷，并最终生成导致材料失效的宏观裂纹。由于疲劳断裂危害特别大，研究疲劳裂纹萌生与扩展规律、预测构件的疲劳寿命具有重要意义。

5.6.1 交变载荷与循环应力

实际疲劳过程中，材料所承受的载荷往往很复杂，载荷的大小和方向可能无规律地变化，也可能呈现一定的规律性。如果载荷呈规律性的、等同的重复作用，这种具有周期性交变特征的载荷称为交变载荷或循环载荷，相应的应力叫作交变应力或循环应力。周期性变化的可以是力的大小，也可以是力的方向，或是大小和方向同时变化。比如运行中的轮轴、齿轮、连杆和气缸等机械零件就受到交变载荷作用。

疲劳试验中常见的加载波形有正弦波、三角波、梯形波等，正弦载荷往往是测定结构材料、结构件和元器件疲劳性能的基础波形之一。图 5-21 所示为以正弦波为例的 4 种加载形式：对称交变加载，平均应力为零；不对称反复加载，平均应力不为零；变幅拉伸和脉冲拉伸。

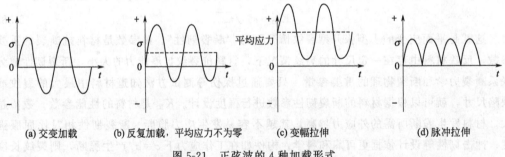

(a) 交变加载　　(b) 反复加载，平均应力不为零　　(c) 变幅拉伸　　(d) 脉冲拉伸

图 5-21　正弦波的 4 种加载形式

根据以上正弦交变载荷的特性，常用以下几个参数来表示疲劳参数。

应力循环：交变应力在两个应力极值之间变化一次的过程。

周期（T）：经历一个应力循环所需的时间，周期的倒数为频率 f。

最大应力（σ_{max}）：循环中代数值最大的应力；最小应力（σ_{min}）：循环中代数值最小的应力，一般定义拉应力为正，压应力为负。

平均应力（σ_{m}）：最大应力与最小应力的代数和平均值

$$\sigma_m = \frac{\sigma_{max} + \sigma_{min}}{2} \tag{5-39}$$

应力幅（σ_a）：相当于周期性应力的静力分量，为最大应力与最小应力差的 $1/2$

$$\sigma_a = \frac{\sigma_{max} - \sigma_{min}}{2} \tag{5-40}$$

应力比（R）：表征循环应力不对称性参数，是最小/最大应力之比

$$R = \sigma_{min}/\sigma_{max} \tag{5-41}$$

所以，图 5-21（a）所示的交变加载 $R = -1$，图 5-21（d）所示的脉动加载 $R = 0$，而图 5-21（b）、(c) 所示的加载方式为 $-1 < R < 1$ 情况下的不对称加载。

5.6.2 疲劳寿命及其分类

疲劳寿命是指在循环载荷作用下，从加载开始到疲劳破坏所经历的循环周次数。按疲劳寿命大小可将疲劳分为以下三类。

（a）低循环疲劳（低周疲劳） 疲劳破坏的循环周次数低于 $10^4 \sim 10^5$。压力容器、燃气构件等疲劳即属于此类。其特点是作用于构件的应力水平较高，材料会局部处于塑性状态。

（b）高循环疲劳（高周疲劳） 疲劳破坏的循环周次数高于 10^5，低于 $10^7 \sim 10^8$，传动轴的疲劳即属于此类疲劳。其特点是作用于构件上的应力水平较低，在材料的弹性范围内。

（c）超高周疲劳 疲劳破坏的循环周次数高于 10^8，一般指在 $10^8 \sim 10^{12}$ 范围内发生的破坏。

按疲劳破坏的不同形式可分为：ⓐ机械疲劳：仅有外加应力或应变造成的疲劳；ⓑ蠕变疲劳：由循环载荷同高温联合作用引起的疲劳；ⓒ热机械疲劳：循环受载部件的温度同时周期性地变化引入热疲劳，是热疲劳与机械疲劳的组合；ⓓ腐蚀疲劳，在存在腐蚀性化学介质或致脆介质的环境中循环加载时的疲劳；ⓔ滑动接触疲劳和滚动接触疲劳，载荷反复作用与材料之间的滑动或滚动接触相结合分别产生的疲劳；ⓕ微动疲劳：脉动应力与表面之间的来回相对运动和摩擦滑动共同作用产生的疲劳等。

5.6.3 *S-N* 曲线与疲劳极限

材料的疲劳性能一般是通过试验确定的。采用一组标准试样，在一定的循环应力加载方式和应力比 R 固定等条件下，施以不同的应力幅 σ_a 测定其疲劳破坏需要经历的循环周次数 N，在 σ-N 坐标图上绘出测量点，把它们连接起来，就得到了疲劳曲线（也叫 *S-N* 曲线或 Wöhler 疲劳图）。

疲劳曲线随材料性质的不同大致可以分为两种：一种是曲线上呈现一个比较明确的拐点，过了这个拐点后，曲线在试验误差范围内接近水平。表明应力低于此水平线值 σ_f 情况下，无论循环多少次，都不会导致疲劳断裂，此应力 σ_f 大小称为疲劳极限，如图 5-22（a）所示。一般铁素体钢的疲劳行为属于这一类，其疲劳极限 σ_f 与静态断裂极限 σ_s 的比值约为 0.5。另一种是曲线无明显拐点，即不存在疲劳极限，如图 5-22（b）所示。一般有色金属及合金属于这一类，如铝合金、钛合金和镁合金等，其耐久极限与静态断裂极限的比值约为 0.25。为方便起见，工程上规定达到一定循环周次（一般金属为 10^7 周，有色金属为 10^8 周）而不产生疲劳断裂所对应的最大应力称为耐久极限或疲劳强度 σ_N。

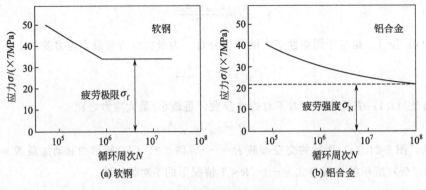

图 5-22　两种典型的疲劳曲线图

同一材料在不同形式的对称循环应力作用下的疲劳极限也不相同。一般来说,弯曲疲劳极限＞拉压疲劳极限＞扭转疲劳极限。

5.6.4　疲劳寿命模型

人们往往最关心的是材料在实际应用中的疲劳寿命,这就需要建立合适的疲劳寿命模型来预测疲劳行为。目前疲劳寿命模型主要分为两类:一类是基于总寿命的估算方法,包括应力-寿命法,应变-寿命法,把疲劳损伤的发展、裂纹的形核和扩展的不同阶段概括在可描述的单一连续介质方程中;另一类是考虑了裂纹萌生与扩展的不同阶段,用预先存在的疲劳裂纹扩展到某一临界尺寸的循环周次数或时间来定义疲劳寿命。这里介绍两个常见的疲劳寿命模型,经典的 Basquin 公式和 Coffin-Manson 公式,分别选择应力幅与塑性应变幅作为参量进行评价。

Basquin 公式首先提出应力幅(σ_a)与疲劳循环周次数(N_f)之间有指数关系式,表达为

$$\frac{\Delta\sigma}{2} = \sigma_a = \sigma'_f (2N_f)^{b_0} \tag{5-42}$$

式中,σ'_f为疲劳强度系数,对于大多数金属来说,非常接近经过颈缩修正的单向拉伸真断裂强度 σ_f;b_0 为疲劳强度指数或 Basquin 指数。

在实际工程应用中,特别是存在局部应力集中的部件,材料或构件一般承受一定程度的约束和局部塑性流动。在这种情况下,采用应变-寿命模型更为适当,著名模型为 Manson-Coffin 公式:

$$\frac{\Delta\varepsilon_t}{2} = \frac{\Delta\varepsilon_e}{2} + \frac{\Delta\varepsilon_p}{2} = \frac{\sigma'_f}{E}(2N_f)^{b_0} + \varepsilon'_f(2N_f)^{c_0} \tag{5-43}$$

式中,$\frac{\Delta\varepsilon_t}{2}$、$\frac{\Delta\varepsilon_e}{2}$、$\frac{\Delta\varepsilon_p}{2}$ 分别为总应变、弹性应变、塑性应变幅;ε'_f为疲劳延性系数,近似等于单向拉伸的真断裂延性 ε_f;c_0 为疲劳延性指数,其值一般为 $-0.5 \sim -0.7$。

当加载为非对称时,可以引入平均应力项 σ_m,式(5-43)可表示为

$$\frac{\Delta\varepsilon_t}{2} = \frac{(\sigma'_f - \sigma_m)}{E}(2N_f)^{b_0} + \varepsilon'_f \left(1 - \frac{\sigma_m}{\sigma'_f}\right)^{c_0/b_0} (2N_f)^{c_0} \tag{5-44}$$

5.6.5 疲劳循环特征

5.6.5.1 应力-应变响应

理想条件下，材料在单调加载下的应力-应变响应为单调应力-应变曲线，如图 5-23（a）所示。当受载应力非常小，在弹性范围内时，应力与应变为线性关系，斜率为弹性模量。此时若经历一个周期性的交变载荷（循环载荷），应力-应变曲线只显示一条直线，如图 5-23（a）中 AB 中间部分的直线。如应力可产生非弹性形变时，循环载荷使材料的应力-应变特性变得复杂，如材料的拉伸与压缩应力-应变曲线仍如 5-23（a）所示。图中的点 A 与 B 表示应力与应变数值相同的两个点，图 5-23（a）给出的是理想材料加载情形。实际材料循环加载的应力-应变曲线如图 5-23（b）所示，由于滞弹性和内耗的原因，由点 O 至点 A 拉伸载荷增加，由点 A 卸载后，应力为零时并不回到原点，即存在残余应变。反向施加压缩载荷到达点 B。再由点 B 卸载，并反过来施加拉伸载荷，又重新到达点 A。循环上述过程，就可以反复地由点 A 到达点 B 又回到点 A，这样构成的完整回线称为疲劳迟滞回线。

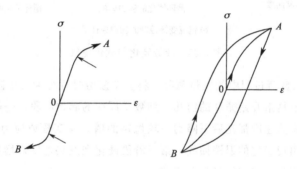

(a) 理想的拉伸与压缩应力应变曲线　　(b) 迟滞回线

图 5-23　应力应变曲线

在循环加载时，迟滞回线能清楚地表示每一次循环中的弹性应变和塑性应变。如图 5-24 所示，顶点 A 与 B 代表着这个循环中应力与应变的极限。总应变是由弹性应变与塑性应变组成的。每一次循环的总弹性应变为 $\Delta\varepsilon_e = \dfrac{\Delta\sigma}{E}$，塑性应变为 $\Delta\varepsilon_p = \Delta\varepsilon - \Delta\varepsilon_e$，也可以用图中截面 C、D 两点之间的迟滞回线的宽度清楚地表示出来。

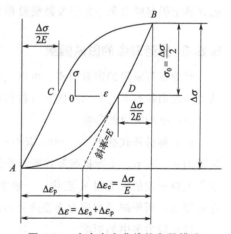

图 5-24　应力应变曲线的定量描述

5.6.5.2 循环硬化和软化

在交变应力作用下，材料性能发生变化，会出现所谓"循环硬化"或"循环软化"现象。根据强度理论，由于重复产生塑性形变引起塑性流动特性的改变，出现材料抵抗变形能力的增加、减少或保持不变的现象，分别称为材料的循环硬化、循环软化和循环稳定。在对称循环的恒应力控制的情况，如图 5-25（a）所示，循环硬化或软化分别表现为轴向应变幅的减小或增大。与此类似，在恒应变幅控制的加载条件下，循环硬化或软化分别引起轴向应力幅的增大或者减小，如图 5-25（b）所示。

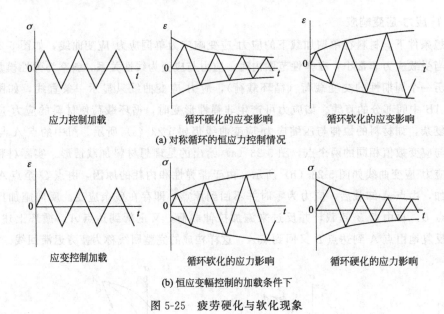

图 5-25　疲劳硬化与软化现象

Haigh 最早根据疲劳过程中的发热现象，将整个疲劳过程分为三个阶段：

第一阶段实际上是指开始循环的前几十到数千周次的起始阶段，一般硬化速率较高。第二阶段中，硬化和发热速度都先后下降到一较稳定的值，应变幅或应力幅达到稳定饱和值，在这种饱和状态下出现稳定的迟滞回线。第三阶段硬化和发热速度都增加很快，相当于疲劳断裂过程。疲劳过程的发热和能量耗散相关。

总的来讲，疲劳过程中所引起的组织结构变化主要与位错滑移及其相互作用相关，由此产生较多的点缺陷和复杂的位错结构。疲劳过程表面变得粗糙，正是位错滑移的结果，这些地方易于引起应力集中并引发微裂纹形成。

5.6.6　疲劳寿命的影响因素

影响疲劳极限的因素很多，可以归结为外部因素（应力载荷性质、工作环境、构件几何结构和表面状态等）和内部因素（材料化学成分、组织结构和屈服强度等）。

（1）平均应力的影响

在对称循环载荷下（$\sigma_m = 0$，$R = -1$）得到的 $S\text{-}N$ 曲线是最基本的 $S\text{-}N$ 曲线，其疲劳极限用 σ_{-1} 表示。实际机械零件所承受的动载荷并不总是对称的，往往是在一定的平均应力水平上以一定的应力幅 σ_a 变化。一般来说，在应力幅相同的情况下，拉伸平均应力使疲劳寿命降低，而压缩平均应力将使疲劳寿命延长。

（2）应力集中的影响

如果试样或构件上有应力集中源，如表面加工刀痕、小孔、键槽等存在，则易于产生应力集中，导致材料的疲劳强度严重降低。因而疲劳裂纹常常从缺陷处萌生，用应力集中系数 k_f 表达其影响：

$$k_f = \frac{\sigma_f'}{(\sigma_f)_k} \tag{5-45}$$

式中，σ_f' 为光滑试件的疲劳极限；$(\sigma_f)_k$ 为有应力集中试件的疲劳极限。

k_f 不仅与零件的几何形状有关，而且与材料的性质有关。材料的力学性能不同，应力集中的敏感性也不同。

（3）表面状态的影响

零件的表面状态包括表面粗糙度及表面处理状态，对疲劳寿命影响明显。表面粗糙度越低，应力集中越小，疲劳强度越高。目前许多表面强化工艺已经广泛采用，包括渗碳、渗氮、氰化、表面滚压、表面喷丸、内孔挤压等。如果这些工艺参数选择合理，可以大幅度提高零件的疲劳强度。其影响利用表面状况系数 β 表示。

$$\beta = \frac{(\sigma_f)_\beta}{\sigma_f} \tag{5-46}$$

式中，$(\sigma_f)_\beta$ 为经过某种表面处理的试件疲劳极限。

（4）屈服强度的影响

材料的屈服极限和疲劳极限之间有一定的关系。一般来说，屈服强度越高，疲劳强度也越高。因此，要提高零件的疲劳强度，就应该采用屈服强度高的材料。对同一材料来说，细晶组织比粗晶组织具有更高的屈服强度和疲劳强度。有人对低碳钢和钛合金进行研究，发现晶粒大小对疲劳强度的影响也存在 Hall-Petch 关系：

$$\sigma_f = \sigma_r + kd^{-1/2} \tag{5-47}$$

式中，σ_r 为位错在晶格中运动的摩擦力；k 为材料常数；d 为晶粒平均直径。

（5）冶金缺陷的影响

冶金缺陷是指材料中的微裂纹、非金属夹杂和合金元素偏析等。存在于表层的夹杂物是应力集中源，会导致夹杂物与基体之间的界面处过早地产生疲劳裂纹。零件的尺寸越大，夹杂物数量越多，可能导致的疲劳强度下降也越明显。

（6）环境影响

零件在腐蚀性介质下工作时，由于表面产生腐蚀坑或出现表面晶界腐蚀，都可能成为应力集中点，成为裂纹源。腐蚀介质会加速疲劳裂纹的成核与扩展，从而引起疲劳性能的下降。

温度对疲劳强度也有影响，一般来说，在低温下，疲劳强度较高，随着温度的上升，疲劳强度下降。

影响材料疲劳强度的因素很多，除上述因素外还有材料的成分、表层的残余应力、实际材料的组织结构等。

5.7 蠕变

5.7.1 蠕变现象

蠕变（creep），顾名思义即为缓慢的形变，是指材料受恒定的外力作用时，其应力与形变随时间变化的现象。其特征是形变的应力与外力不再保持一一对应关系，而且这种形变即使在应力小于屈服强度时仍具有不可逆的形变性质。金属材料和高分子材料的蠕变断裂行为是常见现象。对大多数金属材料而言，在室温下蠕变形变通常可以忽略不计。但温度越高，蠕变现象越明显。引起蠕变的应力称为蠕变应力。在蠕变应力作用下，蠕变形变逐渐增加，最终导致断裂，称为蠕变断裂，导致断裂的初始应力称蠕变断裂应力。在工程上，把蠕变应力及蠕变断裂应力作为材料在特定条件下的一种强度指标来讨论时，往往又把它们称为蠕变强度及蠕变断裂强度（持久强度）。蠕变是恒定应力作用下的行为，而维持恒定应变条件下，应力会随时间的增长而减小，这种现象称为应力松弛，广义上也可理解为一种蠕变。

实际上所有固体材料像金属、混凝土、塑料等在应力作用下，一定程度上都会产生蠕变。例如由于蠕变引起拧紧的螺栓松弛、长跨度电缆下垂、预应力混凝土梁承载能力降低等。特别是金属材料，其蠕变现象随温度升高而愈加明显，承受载荷的能力显著降低。尤其是高温高压设备、热力机械、热力管道、航空航天等领域的蠕变现象受到广泛关注，高温高压设备的蠕变损伤和失效问题直接决定设备的使用安全和寿命。随着科学技术的进步，特殊领域的材料工作温度更高，承受的应力更大，对材料高温抗蠕变性能的要求日益提高，蠕变研究越来越重要。

5.7.2 蠕变曲线

蠕变形变的特性可以用蠕变曲线表示。蠕变曲线是材料在一定的温度和应力作用下，伸长率随时间变化的曲线。在恒定温度下，一个受单向恒定载荷作用的试样，其形变量 ε 与时间 t 的关系可用如图 5-26 所示的蠕变曲线表示。该曲线可分为三个部分。

蠕变第一阶段包含瞬态形变 oa 和蠕变形变 ab 两部分。瞬态形变 oa 由弹性形变 oa' 和塑性形变 $a'a$ 两部分组成。之后的 ab 称为蠕变起始阶段，又称蠕变减速阶段或不稳定蠕变阶段，因为这部分的蠕变速度是随时间逐渐减小的。

bc 部分为蠕变第二阶段。这时蠕变速度达到最小值并维持恒定，称为稳态蠕变阶段或最小蠕变速度阶段。

cd 部分为蠕变第三阶段。蠕变形变速度增加，蠕变形变迅速发展，直到材料破坏。

蠕变曲线直接反映了蠕变在不同阶段的特征。尽管材料、试验温度和应力的差异会造成蠕变曲线形态不同，但蠕变曲线这三个阶段的特征基本相同，都含有蠕变曲线三个阶段的基本组成部分。一般情况下，温度及应力只影响各个阶段的持续时间及形变量大小，蠕变曲线的形态主要取决于蠕变过程中材料内部持续进行的物理过程的复杂程度。改变温度和应力时，蠕变的三阶段特点仍然保持着，不过各阶段的持续时间会有很大改变。当减小应力或降低温度时，蠕变曲线的第Ⅱ阶段延长；当加大应力或提高温度时，蠕变第Ⅱ阶段随之缩短甚至不出现。提高温度，加大应力将提高材料的蠕变速度，如图 5-27 所示。

5.7.3 蠕变强度和蠕变类型

5.7.3.1 蠕变强度

蠕变强度及持久强度是材料本身所固有的性能，表示材料抵抗外力引起蠕变形变或蠕

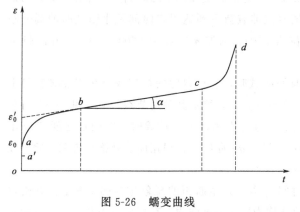

图 5-26 蠕变曲线

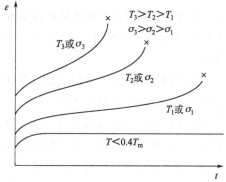

图 5-27 蠕变曲线和温度应力关系

变断裂的能力。蠕变强度是材料在规定的蠕变条件下（在一定的温度下及一定时间内，达到一定的蠕变形变或蠕变速度）保持不失效的最大承载应力。通常以试样在恒定温度和恒定拉伸载荷下，在规定时间内伸长率（总伸长或残余伸长）达到规定值或第二阶段蠕变速度达到规定值时的蠕变应力来表示蠕变强度。在工程上，按蠕变强度及持久强度确定材料的许用应力。根据不同的试验要求，蠕变强度有如下两种表示法：

（a）在规定时间内达到规定形变量的蠕变强度，记为 $\sigma_{\varepsilon/\tau}^{T}$，单位为 MPa，其中 T 为温度（℃），ε 为蠕变伸长率或应变量（总伸长或残余伸长，%），τ 为持续时间（h）。例如，$\sigma_{0.2/1000}^{700}$ 表示 700℃、1000h 达到 0.2% 伸长率的蠕变强度。这种蠕变强度一般用于需要提供总蠕变形变的构件设计。对于短时蠕变试验，蠕变速度往往较大，第一阶段的蠕变形变量所占的比例也较大，第二阶段的蠕变速度不易准确确定，一般用总蠕变形变作为测量对象。

（b）稳态蠕变速度达到规定值时的蠕变强度，记为 $\sigma_{\dot{\varepsilon}}^{T}$，单位为 MPa。其中 T 为温度（℃），$\dot{\varepsilon}$ 为稳态蠕变速度或最小蠕变速度，单位为 %/h。例如 $\sigma_{10^{-5}}^{600}$ 表示在 600℃下、稳态蠕变速度达到 10^{-5} %/h 的蠕变强度。这种蠕变强度通常用于一般受蠕变形变控制的长期运行构件。在这种条件下，蠕变时间很长，蠕变速度小。第一阶段的形变量所占的比例较小，蠕变的第二阶段明显，最小蠕变速度容易测量。在蠕变速度较大、时间较短的情况下，以上两种蠕变强度所确定的形变量差别较大；在蠕变速度较小、时间较长的情况下，两者形变量差别较小。

工程材料常用"蠕变极限"和"持久强度"来表示蠕变强度。蠕变极限定义为在一定温度下产生一定蠕变总量的应力值，或定义为在一定温度下引起一定蠕变速率的应力值。持久强度是在一定温度下经过一定时间断裂的应力值。有时也用蠕变断裂寿命，即在一定应力下产生断裂所需的时间来衡量材料抗蠕变能力的高低。

5.7.3.2 持久强度和蠕变断裂

为了评定在一定温度与应力长期作用下材料或结构件的强度，除蠕变强度外，还需要知道持久强度。确定使用期限很长的材料的持久强度是很困难的，这就要求找到应力与使用期限之间的可靠的数学关系进行外推。确定这种关系十分困难，因为材料长期在高温高压服役状态下影响材料性能的因素十分复杂。

持久强度是材料在规定的蠕变断裂条件（一定的温度和规定的时间）下保持不失效的最大承载应力。通常以试样在恒定温度和恒定拉伸载荷下到达规定时间发生断裂时的蠕变断裂应力表示为持久强度，记为 σ_t^T，单位为 MPa。例如 $\sigma_{10^5}^{600}$ 表示 600℃、100000h 的持久强度。

持久强度试验是一种测定试样断裂时间的试验，它在专门的蠕变或持久强度试验机上进行。试验期间使试样承受恒定温度和恒定拉伸负荷，测定其到达断裂所需时间。一般持久强度试验时间远比蠕变试验长，最长可达几万至十几万小时。试验时，在确定温度 T 和不同应力 σ 水平下测出各个试样的断裂时间 t，做出 σ-t 曲线，再根据曲线外推出得到试验温度下到达规定断裂时间的应力，即持久强度。

材料在恒拉应力作用下，经过一定时间 t_r 以后发生断裂的现象称为蠕变断裂。在给定温度下，恒应力 σ 随断裂时间 t_r 的变化曲线称为持久强度曲线。在多向应力状态下，一般采用最大正应力作为等效应力来绘制持久强度曲线。

在恒定压应力下，经过一段时间后构件结构的位移会急剧增大，这种现象称为蠕变曲屈，它是受压构件在蠕变条件下的一种失效形式。

5.7.3.3 蠕变分类

材料从低温到熔点温度 T_m 都会产生蠕变现象，但在工程上多数遇到的是在 $0.4\sim0.7T_m$ 温度区间发生的蠕变。根据蠕变发生的条件和物理本质可分为滞弹性蠕变、低温蠕变、高温（或回复）蠕变、扩散蠕变四个类型。

（1）滞弹性蠕变

当外力远低于弹性极限时，应变不是瞬时达到平衡值，而是在加载恒应力时，应变有一瞬时增值 ε_0，此后随时间的延长，应变缓慢增加并趋于平衡值，这种现象称为滞弹性蠕变或微蠕变。外应力撤去后应变 ε_0 部分发生瞬时回复，剩余部分则缓慢回复到零，称为弹性后效或滞弹性蠕变回复。

（2）低温蠕变

在较低温度下，外加应力大于屈服强度时产生的蠕变 ε，其蠕变与时间成对数关系：

$$\varepsilon = \alpha \lg t + \beta \tag{5-48}$$

α 和 β 为常数。如图 5-28 所示，蠕变变化很小，一般指蠕变产生于加工硬化未能及时消除或未完全消除情况，蠕变速度也越来越慢。这种蠕变仅对尺寸要求精密的机械零件具有重要意义，因为这些零件由装配应力而产生的蠕变将会改变零件的尺寸精度。

（3）高温蠕变或回复蠕变

在较高温度下发生的蠕变，蠕变产生加工硬化的同时发生回复软化，蠕变速率受这两者共同控制，包括蠕变的第Ⅰ阶段和第Ⅱ阶段。由于回复抵消了加工硬化，蠕变速率不变或下降很小，表明有足够的热激活能使受阻的位错再次开动。流变应力因回复而下降，这样只需要较低的应力就可以使位错开动。工程材料所遇到的多属这一类型蠕变。

研究表明，在不太高的温度下回复过程是位错交滑移引起的。交滑移只和螺位错相关，即借助交滑移可消除部分位错。因此，在交滑移起主要作用的温度范围内，不可能达到完全回复，也就不能达到稳定的蠕变阶段。只有在更高温度下，刃位错可以攀移时才可能发生完全回复，蠕变速率达到稳定状态。

（4）扩散蠕变

即蠕变由扩散直接引起。在高温低应力下，由应力梯度引起空位和合金元素定向扩散流动所产生的蠕变。图 5-29 所示为一晶粒截面，在应力作用下，空位从拉应力同向的晶界向压应力同向的晶界扩散，原子则沿相反方向流动。晶界作为空位的源头和尾闾，它与空位流动关系密切，所以原子扩散路径及扩散蠕变形变和晶粒尺寸有关。

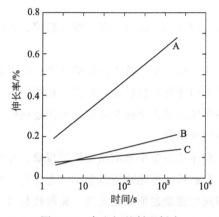

图 5-28　合金钢的低温蠕变

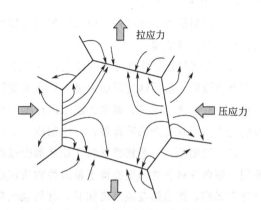

图 5-29　应力作用下的空位扩散方向

如果原子流动仅依靠晶内扩散，根据 Herring-Nabarro 扩散模型，稳态条件下蠕变速率与应力 σ、晶粒尺寸 d、绝对温度 T 及体扩散系数 D_v 存在如下关系：

体扩散（通过晶粒内部）蠕变速率

$$\dot{\varepsilon}=\frac{C\Omega\sigma D_v}{kTd^2} \qquad (5\text{-}49)$$

如果原子流动依靠晶界扩散，即 Coble 模型扩散，蠕变速率

$$\dot{\varepsilon}=\frac{C'\delta\Omega\sigma D_b}{kTd^3} \qquad (5\text{-}50)$$

式中，d 为晶界的宽度；Ω 为原子体积；D_v 和 D_b 分别为晶内和晶界扩散系数；C 和 C' 为系数。

如果考虑到晶内和晶界扩散同时起作用，对于粗晶粒，沿晶界扩散显得不重要，晶内扩散占主导。由于晶界扩散激活能低于体扩散，晶粒越细，晶界扩散越重要。

5.8　材料的超塑性

高强度材料可满足高应力、耐疲劳、抗冲击等苛刻条件下的使用要求，但高强度材料的加工难度很大。人们一直希望能够容易地对高强度材料进行塑性加工成型，超塑性现象的研究和超塑性合金的出现，让这种希望成为现实。

材料超塑性的意义，一般理解为材料在受到拉伸应力时，延伸率超过 100％而不出现缩颈与断裂的现象称为超塑性，相应地把延伸率超过 100％的材料统称为超塑性材料。在过去的几十年中，人们发现了 200 种左右合金材料具有超塑性。通常情况下，金属的延伸率不超

过 90%，而超塑性材料的最大延伸率可高达 1000%～2000%，个别材料甚至达到 6000%。

材料的超塑性只有在特定条件下才能显现出来，超塑性出现的主要条件包括特定的形变温度范围、细小等轴的晶粒结构和缓慢的应变速率。在恒定温度条件下呈现的超塑性称为恒温超塑性。某些金属在相变温度下反复加热和冷却时也会出现超塑性，称为相变超塑性。

5.8.1 超塑性特点

根据超塑性的形变特性，可将材料的超塑性归纳为以下几方面的特点，即大延伸、无缩颈、小应力、易成型。

（a）大延伸：延伸率可达百分之几百甚至百分之几千的形变。超塑性的特点之一是宏观形变能力极好，抗局部变形能力极大，在形变稳定性方面比普通材料要好得多。超塑性可使材料成型性能大大改善，常规方法难以成型的材料在超塑性条件下成为可能。利用超塑性可以制造许多形状复杂的零部件，一次制成，生产成本大大降低。

（b）无缩颈：一般塑性材料在拉伸形变过程中，由于应力集中效应出现缩颈现象并导致断裂。超塑性材料的形变类似于黏滞性物质流动，不存在应变硬化效应或很小。超塑性对形变速度敏感，即当形变速度增加时，材料会强化，即所谓应变速率硬化效应。超塑性材料形变时虽有初期缩颈形成，但由于缩颈部位形变速度增加而发生局部强化，其余未强化部分继续形变。如此交替反复，使缩颈传播开来，从而获得巨大的宏观均匀变形，所以说超塑性材料的形变具有宏观无缩颈特点。

（c）小应力：由于超塑性具有黏滞性或半黏滞性流动的特点，在形变过程中，形变抗力小，往往只有非超塑性状态下的几分之一乃至几十分之一。

（d）易成型：由于超塑性材料形变过程中基本上没有或只有很小的应变硬化效应，超塑性条件下易于压力加工。流动性和填充性极好，可以进行多种方式成型，且产品质量可以大大提高，所以说超塑性成型为材料压力加工技术开辟了一条新途径。

5.8.2 超塑性的分类

超塑性现象早期被认为只是一种特殊现象，随着更多的金属、合金和陶瓷材料实现了超塑性，发现超塑性材料具有一些普遍的规律。按照实现超塑性的条件（组织、温度、应力状态等）一般分为以下几种。

（1）第一类超塑性或恒温超塑性，也称为细晶超塑性

材料具有细小的等轴晶粒组织。在一定的温度区间（$T_s \sim T_m$，T_s 和 T_m 分别为超塑形变温度和材料熔点温度）和一定的形变速度条件下（应变速率为 $10^{-4} \leqslant \dot{\varepsilon} \leqslant 10^{-1}$）呈现超塑性。这里所说的细晶尺寸大都在微米级，晶粒直径一般在 $5\mu m$ 以下。总的来说，晶粒越细越有利于超塑性形变，但有些材料（例如 Ti 合金）晶粒尺寸达几十微米时仍有很好的超塑性能。需要指出的是，超塑性形变是在一定温度区间才具有的特性，一般所说的超塑性多属这类超塑性。因此，即使初始组织具有细微晶粒尺寸，如果材料热稳定性差，在形变过程中晶粒迅速长大的话，也不具备良好的超塑性。

（2）第二类超塑性或相变超塑性，亦称转变超塑性或变态超塑性

这类超塑性并不要求材料有超细晶粒，而是在一定的温度和负荷条件下，经过多次循环

相变或同素异构转变而获得大的延伸率。产生相变超塑性的必要条件是材料具有固态相变的特征，并在外加载荷作用下，在相变温度附近循环加热与冷却，诱发组织结构产生反复变化，使合金原子发生剧烈运动而呈现出超塑性。

例如碳素钢和低合金钢，加载一定负荷同时在 $A_{1,3}$ 温度上下施以反复加热和冷却，每一次循环发生（$\alpha \leftrightarrow \gamma$）两次相转变，可以得到二次均匀延伸。这样形变的特点是，初期每一循环的形变量比较小，而在一定循环次数之后，例如几十次之后，每一循环形变可以得到逐步提高。达到断裂时可以累积为大延伸，延伸率可达 500% 以上。

相变超塑性不要求细微等轴晶粒，但要求形变温度反复变化，这给实际生产带来困难，在实际应用中受到限制。如金属材料相变，不但在扩散相变过程中具有很大的塑性，在淬火过程中奥氏体向马氏体转变的无扩散转变过程（$\gamma \rightarrow M$）也具有相当程度的塑性。同样，在淬火后有大量残余奥氏体的组织状态下，回火时残余奥氏体向马氏体单向转变过程，也可以获得异常高的塑性。另外，如果在马氏体转变开始点（M_s）以上的一定温度区间加工形变，可以促使奥氏体向马氏体转变，在转变过程中也可以获得异常高的延伸率。塑性大小与转变量的多少、形变温度及形变速度有关。这种过程称为"相变诱发塑性"，即所谓"TRIP"现象。Fe-Ni 合金，Fe-Mn-C 等合金都具有这种特性。

（3）第三类超塑性或其他超塑性，在应力作用下消除应力退火过程中获得的超塑性

Al-5%Si 及 Al-4%Cu 合金在溶解度曲线上下施以循环加热可以得到超塑性，球墨铸铁及灰铸铁经特殊处理也可以获得超塑性。

上述的第二及第三类超塑性也称为动态超塑性或环境超塑性。

5.8.3 超塑性形变机理

常规的塑性形变机理已无法解释材料超塑性的大延伸特性，不少科学研究工作者通过大量的试验研究探索超塑性形变机理，目前仍在探索之中。针对细晶超塑性现象，提出了以下一些机理解释。

（1）扩散蠕变理论

早在 1973 年，有人提出了一个由晶内和晶界扩散蠕变过程共同调节的晶界滑动模型。这个模型由一组二维的四个六方晶粒组成，如图 5-30 所示。在拉伸应力 σ 作用下，由初态 a 过渡到中间态 b，最后达到终态 c。在此过程中，晶粒 2、4 被晶粒 1、3 挤开，改变了它们之间的相邻关系，晶界取向也都发生了变化，并获得了 $\varepsilon = \ln\sqrt{3} = 0.55$ 的真应变，晶粒仍保持其等轴性。从初态 a 到终态 c 的过程中，包含着一系列由晶内和晶界扩散流动所控制的晶界滑动和晶界迁移过程。图 5-30（d）和（e）表示晶粒 1 和 2 在由初态 a 过渡到中间态 b 过程中晶内和晶界的扩散过程。

由于没有或很小的加工硬化，超塑性形变开始后有很长的均匀形变过程，其工程应力-应变曲线如图 5-31（a）所示。当应力超过最大值后，随着应变的增加，应力缓慢地连续下降，试样截面缓慢地连续缩小。相应的真应力与真应变关系几乎为恒定应力-应变曲线，如图 5-31（b）所示。形变量增加时，应力变化很小。形变速度不等时，同等应变情况下应力不同。形变速度高，所需的应力明显增加。

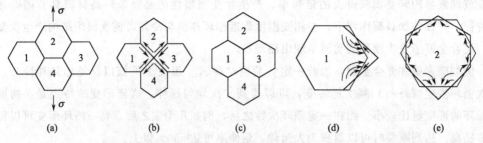

图 5-30 晶内-晶界扩散蠕变共同调节的晶界滑动（Ashby-Verral 模型）

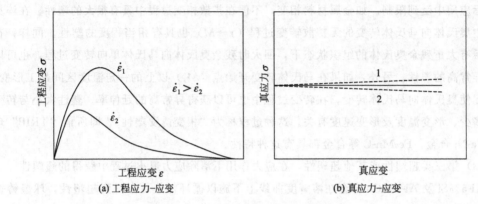

(a) 工程应力-应变

(b) 真应力-应变

图 5-31 超塑性金属的应力-应变曲线

超塑性形变的应力与应变速率的关系为

$$\sigma = K\dot{\varepsilon}^m \tag{5-51}$$

式中，σ 为真应力；$\dot{\varepsilon}$ 为真应变速度；m 为应变速率敏感性系数；K 为与试验条件相关的常数。

应变速率敏感性指数定义为

$$m = \frac{\mathrm{dln}\sigma}{\mathrm{dln}\varepsilon} \tag{5-52}$$

应变速率敏感性指数 m 是表达超塑性特征的一个重要指标。试验表明，超塑性形变对应变速率极其敏感，m 值越大塑性越好。m 表示了形变截面变化的速度，m 数值越小，截面变化越快。对于普通金属 $m = 0.02 \sim 0.2$；而对于超塑性材料 $m = 0.3 \sim 1$。$m = 1$ 时为理想的牛顿黏滞流动行为。

扩散蠕变理论应用于超塑性形变时，有两种现象不能解释：①在蠕变形变中，σ 与 $\dot{\varepsilon}$ 成正比，$m = 1$。而在超塑性形变中，m 值总是处于 $0.5 \sim 0.8$。②在蠕变形变中，晶粒沿着外力方向被拉长，但在超塑性形变中，晶粒仍保持等轴状。因此，经典的扩散蠕变理论不能完全说明超塑性形变的基本物理过程，也解释不了它的主要力学特征。所以该理论能否作为超塑性形变的一个主要机理还不十分清楚。

（2）晶界滑动理论

超细晶粒材料有异乎寻常大的晶界面积，因此晶界运动在超塑性形变中起着极其重要的作用。晶界运动分为滑动和移动两种，前者为晶粒沿晶界的滑移，后者为相邻晶粒间沿晶界产生的迁移。

在研究超塑性形变机理的过程中，有人提出了许多晶界滑动的理论模型，这里介绍一个较为著名的位错运动调节晶界滑动的理论模型。如图5-32所示，几个晶粒组成一个多晶组态，假定上下两个晶粒群的晶界滑移在遇到了右侧障碍晶粒时被迫停止，引起的应力集中通过障碍晶粒内位错的产生和运动而部分释放。位错通过晶粒而塞积到对面的晶界上，当应力集中达到一定程度时，塞积前端位错沿晶界攀移而消失，内应力得到松弛，于是晶界滑移又可以继续发生。

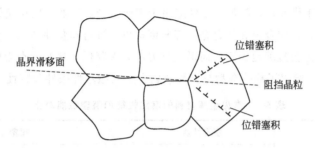

图5-32　Ball-Hutchison位错蠕变机制示意图

此模型显示了晶界区位错攀移控制形变的过程，晶界滑移过程中晶粒转动不断地改变晶内最有利的滑移系滑移以阻止晶粒伸长。若应力高到足以形成复杂的位错胞结构导致位错无法滑移，此机制则停止作用，因为位错无法穿越晶粒。

这种机制也有些地方与实际不符，例如此机制中认为在一些晶粒中有位错塞积，而实验中没有观察到，理论计算的 ϵ 值比实际小得多。

（3）动态再结晶理论

晶界移动或迁移与再结晶现象密切相关，这种再结晶可使内部有畸变的晶粒变为无畸变的晶粒，从而消除应变硬化现象。在高温形变时，这种再结晶过程是一个动态的、连续的恢复过程，即一方面产生应变硬化，一面发生再结晶回复软化。如果这种过程在形变中能继续下去，形变的同时又有退火效应，就会促使超塑性。

对此机理也存在一些争议，在超塑性形变后仍保持非常细小的等轴晶，而回复再结晶后，晶粒总要变得粗大一些。但大多数研究者认为，这一过程在超塑性形变时确实存在，一定条件下可以把超塑性看作是形变与再结晶同时发生的结果。

（4）相变理论

有些具有超细晶粒的无机材料，如 ZrO_2、Bi_2O_3、Y_2O_3 等也具有高温超塑性。一般认为它们超塑性出现和材料产生同素异构转变引起很大的内应力相关。事实上，产生超塑性的无机材料要有超细晶结构，有人简单地解读为微颗粒超塑性，本质上还是晶界滑移现象。

过去的解释认为，相变超塑性产生的原因是由于点阵结构变化。原子移向新的点阵位置，原来原子间的相互作用为新的原子间相互作用所取代而有利于蠕变形变。如铁素体-奥氏体转变时，发生体积变化，产生了许多缺陷加速了蠕变，从而提高了塑性。

以上简述了超塑性形变的主要理论，由于超塑性形变是一个复杂的物理化学-力学过程，还没有一个理论能完满地解释不同材料中发生的超塑性现象。各种材料超塑性虽有其共性，但又都有区别于其他材料的特性。这些特性一方面由其内部组织结构状态所决定，另一方面又受外部形变条件的制约。对于同一种材料，在某些具体的形变条件下，也可能同时存在几个过程互相补充，于是就有人提出了复合形变机制。

以上这些解释都是定性的，有关相变超塑性的产生机理还有很大争议，超塑性理论有待于更深入细致地研究。

5.8.4 超塑性的应用

从 20 世纪 60 年代开始，超塑性已经应用于工业生产。工业上应用超塑性加工的金属主要有锌合金、铝合金、铜合金和钛合金，部分钢材也可进行超塑性加工。金属材料在超塑性状态下塑性形变能力会显著地提高，而形变抗力却大大降低，这些特点为材料塑性成型开辟了新的领域。表 5-4 给出了部分典型超塑性金属合金的超塑性条件和特性。

表 5-4 常见金属材料的室温性能和超塑性能对比

材料名称	牌号	室温性能		超塑性		
		屈服强度 σ_s/MPa	延伸率 δ/%	超塑流动应力 σ_{sp}/MPa	最大延伸率 δ_{max}/%	超塑温度/℃
钛合金	Ti61Al4V	800～1200	<1.2	5～10	1600～2000	870～930
镍合金	IN744			250	>900	960
轴承钢	GCr15	660	125	30	>540	680
模具钢	3Cr2W8V	<1400	<7.5	80	>267	830
黄铜	H62	300～600	<40		>1174	750
青铜	QAl10-3-15	600～650	<12	10～20	>1100	800
硬铝	LY-11	约200	>12	1～10	>300	480～490
超硬铝	LC-4	约400	>5	5～20	>550	500
铝合金	Al6Cu0.5Zr	265	20	15	>1600	430
锌合金	Zn22Al	170～280	40	3	>3000	250

超塑成型（superplastic forming）对于高比强度和难形变的材料成型以及复杂结构件的成型具有重要意义，常用的超塑成型方法有超塑气压成型和超塑挤压（或模锻）成型。超塑气压成型常用于板料加工，如图 5-33 所示。通入压力为 1～2MPa 氮气或空气，迫使板坯胀形，紧贴凹模而制成工件。超塑挤压或模锻成型用于块料或棒料加工，与传统的热挤压或热模锻相似。成型的坯料需要预先经过超塑组织处理，成型时模具和坯料都必须保持在超塑性条件下缓慢成型。

利用超塑性材料可一次成型的特点，提高了材料的使用率，减少了普通机加工及其连接过程，可减轻构件重量，降低成本。如航空航天设备部件不少构件就是利用轻质高强度的超塑性钛合金制造的，性能十分优异。已成功应用于叶片、涡轮盘等部件制造。

利用超塑性材料对温度及应变速率的敏感性，通过感应线圈进行局部加热，使形变部分材料处于超塑性状态下被拉拔，可拉拔成光滑的等截面的棒状制品。工作原理如图 5-34 所示，将被加工的超塑性材料一端固定，另一端加上载荷，中间有一个可移动的感应线圈。线圈通电将材料加热到超塑状态，通过控制线圈的移动速度与拉伸速度，可生产出任意断面的棒材和管材。

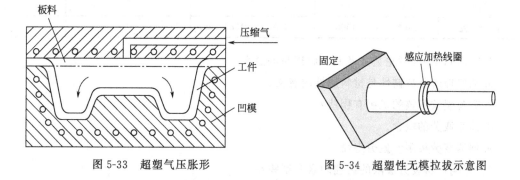

图 5-33　超塑气压胀形　　　　　图 5-34　超塑性无模拉拔示意图

以上只是超塑性成型应用的几个例子。材料在超塑状态下具有异常高的塑性、极小的流动应力、极大的活性及扩散能力，可以在很多领域开发应用，包括压力加工、热处理、焊接、铸造，甚至切削加工等方面。

近年来，超塑性主要的发展方向有如下三个方面。

（a）研究先进材料超塑性。主要是指金属基复合材料、金属间化合物、陶瓷等超塑性材料的开发。虽然这些材料具有优异的性能，在高技术领域具有广泛的应用前景，但这些材料加工性能差，所以开发这些材料的超塑性对于应用具有重要意义。

（b）研究高速超塑性。一般超塑性是在低速形变中实现的，提高超塑形变的速率，可提高超塑成型的生产率。

（c）研究非理想超塑性材料的超塑性形变规律。通过降低超塑性形变条件的苛刻要求，扩大超塑性技术的应用范围，可发挥更大的效益。

思考与练习题

1.一合金钢拉伸试样标距长度为 100mm，直径为 5.0mm，受到 20kN 的轴向拉力，将直径拉细至 4.5mm。如认为拉伸形变后试样标距内体积不变，求此拉力下的真应力、真应变、名义应力和名义应变，并比较计算结果的相应关系。

2.一材料在室温条件下的杨氏模量为 $3.5 \times 10^8 N/m^2$，泊松比为 0.35，计算其剪切模量。

3.一圆柱形陶瓷单晶体受轴向拉力 F，若其临界分切应力强度 τ_i 为 120MPa，求图 5-35 中所示方向的滑移系产生滑移时需要的最小屈服应力值和滑移面的法向应力。

4.某材料拉伸试验得到数据见表 5-5。请画出 σ-ε 曲线图，并估算杨氏模量、屈服应力和屈服时的伸长率、抗拉强度。

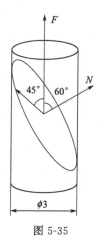

图 5-35

表 5-5　某材料拉伸试验数据

$\varepsilon \times 10^{-3}$	5	10	20	30	40	50	60
$\sigma \times 10^4 \text{Pa}$	250	500	950	1250	1470	1565	1690
$\varepsilon \times 10^{-3}$	70	80	90	100			
$\sigma \times 10^4 \text{Pa}$	1660	1500	1400	1380（断）			

5. 写出 Griffith 理论公式及其各物理量的意义。

6. 如何理解断裂韧性是材料属性的意义。

7. 微观裂纹形核的机制有哪些？

8. 简述疲劳的概念。

9. 何谓疲劳极限？疲劳寿命？

10. 影响材料疲劳极限的物理因素有哪些？

11. 简述蠕变的物理意义。

12. 蠕变产生的物理条件是什么？

13. 应力松弛和蠕变有何区别？

14. 影响蠕变性能的物理因素有哪些？

15. 分别叙述介电损耗、磁滞损耗和滞弹性内耗的物理原因。

参考文献

[1] 胡正飞. 材料物理概论 [M]. 北京：化学工业出版社，2009.

[2] Mary Anne White. Properties of Materials [M]. 2ed. Oxford University Press，2019.

[3] 邱成军，王元化，曲伟. 材料物理性能 [M]. 哈尔滨：哈尔滨工业大学出版社，2008.

[4] 田莳. 材料物理性能 [M]. 北京：北京航空航天大学出版社，2006.

[5] 关振铎，张中太，焦金生. 无机材料物理性能 [M]. 北京：清华大学出版社，1992.

[6] 刘恩科，朱秉升，罗晋生，等. 半导体物理学 [M]. 北京：电子工业出版社，2004.

[7] 张世远. 磁性材料基础 [M]. 北京：科学出版社，1998.

[8] 许煜寰. 铁电与压电材料 [M]. 北京：科学出版社，1978.

[9] 马如璋，等. 功能材料学 [M]. 北京：冶金工业出版社，1999.

[10] 王润. 金属材料物理性能 [M]. 北京：冶金工业出版社，1985.